普通高等学校"十四五"规划机械类专业精品教材

机械设计基础

（第二版）

主　　编　陶　平

副主编　侯　宇　邹光明

　　　　　李　贵　刘怀广

U0345238

华中科技大学出版社

中国·武汉

内 容 简 介

本书共三篇十八章:第一篇常用机构,介绍常用机构的基本概念、工作原理;第二篇通用机械零件设计,介绍各种通用机械零件的设计计算方法;第三篇机械创新设计,介绍一些创新思维和机械创新设计的方法。

本书的特点在于注重机械基础方面的基本理论和基本知识的训练,通过工程案例的系统分析,加强理论与实践的结合,培养学生的工程分析能力及工程应用能力。在此基础上,对学生进行创新思维的启迪,以适应社会发展的要求和培养创新人才的需要。

本书可作为高等院校机械设计基础课程的教材,也可供有关工程技术人员参考。

图书在版编目(CIP)数据

机械设计基础/陶平主编. —2 版. —武汉:华中科技大学出版社,2021.4
ISBN 978-7-5680-6999-1

Ⅰ.①机…　Ⅱ.①陶…　Ⅲ.①机械设计-高等学校-教材　Ⅳ.①TH122

中国版本图书馆 CIP 数据核字(2021)第 058505 号

机械设计基础(第二版)　　　　　　　　　　　　　　　　陶　平　主编
Jixie Sheji Jichu(Di-er Ban)

策划编辑:张少奇
责任编辑:邓　薇
封面设计:原色设计
责任监印:周治超
出版发行:华中科技大学出版社(中国·武汉)　　电话:(027)81321913
　　　　　武汉市东湖新技术开发区华工科技园　　邮编:430223
录　　排:武汉楚海文化传播有限公司
印　　刷:武汉科源印刷设计有限公司
开　　本:710mm×1000mm　1/16
印　　张:21
字　　数:448 千字
版　　次:2021 年 4 月第 2 版第 1 次印刷
定　　价:59.80 元

第二版前言

本书是普通高等学校机械基础课程规划教材,是在《机械设计基础》(第一版)的基础上修订而成的。本次修订主要做了以下几项工作。

(1)为满足不同专业的学习需求,教材增加了有针对性的专业设备工程应用实例,可以通过扫描"二维码"链接这些应用视频,扩充学习资源。

(2)在每一章节增加了与主要知识点关联的数字化资源,读者通过访问对应的"二维码"链接,可以获得各机构和零件的工程应用案例视频介绍,还给出了学习重点、难点及学习要点。另外,部分章节配有典型例题,加强学习效果。

(3)增加了一些机械创新案例介绍视频,以完善第三篇机械创新设计方面的内容。

(4)根据最新国家标准,对本书中的相应标准和技术规范作了更新。

(5)更正了第一版文字、插图、计算中的一些疏漏和错误。

本书内容共分三篇:常用机构、通用机械零件设计和机械创新设计,共18章。主要介绍常用平面机构的基本概念、工作原理,各种通用机械零部件的设计计算方法,创新思维和机械创新设计方法,各章均附有一定数量的思考题和习题。

参加本书编写工作的有:武汉科技大学熊禾根(第1章、第10章),李佳(第2章、第3章),李公法(第4章、第7章),闻欣荣(第5章),谢良喜(第6章),邹光明(第8章、第9章),汤勃(第11章、第12章),孙瑛(第13章),陶平(第14章),赵刚(第15章),侯宇(第16章、第17章、第18章);陶平和李贵负责第1章相关数字资源的收集及整理,刘怀广(第2章)、李贵(第3章)、杜辉(第4章)、于普良(第5章)、黄千稳(第6章)、丁喆(第7章)负责第一篇相关数字资源的收集及整理;邹光明(第8章)、王强(第9章)、秦丽(第10章)、孙伟(第11章)、汤勃(第12章)、罗石元(第13章)、严迪(第14章)、刘源洞(第15章)负责第二篇相关数字资源的收集及整理;侯宇负责第三篇相关数字资源的收集及整理。陶平、李贵、刘怀广、侯宇、邹光明进行了定稿前的修改和审核工作,全书由武汉科技大学陶平担任主编,侯宇、邹光明、李贵、刘怀广担任副主编。

在本书的编写工作中,参阅了其他版本的同类教材、相关资料和文献,并得到许多同行专家、教授的支持和帮助,在此衷心致谢。本教材中的有关数字资源仅限教学使用。

由于编者的水平有限,疏漏之处在所难免,欢迎读者批评指正。

编　者

2020 年 11 月

第一版前言

本书是根据教育部高等学校机械基础课程教学指导委员会批准的机械设计基础教学基本要求,为培养学生的基本设计能力、工程应用能力和创新思维能力,以适应当前教学改革的需要而编写的。

本书的主要特色如下。

(1) 注重学生工程应用能力的培养,为体现工程应用特色,以一个典型的机械装置——包装机为工程案例分析对象,贯穿于每一篇的学习之中,以加强理论知识与工程实际的联系。

(2) 为适应社会发展的要求和创新人才培养的需要,对部分设计内容进行了删减,增加了机械创新设计方面的内容,力求对学生的创新思维有一定的启迪性。

(3) 合理处理传统内容与现代内容的关系,内容选取上,贯彻少而精的原则,简化公式的推导,力求重点突出、简明易懂,注意采用新标准、新规范。

(4) 为突出重点、突破难点,每章之后增加了"本章重点、难点",以加强学习的针对性。为适应经济全球化及培养学生的国际化意识和推行双语教学的需要,本书在书末列出了各章常用名词术语的中英文对照。

本书内容分常用机构、通用机械零件设计和机械创新设计三篇,共十八章。主要介绍常用平面机构的基本概念、工作原理,各种通用机械零件的设计计算方法及机械创新设计方法。各章均附有一定数量的习题。

参加本书编写工作的有:武汉科技大学熊禾根(第 1 章、第 10 章),李佳(第 2 章、第 3 章),李公法(第 4 章、第 7 章),闻欣荣(第 5 章),谢良喜(第 6 章),邹光明(第 8 章、第 9 章),汤勃(第 11 章、第 12 章),孙瑛(第 13 章),陶平(第 14 章),赵刚(第 15 章),侯宇(第 16 章、第 17 章、第 18 章)。陶平负责全书的统稿工作,武汉科技大学孔建益、熊禾根、陶平、侯宇、邹光明、李公法进行了定稿前的修改和审核工作。各篇中的工程案例部分由陶平、熊禾根、侯宇、邹光明整理完成,杨淼等同学做了本书工程案例部分插图的绘制工作。全书由陶平担任主编。

在本书的编写工作中,参阅了其他版本的同类教材、相关资料和文献,并得到许多同行专家、教授的支持和帮助,在此衷心致谢。

由于编者的水平有限,书中错误之处在所难免,欢迎读者批评指正。

编　者
2012 年 2 月 21 日

目　　录

第一篇　常用机构篇

第三篇　机械创新设计篇

二维码资源使用说明

　　本书部分课程资源以二维码的形式在书中呈现,读者第一次利用智能手机在微信端扫码成功后提示微信登录,授权后进入注册页面,填写注册信息。按照提示输入手机号后点击获取手机验证码,稍等片刻收到 4 位数的验证码短信,在提示位置输入验证码成功后,重复输入两遍设置密码,选择相应专业,点击"立即注册",注册成功(若手机已经注册,则在"注册"页面底部选择"已有账号? 绑定账号",进入"账号绑定"页面,直接输入手机号和密码,提示登录成功)。接着提示输入学习码,需刮开教材封底防伪涂层,输入 13 位学习码(正版图书拥有的一次性使用学习码),输入正确后提示绑定成功,即可查看二维码数字资源。手机第一次登录查看资源成功,以后便可直接在微信端扫码登录,重复查看资源。

PPT 教学课件

教学大纲

第1章 绪 论

1.1 机械、机器、机构及机械设计基本概念

本章重点、难点

1.1.1 机械、机器、机构的概念

机械（machine）一词源自于希腊语"mechine"及拉丁文"mecina"，原指"巧妙的设计"，其作为一般性的机械概念，可以追溯到古罗马时期，主要是为了区别于手工工具。现代中文之"机械"一词为英语之机构（mechanism）和机器（machine）的总称。机械种类繁多，可以按多种方式进行分类，如：按功能可分为动力机械、物料搬运机械、粉碎机械等；按服务的产业可分为农业机械、矿山机械、纺织机械等；按工作原理可分为热力机械、流体机械、仿生机械等。

机器是指能执行机械运动并被用来变换或传递能量、物料与信息的装置。例如内燃机把热能变换为机械能，发电机把机械能变换为电能，起重机传递物料，金属切削机床及破碎机变换物料外形，计算机变换和传递信息，等等。这些装置都是机器。

图 1-1 所示为牛头刨床原理结构示意图。它由床身、底座、滑枕、刀架、工作台、

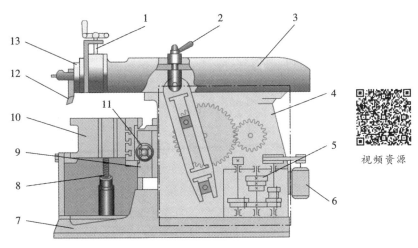

视频资源

图 1-1 牛头刨床原理结构示意图

1—调整螺杆；2—夹紧手柄；3—滑枕；4—床身；5—传动系统部分；6—电动机；7—底座；
8—升降螺杆；9—滑板；10—工作台；11—进给手轮；12—刨刀；13—刀架

滑板、传动系统等部分组成。工作时,电动机驱动带传动、齿轮传动及摆动导杆机构,使滑枕作往复直线运动,实现刨刀对被加工工件的刨削和回程工艺动作。工作台带动工件沿滑板的导轨作间歇横向进给运动。滑板还可沿床身上的垂直导轨上下移动,以调整工件与刨刀的相对位置。刀架还可绕水平轴线调至一定的角度位置,以加工倾斜平面。

图 1-2 所示为波轮式洗衣机的原理结构示意图。它由外壳、洗涤桶与甩干桶、波轮、减速器、控制器等部分组成。其主要工作原理为:装在洗涤桶底部的波轮作正、反向旋转,带动衣物上下左右不停地翻转,使衣物之间及衣物与桶壁之间在水中进行柔和摩擦,在洗涤剂的作用下实现去污清洗功能。

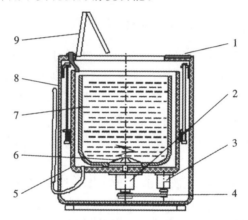

图 1-2　波轮式洗衣机原理结构示意图

1—控制器;2—减速器;3—电动机;4—带传动;5—甩干桶;6—波轮;7—洗涤桶;8—外壳;9—盖板

图 1-3 所示为单缸四冲程内燃机的原理结构示意图。它由气缸体、活塞、连杆、曲轴、齿轮、凸轮、进气阀及排气阀等组成。气体在气缸内经过压缩、点火、燃烧,推动活塞作上下往复直线运动,该运动经连杆转变为曲轴的连续回转运动后输出。齿轮

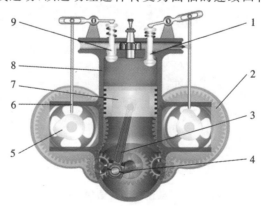

图 1-3　单缸四冲程内燃机原理结构示意图

1—排气阀;2—齿轮;3—连杆;4—曲轴;5—凸轮;6—顶杆;7—活塞;8—气缸体;9—进气阀

机构及凸轮、顶杆用于控制进气阀与排气阀的规律性启闭,从而实现工艺动作的协调。

由以上三个机器的实例可以看出,机器具有如下三个特征:

(1) 是由许多人造的实物有机组合而成的装置;

(2) 实物之间具有确定的相对运动;

(3) 能完成有用的机械功或变换与传递能量、物料和信息。

随着社会的发展及科技的进步,机器的种类已不胜枚举。组成机器的实物的数量也从数十个至数以万计不等。然而,从功能模块的角度来看,现代机器系统通常包括动力系统、传动系统、执行系统、控制系统和辅助系统五大部分,如图 1-4 所示。

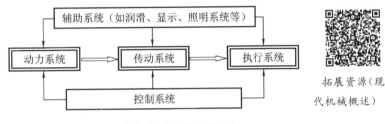

拓展资源(现代机械概述)

图 1-4 现代机器系统的组成部分

动力系统也称原动机,是一台机器的运动和动力的源泉。通常一台机器只有一个原动机,但复杂的机器也可能包括多个原动机。常用的原动机类型有电动机(如上述牛头刨床和洗衣机的原动机)、内燃机、水轮机、风力机、太阳能发动机等。原动机的运动输出形式绝大多数情况下为旋转运动,少数情况下为直线运动。其动力输出主要取决于额定功率及实际工况。

执行系统的功能为完成机器预定的各种功能。一台机器可能只有一个执行系统,也可能根据机器的多个子功能而对应有多个子执行系统。如牛头刨床中的刨刀部分及工作台部分、洗衣机中的波轮部分及甩干桶部分等均属于执行系统。

由于机器的功能是多种多样的,其对执行系统的运动形式及运动与动力参数的需求也是多种多样的。而原动机的运动形式及运动与动力参数却是相对单一而有限的。为解决此矛盾,通常需要在机器的动力系统与执行系统之间加上不同形式传动系统(如牛头刨床中由带传动、齿轮传动及摆动导杆机构组成的传动系统,洗衣机中由带传动和减速器组成的传动系统),以实现对原动机运动形式及运动与动力参数的转换,满足执行系统工艺需求。

简单和传统的机器通常只由上述三部分组成。随着机器系统越来越复杂、对机器功能及性能要求越来越高,现代绝大部分机器还包含控制系统和辅助系统部分。控制系统用于实现机械各工艺动作的协调并使其操作更便利和智能化,辅助系统用于提高机器的综合性能、安全性和操作的人性化等。

需要指出的是,原动机虽然是机器的组成部分之一,但其本身也具备机器的三个特征,因此也是一台完整的机器,如上述的单缸四冲程内燃机。

机械工程中另一个常遇到的名词为机构。机构不同于机器,在机器的三个特征中,机构只具备前两个特征,因此,机构可以传递运动和动力,但不具备能完成有用的机械功或变换与传递能量、物料或信息的功能。

如前所述,机器和机构均是由许多人造的实物有机组合而成的装置。通常情况下,在讨论机器时,将其组成实物称为机械零件、套件、组件或部件等,在不至于引起歧义的情况下,现在也常将机械套件、组件及部件等统称为机械零件。而在讨论机构时,我们则常将其组成实物称为构件。机械零件是组成机器的最基本要素,是最小的制造单元;构件是机器中最小的运动单元,构件可能是单个零件,也可能是由若干零件连接在一起组成的。

1.1.2　机械设计的基本要求和一般过程

机械设计有三种不同的类型。

(1) 开发性设计　这种设计的创新性很强。机械所实现的功能、机械的工作原理、机械的主体结构三者中至少应该有一项是首创的。开发性设计的过程最复杂。

(2) 适应性设计　对现有的机械进行局部修改或增补的设计。

(3) 参数化设计　不改变机械的基本结构、只改变功能的范围、机械的尺度和参数的设计。

适应性设计和参数化设计是较常见的设计。

无论是哪一类机械设计,通常均应满足如下基本要求。

(1) 使用功能的要求　这方面要求主要依靠正确合理地选择机器的工作原理,正确地设计或选用能全面实现预定功能要求的原动机、传动系统和执行系统,以及合理配置必要的辅助系统来实现。

(2) 寿命和可靠性要求　任何机器都要求能在一定的寿命期内安全而可靠地工作。因此,必须对机器工作情况进行全面分析,采取合适的设计准则和承载能力计算方法对机器系统进行承载能力及必要的可靠性计算,以保证机器能安全可靠地工作。

(3) 经济性要求　一台机器的经济性通常体现在其全生命周期内,因此,设计阶段需要全面地考虑设计、制造、使用、维护和报废等各阶段的经济性,在原理选择、材料选择、零件结构工艺性等各方面进行全面细致的考虑。

(4) 安全与环保的要求　在机械设计中必须从人机工程学的角度充分考虑机器在使用与维护等过程中操作人员的安全、便利与舒适;必须充分考虑机器在振动、噪声及环境污染等方面的环保要求。

除了上述机械设计的一般要求之外,针对不同的机器可能还会有一些特殊的要求。如对航空航天机械的高强度、高可靠性和小质量要求,对高速运行机械阻力小的要求和动平衡要求,对大型机械便于拆装和运输的要求等。

为了较好地满足机械设计的各项要求,机械设计的过程需要遵循一定的程序。机械设计的一般程序如图 1-5 所示。计划阶段的设计目标为形成设计任务书;方案设计阶段的目标为提出原理性设计方案;技术设计阶段的目标为完成总体设计草图、部件装配草图,并绘制出零件图、部件图和总装图;技术文件编制阶段的目标为编制设计计算说明书、使用说明书、标准明细表及其他必需的技术文件等。

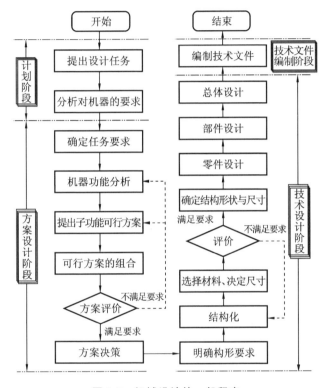

图 1-5   机械设计的一般程序

1.2   本课程的内容、在教学中的地位及学习目的

1.2.1   本课程的内容

本课程内容主要包括两大部分:第一部分主要涉及图 1-5 中"方案设计阶段"所需要的部分知识和理论,即所谓机械原理部分;第二部分主要涉及图 1-5 中"技术设计阶段"所需要的部分知识和理论,即所谓机械零件部分。

机械原理的核心理论和知识主要是关于机构的。机器中所使用的机构形式是多种多样的。这些机构有平面机构与空间机构之分、基本机构与组合机构之分等。本

· 6 ·　　　　机械设计基础(第二版)

课程的机械原理部分主要介绍各类机器中普遍使用的机构,即所谓常用机构,如平面连杆机构、凸轮机构、齿轮机构、间歇运动机构等,着重介绍这些机构的工作原理、特点及设计方法。

组成机器的零件的类型和结构也是多种多样的。根据零件在各类机器中的使用范围,通常可把机械零件分为通用零件和专用零件。所谓通用零件是指在各类机器中广泛使用的一些机械零件,如齿轮、轴、轴承、螺栓、键、联轴器等。专用零件是指在某类机器或某台机器中专门使用的零件,如内燃机中的曲轴、牛头刨床中的滑枕等。通用零件在类型和结构上通常比较成熟和规范,其又可进一步分为标准件(如轴承、螺栓、键和联轴器等)和其他类通用零件(如齿轮、轴等)。标准件除了类型和结构较成熟、规范外,在各类各级标准中还规定了零件的材料及尺寸系列,因此标准件的设计通常属于选择性设计,即根据工作要求选择合适型号的标准件即可。机械零件的分类如图 1-6 所示。

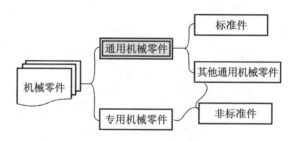

图 1-6　机械零件的分类

基于上述关于机械零件的分类,本课程第二部分主要介绍通用机械零件的类型、工作原理、失效形式、设计准则及设计计算方法等内容。

1.2.2　本课程在教学中的地位及学习目的

从所涉及的学科来说,本课程属于机械工程领域。然而,各行业及工程领域却又大都离不开机械系统。如化工行业、纺织行业等,均包含有大量的机械工艺装备。此外,工艺与装备也是密切相关的。为此,作为一门介绍机械学科基本理论和知识的课程,机械设计基础主要面向对象为近机类和非机类工科学生或机械与机电类专科生、高职高专类学生等,是这些学生培养教学体系中一门较为重要的技术基础类课程。

通过本课程的学习,学生应该了解机械设计的一般过程和规律;了解和掌握工程中常用的机构类型、特点及其选择与设计方法;了解与掌握通用机械零件的类型、特点及工作能力设计计算的基本理论与方法;具备对一般简单机械的分析和设计能力。从而为后续的专业课程学习及未来的工作奠定基础。

习　题

1-1　什么是机器和机构？二者有何区别与联系？

1-2　什么是机械零件和构件？二者有何区别与联系？

1-3　机器通常包括哪几个组成部分？指出下列常见机器的各组成部分：① 自行车；② 汽车；③ 电风扇。

1-4　机械设计可分为哪三种类型？

1-5　机械设计应该满足哪些基本要求？

1-6　机械设计的一般过程可分为哪几个阶段？

第一篇 常用机构篇

　　机器由机构组成，任何一部机器的工作过程都包含着多种机构的运动过程，要分析机器的工作原理，首先应了解组成机器的各机构的运动特点。机器中所使用的机构形式多种多样。这些机构有平面机构与空间机构之分、有基本机构与组合机构之分等。本篇主要介绍各类机器中普遍使用的机构，即所谓常用机构，如平面连杆机构、凸轮机构、齿轮机构、间歇运动机构等，着重介绍这些机构的工作原理、结构特点、应用及设计的基本方法。

第 2 章 平面机构的自由度和速度分析

机构由构件组成,各个构件之间具有确定的相对运动。任意拼凑的构件组合不一定能够保证构件间有确定的相对运动。因此,讨论构件按照什么条件进行组合才能有确定的相对运动,对于分析现有机构或者设计新机构都是非常重要的。

实际机械的外形和结构都很复杂,为了便于分析研究,工程设计中常采用简单的线条和符号来绘制机构的运动简图。

机构是由各构件按一定的规则人为组合而成的。机构中的构件是由一个或多个零件刚性构成的运动单元体。

所有构件都是在相互平行的平面内运动的机构称为平面机构,否则称为空间机构。本章仅讨论平面机构。

2.1 运动副及其分类

本章重点、难点

2.1.1 运动副

机构是由许多构件组合而成的。在机构中,每个构件必须与另一构件相连接,这种连接不同于铆接和焊接之类的刚性连接,而是使相互连接的两构件之间仍能产生某些相对运动的连接。通常把由两个构件组成的且能产生某些相对运动的连接称为运动副,并把两构件上参加接触而构成运动副的部分称为运动副元素。

如图 2-1 所示,轴颈 1 与轴承 2 的配合,滑块 3 与导轨 4 的接触,齿轮 5 与齿轮 6

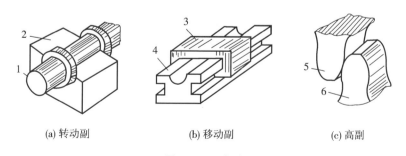

(a) 转动副   (b) 移动副   (c) 高副

图 2-1 运动副

1—轴颈;2—轴承;3—滑块;4—导轨;5、6—齿轮

的齿面啮合,都构成了运动副。它们的运动副元素分别为圆柱面和圆孔面、平面和内外棱柱面、两齿廓曲面。

2.1.2　运动副的分类

按照接触性质,通常把运动副分为两大类:低副和高副。

1. 低副

两构件为面接触的运动副称为低副。低副又分为移动副和转动副。

(1) 移动副　如运动副只允许两构件作相对移动,则称为移动副,如图 2-1(b)、图 2-2 所示。

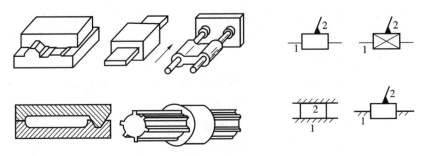

图 2-2　移动副

(2) 转动副　若运动副只允许两构件作相对转动,则称为转动副或回转副,又称铰链。如图 2-1(a)所示的轴颈 1 和轴承 2 构成的相对转动副,还有图 2-3 所示的运动副。

图 2-3　转动副

2. 高副

两构件通过点或线接触组成的运动副称为高副,如图 2-4 所示。组成平面高副两构件的相对运动是沿着接触处切线 $t-t$ 方向的相对移动和平面内的相对转动。

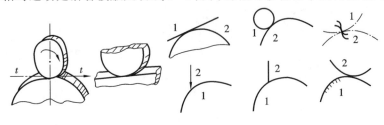

图 2-4　高副

除上述平面运动副之外,机构中还经常见到如图 2-5 至图 2-7 所示的运动副。这些运动副两构件之间的相对运动是空间运动,故属于空间运动副。

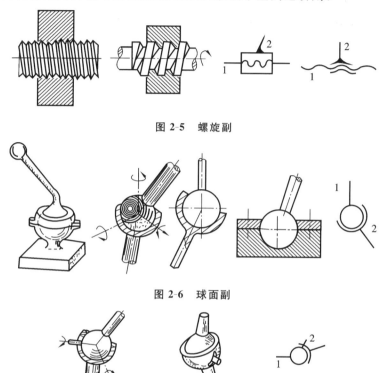

图 2-5　螺旋副

图 2-6　球面副

图 2-7　球销副

由于构成运动副的两构件之间的相对运动仅与两运动副元素的几何形状及它们之间的接触情况有关,因此在绘制机构运动简图时,常将运动副用简单的符号表示。例如,图2-2至图 2-7 右部所示的为运动副简图,左部所示的为结构示意图。

2.2　平面机构运动简图

视频资源 1

在对现有的机械进行分析或设计新的机械时,为简化问题,可以不考虑那些与运动无关的因素(如构件的外形、断面尺寸、组成构件的零件数目及固联方式、运动副的具体构造等),仅仅用简单的线条和符号来代表构件和运动副,并按一定的比例表示各运动副的相对位置。这种说明机构各构件间相对运动关系并用规定的代表符号按比例绘制的简单图形称为机构运动简图。

机构运动简图应与原机构具有完全相同的运动特性,可以根据该图对机构进行运动及动力分析。

这里将一部分机构运动简图的常用画法列于表 2-1 中。

表 2-1　常用机构运动简图符号(摘自 GB/T 4460—2013)

名　　　称	符　　　号	名　　　称	符　　　号
在支架上的电动机		齿轮齿条传动	
带传动		圆锥齿轮传动	
链传动		蜗轮与圆柱蜗杆传动	
外啮合圆柱齿轮传动		凸轮传动	
内啮合圆柱齿轮传动		棘轮传动	

　　在绘制运动简图时,首先要厘清该机构的实际构造和运动情况,因此,需首先定出其原动部分(即原动起始部分)和工作部分(即直接执行生产任务的部分或最后输出运动的部分),然后再循着运动传递的路线将原动部分和工作部分之间的传动部分厘清,即弄清楚该机械原动部分的运动是怎样经过传动部分传递到工作部分的,从而厘清该机械是由多少构件组成的、各构件之间组成了何种运动副,这样才能正确绘制其机构运动简图。

　　为了将机构运动简图表示清楚,需要恰当地选择投影面。在选定投影面后,便可选择恰当的比例尺,定出各运动副之间的相对位置,并按照规定的运动副和构件符号将机构运动简图画出来。

　　为了具体说明机构运动简图的画法,下面举两个例子。

　　例 2-1　图 2-8(a)所示为一颚式破碎机。当曲轴 1 绕轴心 O 连续回转时,动颚板 5 绕轴心 F 往复摆动,从而将矿石轧碎。试绘制此破碎机的机构运动简图。

　　解　根据前述绘制机构运动简图的步骤,先找出破碎机的原动部分——曲轴 1,工作部分——动颚板 5。然后循着运动传递的路线可以看出,此破碎机是由 6 个构件组成的,其中曲轴 1 和机架 6 在点 O 构成转动副,曲轴 1 和构件 2 也构成转动副,

其轴心在点 A。而构件 2 与构件 3、4 在 B、D 两点分别构成转动副;构件 3 还与机架 6 在点 E 构成转动副;动颚板 5 与构件 4 和机架 6 分别在点 C 和点 F 构成转动副。

将破碎机的组成情况厘清后,再选定投影面和比例尺,并定出各转动副的位置,即可绘出其机构运动简图,如图 2-8(b)所示。

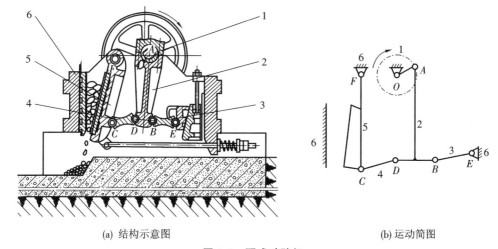

(a) 结构示意图　　　　　　　　(b) 运动简图

图 2-8　颚式破碎机

例 2-2　试绘制图 2-9(a)所示的简易冲床机构的运动简图。

解　仔细考察此图,可知该机构共由 6 个构件组成,其中主动件为偏心轮 1,工作部分为滑块 5,偏心轮 1 与构件 2 以转动副相连,构件 2 还与构件 3、4 以转动副相连,滑块 5 与构件 4 也以转动副相连,滑块 5 与机架组成了移动副。选定投影面和比例尺,定出各运动副的位置,即可绘出该机构的运动简图,如图 2-9(b)所示。

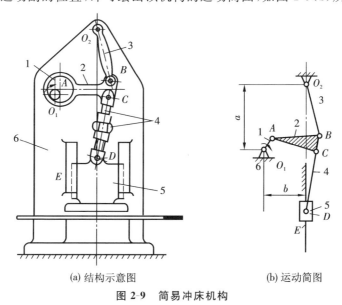

(a) 结构示意图　　　　　　　　(b) 运动简图

图 2-9　简易冲床机构

视频资源 2

2.3　平面机构自由度及其计算

　　如前所述,在运动链中,若以某一构件作为机架,而当另一个(或几个)构件按给定的运动规律运动时,其余各构件都具有确定的运动,则该运动链便成为机构。为了使所设计的机构能够运动并具有运动的确定性,必须探讨机构自由度和机构具有确定运动的条件。机构具有确定运动时所必须给定的独立运动参数的数目,称为机构的自由度。

2.3.1　平面机构自由度计算公式

　　在平面机构中,各构件只作平面运动。如图 2-10 所示,当作平面运动的构件 1尚未与构件 2 构成运动副时,共具有三个自由度(沿 x、y 轴的移动及绕与运动平面垂直的轴线的转动)。设一平面机构共有 n 个活动构件(除机架外的可动构件),当各构件尚未构成运动副时共有 $3n$ 个自由度。当各构件用运动副连接后,运动副的约束会使系统的自由度相应减少,减少的数目将等于运动副引入的约束数。在平面机构中,每个运动副引入的约束至多为 2,至少为 1。而每个低副引入两个约束,每个高副引入一个约束(这里所说的高副,是指

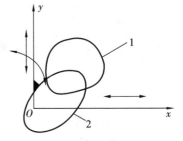

图 2-10　构件平面运动自由度

如图 2-4 所示的高副,即两构件间既可以沿瞬时接触点的公切线方向滑动,又可绕瞬时接触点转动)。所以在平面机构中,两构件构成的运动副可以有低副和高副。若该机构中各构件间共构成了 p_L 个低副和 p_H 个高副,那么它将共引入($2p_L + p_H$)个约束,于是该机构的自由度为

$$F = 3n - (2p_L + p_H) = 3n - 2p_L - p_H \tag{2-1}$$

　　判断一个机构是否具有确定的运动,除了机构的自由度外,还需要明确机构给定的原动件数目。下面分析几个例子。

　　如图 2-11 所示的四杆机构,$n = 3$,$p_L = 4$,$p_H = 0$。由式(2-1)得 $F = 1$,所以只要给定一个运动参数(即给定一个原动件,如给定构件 1 的角位移 φ_1),则其余构件的运动也是确定的。也就是说,这个自由度为 1 的机构在具有一个原动件时可以获得确定的运动。又如图 2-12 所示的五杆机构,$n = 4$,$p_L = 5$,$p_H = 0$,所以 $F = 2$,应当具有两个自由度,若只给定一个原动件,例如给定构件 1 的角位移 φ_1,此时其余构件的运动并不能确定。当构件 1 处在位置 AB 时,构件 2、3、4 可处在位置 $BCDE$,也可以处在位置 $BC'D'E$,或者其他位置。但是,若再给定一个原动件,如构件 4 的角位移 φ_4,即同时给定两个独立的运动参数,则不难看出,此时五杆机构各构件的运动便完全确定了。所以,该机构必须有两个原动件,才能有确定的运动。又如图 2-13 所示运动

链，$n=2$，$p_{\mathrm{L}}=3$，$p_{\mathrm{H}}=0$，由式(2-1)得 $F=3\times2-2\times3-0=0$，可以看出，这个自由度等于零的运动链是不能产生相对运动的桁架。

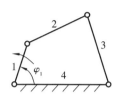

图 2-11　四杆机构

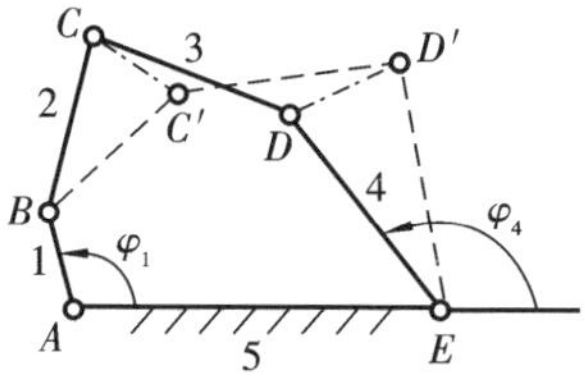

图 2-12　五杆机构

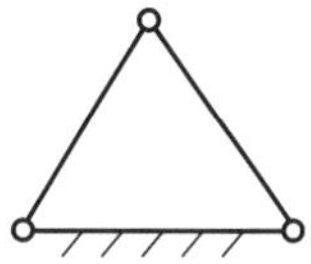

图 2-13　桁架

综上所述，机构具有确定运动的条件是：机构的自由度大于零且机构自由度的数目等于原动件的数目。

例 2-3　试计算图 2-8(b)所示颚式破碎机运动简图的自由度，并判断该机构是否有确定运动。

解　由该机构的运动简图可以看出，该机构共有 5 个活动构件(即构件 1、2、3、4、5)，7 个低副(即点 O、A、B、C、D、E 及 F 处的转动副)，而没有高副，故根据式(2-1)可求得其自由度为

$$F = 3n - 2p_{\mathrm{L}} - p_{\mathrm{H}} = 3\times5 - 2\times7 - 0 = 1$$

由图示箭头可知，该机构有一个原动件，原动件数目与机构的自由度相等，故该机构具有确定的运动。

例 2-4　试计算图 2-14 所示牛头刨床机构的自由度，并判断该机构是否有确定的运动。

解　由该机构的运动简图可以看出，该机构共有 6 个活动构件(即构件 2、3、4、5、6、7)，8 个低副(即点 A、B、C、D、E 处的转动副，点 F、G、H 处的移动副)，1 个高副(即齿轮 2 与齿轮 3 的啮合)。故根据式(2-1)可求得该机构的自由度为

$$F = 3\times6 - 2\times8 - 1 = 1$$

由图示箭头可知，该机构具有一个原动件，原动件数目与机构的自由度相等，故该机构具有确定的运动。

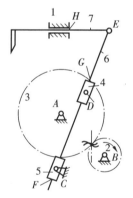

图 2-14　牛头刨床简图

2.3.2　计算平面机构自由度的注意事项

在计算机构自由度时，还应当注意以下一些特殊问题。

1. 复合铰链

两个以上的构件构成同轴线的转动副时，就构成了所谓的复合铰链。如图 2-15(a)所示，3 个构件在一起以转动副相连接而构成复合铰链，而由图 2-15(b)可以清楚地看出，此 3 个构件共构成了 2 个转动副，而不是 1 个。同理，若 m 个构件在一处用复合铰链相连时，其构成的转动副数目应为($m-1$)个。在计算机构自由度时，应注意是否存在复合铰链，以免把转动副数目弄错，而使自由度的计算出错。

图 2-15　复合铰链　　　　　　　　图 2-16　局部自由度

2. 局部自由度

若机构中的某些构件所产生的局部运动并不影响其他构件的运动,就把这种不影响机构整体运动的自由度称为局部自由度。

例如,图 2-16(a)所示的凸轮机构,在按式(2-1)计算自由度时,$F=3n-2p_L-p_H=3\times3-2\times3-1=2$。但是,滚子绕其自身的转动并不影响其他构件的运动,因而它是一种局部自由度。对于局部自由度的处理方法是:设想将滚子 2 与推杆 3 固接在一起,即把 2 和 3 看成一个构件,显然这样并不影响机构整体的运动。但此时,$n=2$,$p_L=2$,$p_H=1$,所以按式(2-1)计算得 $F=1$。由此可见,在计算机构的自由度时,应将机构中的局部自由度除去不计。局部自由度虽然不影响整个机构的运动,但滚子可使高副接触处的滑动摩擦变为滚动摩擦,减少磨损,所以实际机械中常有局部自由度出现。

3. 虚约束

对机构运动实际上不起限制作用的约束称为虚约束。

例如,图 2-17(a)所示的平行四边形机构,该机构的自由度 $F=1$。若在构件 3 与机架 1 之间与 AB 或 CD 平行地铰接一构件 5,即构件 5 与构件 2、4 相互平行且长度相等。显然这对该机构的运动并不产生任何影响。但此时该机构的自由度却变为 $F=3n-2p_L-p_H=3\times4-2\times6-0=0$,这是因为连杆 BC 作平动,其上一点(包括构件 3 上的点 E)的运动轨迹均为圆心位于 AD 线上半径等于 $AB(=CD=EF)$的圆。因此构件 3 上点 E 的运动轨迹与构件 5 上点 E 的运动轨迹重合,使得构件 5 及其添加的 E、F 运动副未起实际的约束作用,故它是一个虚约束。在计算机构的自由度时,应将机构中构成虚约束的构件连同其所附带的运动副全都除去不计。

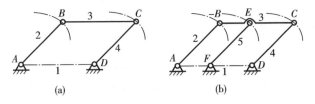

图 2-17　虚约束

机构中引入虚约束,主要是为了改善机构的受力情况或增加机构的刚度。机构中的虚约束常发生在下列情况下。

（1）若构件上某点的运动轨迹与在该点引入运动副后该点的运动轨迹完全相同，则构成虚约束（如上所述的情况）。又如图 2-18 所示的一椭圆仪机构中，$\angle CAD$ $=90°$，$AB=BC=BD$，可以几何证明该机构运动时构件 2 上的点 C 和滑块 3 上的点 C 运动轨迹都是 AC 直线，所以 C 处（或 D 处）为虚约束。

（2）若两个构件之间组成多个导路平行的移动副，则只有一个移动副起作用，其他都是虚约束，如图 2-19 所示。

（3）若两构件之间组成多个轴线重合的回转副，则只有一个回转副起作用，其余都是虚约束，如图 2-20 所示。

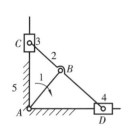

图 2-18　虚约束例 1

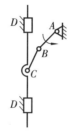

图 2-19　虚约束例 2

图 2-20　虚约束例 3

（4）若在机构的运动过程中，某两构件上的两动点之间的距离始终保持不变，则将此两点以构件相连，也会带入虚约束，如图 2-21 所示。

上面讨论了在计算机构的自由度时应注意的一些事项，只有正确地处理了这些问题，才能得到正确的自由度的计算结果。

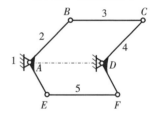

图 2-21　虚约束例 4

例 2-5　计算图 2-22(a)所示大筛机构的自由度。

解　该机构中共有 7 个活动构件，机构中的滚子有一个局部自由度，推杆与机架在 E 和 E' 处组成两个导路平行的移动副，其中之一为虚约束，C 处是复合铰链。现将滚子与推杆固结为一体，去掉移动副 E'，C 处回转副的数目为 2，如图 2-22(b)所示。由图 2-22(b)得，$n=7$，$p_L=9$（7 个回转副和 2 个移动副），$p_H=1$，故由式(2-1)得

$$F = 3n - 2p_L - p_H = 3 \times 7 - 2 \times 9 - 1 = 2$$

此机构的自由度为 2。

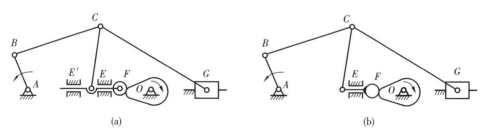

(a)　　　　　　　　　　　　　(b)

图 2-22　大筛机构

2.4　速度瞬心及其在速度分析中的应用

在研究机械工作特性和运动情况时,需要了解机械的运动速度或某些点的速度变化规律,因而有必要对机构进行速度分析。了解速度瞬心的概念有助于建立机构运动分析的模型,从而使机构的运动分析大为简化。

2.4.1　速度瞬心

由理论力学知,彼此作一般平面运动的两构件,任一瞬时都可以看作绕某一相对静止的重合点作相对运动,该点称为瞬时速度中心,简称瞬心。由此可见,瞬心即彼此作一般平面运动的两构件上的瞬时等速重合点或瞬时相对速度为零的重合点,因此又可称为瞬时同速重合点。若该重合点的绝对速度为零,称为绝对瞬心;若该重合点的绝对速度不为零,则称为相对瞬心。用 P_{ij}(或 P_{ji})表示构件 i 及构件 j 间的瞬心。

如图 2-23 所示,若 P_{12} 表示构件 1、2 的瞬心,则 P_{12} 既是构件 1 上的一点(P_1),又是构件 2 上的一点(P_2),且满足 $v_{P1}=v_{P2}$,即点 P_1 相对于点 P_2 的相对速度 $v_{P1P2}=0$。由于该瞬时两构件绕 P_{12} 作相对运动,因此两构件上任一重合点的相对速度必垂直于

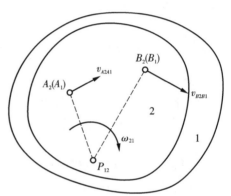

图 2-23　两构件的速度瞬心

该重合点到瞬心 P_{12} 的向径,其大小等于该向径与两构件相对角速度 ω_{12} 之乘积(例如,图中重合点为 $A_2(A_1)$,有: $v_{A_1A_2}\perp\overline{P_{12}A_2}$, $v_{A_2A_1}=\omega_{21}\overline{P_{12}A_2}$)。

2.4.2　机构中瞬心的数目

因为每两个构件就有一个瞬心,所以由 n 个构件组成的机构,其总的瞬心数 N,根据排列组合的知识可知为

$$N=\frac{n(n-1)}{2} \tag{2-2}$$

2.4.3　机构中瞬心位置的确定

如上所述,机构中每两个构件之间都有一个瞬心,如果两个构件是通过运动副而直接连接在一起的,那么其瞬心位置可以很容易地通过直接观察加以确定。而如果两构件并非直接连接,则它们的瞬心的位置需借助于所谓"三心定理"来确定,现分别介绍如下。

1. 通过运动副直接相连的两构件的瞬心

（1）以转动副连接的两构件的瞬心分别如图 2-24（a）（b）所示，当两构件 1、2 以转动副连接时，其转动副的中心即为其瞬心 P_{12}。图 2-24（a）（b）中的 P_{12} 分别为绝对瞬心和相对瞬心。

（2）以移动副连接的两构件的瞬心分别如图 2-24（c）（d）所示，当两构件以移动副连接时，构件 1 相对于构件 2 移动的速度方向平行于导路方向，因此瞬心 P_{12} 应位于移动副导路方向垂线上的无穷远处。图 2-24（c）（d）中的 P_{12} 分别为绝对瞬心和相对瞬心。

（3）以平面高副连接的两构件的瞬心分别如图 2-24（e）（f）所示，当两构件以平面高副连接时，如果高副两元素之间作纯滚动（ω_{12} 为相对滚动的角速度），则两元素的接触点 M 即为两构件的瞬心 P_{12}（见图 2-24（e））。如果高副两元素之间既作相对滚动，又有相对滑动（$v_{M_1 M_2}$ 为两元素接触点间的相对滑动速度），则不能直接定出两构件的瞬心 P_{12} 的位置（见图 2-24（f））。但是，因为构成高副的两构件必须保持接触，而且两构件在接触点 M 处的相对滑动速度必定沿着高副接触点处的公切线 $t-t$ 方向，故由此可知，两构件的瞬心 P_{12} 必位于高副两元素在接触点处的公法线 $n-n$ 上。

2. 三心定理

如图 2-25 所示，有三个构件 1、2、3 彼此作平面运动。根据式（2-2），它们有三个瞬心，即 P_{12}、P_{23}、P_{13}。构件 3 与构件 1、2 构成的瞬心 P_{13}、P_{23} 分别位于 A、B 处。取任意重合点 $N(N_1、N_2)$，N_1、N_2 两点的速度分别为 v_{N_1}、v_{N_2}。由于 v_{N_1} 与 v_{N_2} 的方向不同，显然 N 不是构件 1、2 的瞬心。由图知，只有当 P_{12}（点 M）位于 $A(P_{13})B(P_{23})$ 连线上时，v_{M_1} 与 v_{M_2} 才可能相等。由此证明瞬心 P_{13}、P_{12}、P_{23} 位于同一直线上。

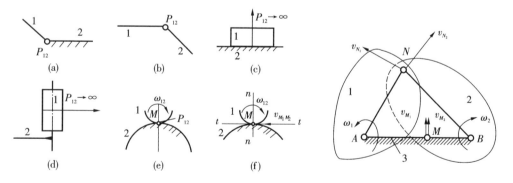

图 2-24　两构件的瞬心确定　　　　图 2-25　三心定理示意图

由此得：彼此作平面运动的三个构件有三个速度瞬心，它们位于同一条直线上。此即三心定理。

例 2-6　图 2-26 所示为一平面四杆机构，试确定该机构在图示位置时其全部瞬心的位置。

解　根据式（2-2）可知，该机构所有瞬心的数目为

$$N = \frac{n(n-1)}{2} = \frac{4 \times (4-1)}{2} = 6$$

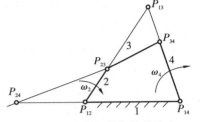

图 2-26　平面四杆机构的速度

即 P_{12}、P_{13}、P_{14}、P_{23}、P_{24}、P_{34}。其中 P_{12}、P_{23}、P_{34}、P_{14} 分别在四个转动副的中心,可直接定出;其余两个瞬心 P_{13} 及 P_{24} 则可应用三心定理来确定。

如图 2-26 所示,根据三心定理,对于构件 1、2、3 来说,瞬心 P_{13} 必在 P_{12} 及 P_{23} 的连线上,而对于构件 1、4、3 来说,瞬心 P_{13} 必在 P_{14} 及 P_{34} 的连线上。因此,上述两连线的交点即为瞬心 P_{13}。

同理可知,P_{24} 必是 $P_{23}P_{34}$ 及 $P_{12}P_{14}$ 两连线的交点。

例 2-7　图 2-27(a)(b)所示为平面高副机构,试确定其全部瞬心的位置。

解　根据式(2-2),两种机构的总瞬心数

$$N = \frac{n(n-1)}{2} = \frac{3 \times (3-1)}{2} = 3$$

在图 2-27(a)所示的曲面高副机构中,P_{13}、P_{12} 分别在两转动副的中心 O_1、O_2 处。过高副两元素的接触点 K 作公法线 $n-n$,则 P_{23} 应在此公法线 $n-n$ 上。又根据三心定理,P_{23} 应在 $P_{13}P_{12}$ 线上。故 $n-n$ 与 $P_{13}P_{12}(O_1O_2)$ 的交点 P 即 P_{23}。即具有高副的两转动构件的瞬心位于高副接触点的公法线($n-n$)与两构件转动中心连线(O_1O_2)的交点(P)上。在图 2-27(b)所示的凸轮高副机构(凸轮机构)中,P_{12} 在转动副的中心处,P_{13} 在垂直导路的无穷远处。过高副两元素的接触点 K 作公法线 $n-n$,P_{23} 应在公法线 $n-n$ 上,根据三心定理,过 P_{12} 作导路的垂线,其与 $n-n$ 之交点即 P_{23}。

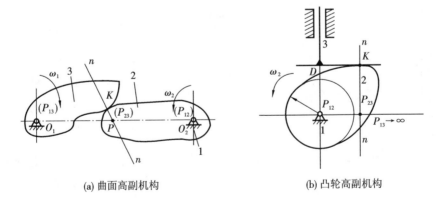

(a) 曲面高副机构　　　　　　(b) 凸轮高副机构

图 2-27　平面高副机构的速度瞬心

在图 2-27 所示的两机构中,活动构件 2、3 分别与机架 1 构成的瞬心 P_{12}、P_{13} 为绝对瞬心,因为机架是静止的,P_{12}、P_{13} 处的绝对速度为零。两活动构件构成的瞬心 P_{23} 为相对瞬心,即构件 2 和构件 3 在重合点 P_{23} 有相等的速度。

对于图 2-27(a)所示的曲面高副机构,有

$$\omega_1 \times \overline{O_1P} = \omega_2 \times \overline{O_2P}$$

所以
$$\omega_1 / \omega_2 = \overline{O_2P}/\overline{O_1P}$$

由此得到:三构件中具有高副的两转动构件的瞬心将另外两瞬心连线(O_1O_2)分成的两线段长度与两构件的角速度成反比。

对于图 2-27(b)所示的凸轮高副机构,从动件的移动速度 v_3,可用构件 2 上 P_{23} 处的速度表示为

$$v_3 = \omega_2 \, \overline{P_{12}P_{23}}\mu_L$$

式中:μ_L——图形的长度比例尺。

典型例题

习　　题

2-1　试画出题 2-1 图中各平面机构的运动简图,并计算其自由度。

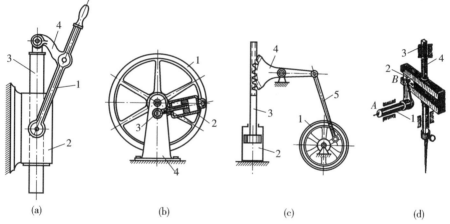

(a)　　　　　　　(b)　　　　　　　(c)　　　　　　　(d)

题 2-1 图

2-2　题 2-2 图所示为一简易冲床的初拟设计方案。设计者的思路是:动力由齿轮 1 输入,使点 A 处的轴连续回转;而固装在轴上的凸轮 2 与杠杆 3 组成的凸轮机构将使冲头 4 上下运动,以达到冲压的目的。试绘出其机构运动简图,分析其运动是否确定,并提出修改措施。

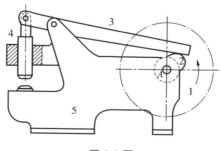

题 2-2 图

2-3　试计算题 2-3 图所示凸轮-连杆组合机构的自由度,并指出图中的复合铰链、局部自由度和虚约束。

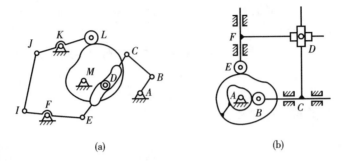

(a)　　　　　　　　　　　　(b)

题 2-3 图

2-4　试计算题 2-4 图所示齿轮-连杆组合机构的自由度,并指出图中的复合铰链、局部自由度和虚约束。

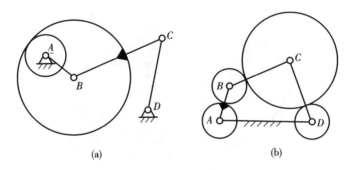

(a)　　　　　　　　　　　　(b)

题 2-4 图

2-5　试计算题 2-5 图所示各机构的自由度,并指出图中的复合铰链、局部自由度和虚约束。

(a)　　　　　　　　　　　　(b)

题 2-5 图

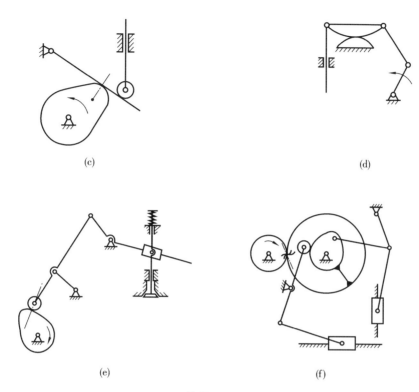

(c)　　　　　　　　　　　　　　(d)

(e)　　　　　　　　　　　　　　(f)

续题 2-5 图

2-6　计算题 2-6 图所示机构的自由度,其中题 2-6 图(a)所示为液压挖掘机构,题 2-6 图(b)所示为差动轮系。

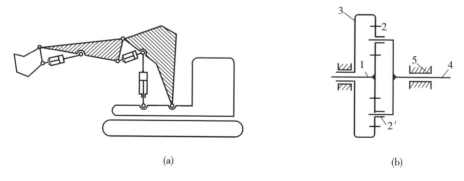

(a)　　　　　　　　　　　　　　(b)

题 2-6 图

2-7　在题 2-7 图所示的机构中,箭头所示构件为原动件,试分别判断两图中的机构是否有确定的相对运动。

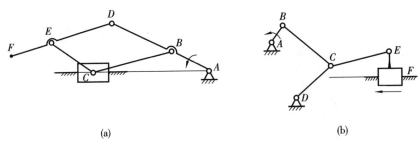

(a)　　　　　　　　　　　　　　　(b)

题 2-7 图

第 3 章 平面连杆机构

连杆机构是由若干个构件用平面低副(如转动副、移动副等)连接而成的机构,用于实现运动的传递、变换和动力传送,故又称低副机构。连杆机构可根据其构件之间的相对运动为平面运动或空间运动,而分为平面连杆机构与空间连杆机构。本章主要介绍平面连杆机构。

应用实例

3.1 平面连杆机构的类型

本章重点、难点

平面连杆机构是一种低副机构。由于它能实现多种运动形式的转换,也能实现比较复杂的运动规律,又由于构件之间连接处是面接触(圆柱面或平面),能传递较大的力,制造也比较简便,因此平面连杆机构广泛应用在各种机械和仪器设备中。近年来,随着电子计算机的普及,设计方法的不断改进,平面连杆机构的应用范围还在不断地扩大。

平面连杆机构的类型很多,单从组成机构的杆件数来看就有四杆、五杆和六杆机构等,一般将五个或五个以上的构件组成的连杆机构称为多杆机构。图 3-1(a)所示的多杆(六杆)机构,可视为由图 3-1(b)与(c)所示两个四杆机构所组成的,所以,四杆机构是多杆机构的基础。

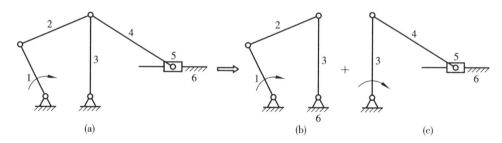

图 3-1 六杆机构的组成

构件之间都是用转动副连接的四杆机构,称为铰链四杆机构(见图 3-2)。其中,固定不动的杆 4 称为机架,与机架相连的杆 1 和杆 3 称为连架杆,而连接两连架杆的杆 2 称为连杆。连杆 2 通常作平面运动,而连架杆 1 和 3 则绕各自回转中心 A、D 转动。其中能作整周回转运动的连架杆称为曲

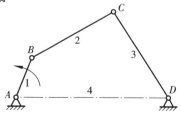

图 3-2 铰链四杆机构

柄,仅能在小于360°的某一角度范围内往复摆动的连架杆称为摇杆。如果以转动副相连的两构件能作整周相对转动,则称此转动副为整转副,不能作整周相对转动的称为摆动副。

铰链四杆机构,按照连架杆是曲柄还是摇杆,可分为三种基本形式:曲柄摇杆机构、双曲柄机构和双摇杆机构。

3.1.1 曲柄摇杆机构

在铰链四杆机构中,若两连架杆中有一杆为曲柄,另一杆为摇杆,则称此机构为曲柄摇杆机构。图3-3所示的雷达天线仰角调节机构和图3-4所示的搅拌机构均为曲柄摇杆机构的应用实例。

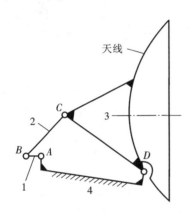

图3-3　雷达天线仰角调节机构

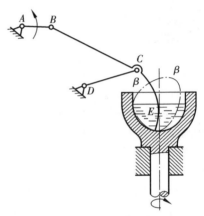

图3-4　搅拌机构

3.1.2 双曲柄机构

具有两个曲柄的铰链四杆机构称为双曲柄机构。双曲柄机构中,通常主动曲柄作等速转动,从动曲柄作变速转动。

图3-5所示惯性筛中的四杆机构 $ABCD$ 为一双曲柄机构。当主动曲柄1等速转动、从动曲柄3作变速转动时,杆5带动滑块6上的筛子,使其获得所需的加速度,从而因惯性作用而达到筛分颗粒物料的目的。

在双曲柄机构中,若其相对两杆平行且长度相等,则称为平行四边形机构。这种机构的运动特点是两曲柄可以以相同的角速度同向转动,而连杆作平移运动。其应用实例如图3-6所示机车车轮的联动机构。又如图3-7所示的摄影平台升降机构,其升降高度的变化采用两组平行四边形机构来实现,同时利用连杆7始终平动这一特点,与连杆固连在一体的座椅就可始终保持水平位置,从而保证摄影人员安全可靠地工作。

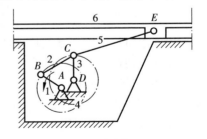

图3-5　惯性筛机构

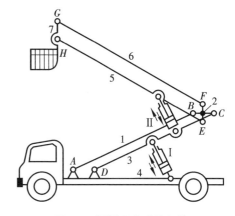

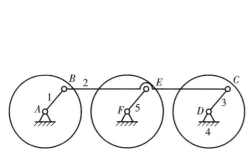

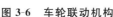

图 3-6　车轮联动机构　　　　　　　　　图 3-7　摄影平台升降机构

在平行四边形机构中,当主动曲柄转动一周时,将会两次出现与从动曲柄、连杆及机架共线的情况。在此二位置,可能出现从动曲柄转向与主动曲柄转向相同或相反的运动不确定现象,如图 3-8(a)所示。在平行四边形机构 $ABCD$ 中,当主动曲柄 AB 与从动曲柄 CD 处于共线位置时,下一瞬时则可能会出现机构位于同向位置 $AB''C''D$ 或反向位置 $AB''C'''D$ 的情况。为克服其运动不确定现象,除可利用从动件本身或其上的飞轮惯性导向外,还可采用辅助曲柄(见图 3-9(a))或错列机构(见图 3-9(b))等来解决。

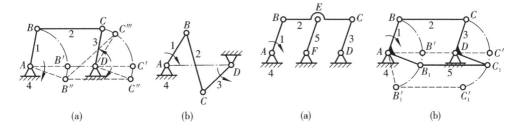

(a)　　　　　　(b)　　　　　　(a)　　　　　　(b)

图 3-8　平行四边形机构　　　　　图 3-9　带有辅助构件的平行四边形机构

两个曲柄转向相反,即连杆与机架的长度相等、两个曲柄长度相等组成转向相反的双曲柄机构,则称为逆平行四边形机构,如图 3-8(b)所示。车门启闭机构为其应用实例(见图 3-10)。当主动曲柄 1 转动时,从动曲柄 3 作相反方向转动,从而使两扇门同时开启或同时关闭。

3.1.3　双摇杆机构

在铰链四杆机构中,若两连架杆均为摇杆,则称为双摇杆机构。如图 3-11 所示的鹤式起重机的变幅机构即为其应用实例。当主动摇杆 AB 摆动时,从动摇杆 CD 也随之摆动,使得悬挂在点 E 上的重物作近似的直线移动,从而避免了平移重物时因不必要的升降而发生事故。

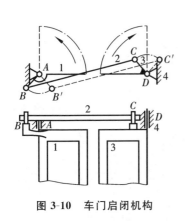

图 3-10　车门启闭机构

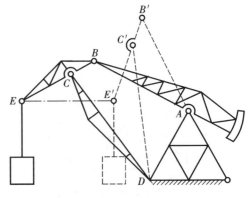

图 3-11　鹤式起重机变幅机构

3.2　平面四杆机构的基本特性

在工程实际中,将对机构提出各种各样的运动要求,而能否满足这些要求取决于机构本身的属性。下面就曲柄存在条件、传动角、急回特性等机构运动特性进行讨论。

3.2.1　曲柄存在的条件

曲柄,即整周转动的连架杆。机构中如存在曲柄,则必须有整转副存在。

图 3-12 所示的铰链四杆机构中,a、b、c、d 分别为杆 1、2、3、4 的长度。如果杆 1 为曲柄,能够绕转动副 A 整周转动,则杆 1 应能顺利通过与机架 4 处于共线的两个位置 AB_1 和 AB_2,即可以构成 $\triangle B_1C_1D$ 和 $\triangle B_2C_2D$。根据三角形构成原理即可以作如下推导。

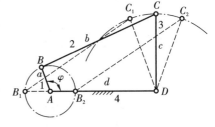

图 3-12　铰链四杆机构

当杆 1 处于 AB_1 位置时,构成 $\triangle B_1C_1D$,可得

$$a+d \leqslant b+c \tag{3-1}$$

当杆 1 处于 AB_2 位置时,构成 $\triangle B_2C_2D$,可得

$$a+b \leqslant c+d \tag{3-2}$$

$$a+c \leqslant b+d \tag{3-3}$$

将以上三式分别两两相加可得

$$a \leqslant b, \quad a \leqslant c, \quad a \leqslant d$$

它表明杆 1 为最短杆,且最短杆与最长杆长度之和小于或等于其他两杆长度之和,则杆能作整周(360°)转动,即为曲柄。

综上分析可以得出,铰链四杆机构曲柄存在的条件是:① 连架杆或机架为最短杆;② 最短杆与最长杆长度之和小于或等于其他两杆长度之和。

在有整转副即曲柄存在的铰链四杆机构中,最短杆两端的转动副均为整转副。因此,若取最短杆为机架,则得双曲柄机构;若取最短杆的任一相邻的构件为机架,则得曲柄摇杆机构;若取最短杆对边为机架,则得双摇杆机构。

若铰链四杆机构最短杆与最长杆之和大于其他两杆长度之和,则无曲柄存在,两连架杆均为双摇杆。但此时这种情况下形成的双摇杆机构与上述双摇杆机构不同,它不存在整转副。

3.2.2　急回运动特性和行程速比系数 K

在图 3-13 所示的曲柄摇杆机构中,设曲柄为原动件,在其转动一周的过程中,有两次与连杆共线。这时摇杆 CD 分别位于两个极限位置 C_1D 和 C_2D。曲柄与连杆两次共线位置之间所夹的锐角 θ 称为极位夹角。摇杆在两极限位置的夹角 ψ 称为摇杆的摆角。由图可知,当曲柄顺时针转过角 φ_1 时,摇杆自 C_1D 摆至 C_2D,其所需的时间为 $t_1=\varphi_1/\omega$,则点 C 的平均速度 $v_1=\widehat{C_2C_1}/t_1$。当曲柄转过角 φ_2 时,摇杆自 C_2D 摆回 C_1D,所需时间 $t_2=\varphi_2/\omega$,则点 C

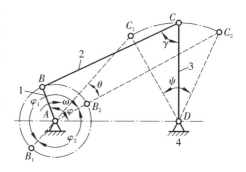

图 3-13　曲柄摇杆机构的急回特性

的平均速度 $v_2=\widehat{C_2C_1}/t_2$。由于 $\varphi_1=180°+\theta$,$\varphi_2=180°-\theta$,因此 $t_1>t_2$,故 $v_2>v_1$。由此可知,当曲柄等速转动时,摇杆来回摆动的平均速度不同且 $v_2>v_1$。摇杆的这种运动称为急回运动。

为了反映从动件急回运动的程度,引入行程速比系数 K,即

$$K=\frac{v_2}{v_1}=\frac{\widehat{C_2C_1}/t_2}{\widehat{C_1C_2}/t_1}=\frac{t_1}{t_2}=\frac{\varphi_1}{\varphi_2}=\frac{180°+\theta}{180°-\theta} \tag{3-4}$$

当 K 已知时,由上式可得极位夹角 θ 为

$$\theta=180°\frac{K-1}{K+1} \tag{3-5}$$

由式(3-4)可以看出,K 值的大小取决于极位夹角 θ 的大小。θ 越大、K 值越大,机构的急回运动特性越明显;反之,K 值越小,机构的急回运动特性越不明显。若极位夹角为零,则机构没有急回运动特性。

对于一些有急回运动要求的机械,如牛头刨床、往复式运输机械等,常常根据所需要的 K 值,先由式(3-5)算出极位夹角 θ,再进行设计。

3.2.3　压力角和传动角

在生产中要求所设计的连杆机构不但能实现预期的运动,而且还希望在传递功率时有良好的传动性能,即驱动力应能尽量发挥有效作用。如图 3-14 所示,若不考虑构件惯性力、重力与运动副中摩擦力等的影响,原动件曲柄通过连杆作用于从动件摇杆的力 F 是沿连杆 BC 的方向,它与点 C 绝对速度 v_C 之间所夹的锐角 α 称为压力角。力 F 的有效分力 $F_t = F\cos\alpha$。显然,α 愈小,F_t 愈大。而力 F 的另一个分力 F_n($=F\sin\alpha$)仅仅在转动副 D 中产生附加径向压力,显然,α 愈小,F_n 愈小。力 F_n 与力 F 的夹角 γ 称为传动角。由图 3-14 可知,$\gamma = 90° - \alpha$,它又等于连杆与摇杆所夹的锐角。因此,压力角 α 愈小,传动角 γ 愈大,则对机构工作愈有利。当机构运转时,其传动角的大小是变化的,为了保证机构传动良好,设计时通常应使最小传动角 $\gamma_{min} \geqslant 40°$,对于高速和大功率的传动机械应使 $\gamma_{min} \geqslant 50°$。

在图 3-14 所示的机构中,当曲柄 AB 转到与机架 AD 重叠共线和拉直共线两位置 AB_1、AB_2 时,$\angle BCD$ 将出现极值,即

$$\angle B_1 C_1 D = \arccos \frac{b^2 + c^2 - (d-a)^2}{2bc} \tag{3-6}$$

$$\angle B_2 C_2 D = \arccos \frac{b^2 + c^2 - (d+a)^2}{2bc} \tag{3-7}$$

当 $\angle BCD \leqslant 90°$ 时,该角等于传动角 γ,当 $\angle BCD > 90°$ 时,传动角 $\gamma = 180° - \angle BCD$。比较这两个位置下的传动角,即可求得最小传动角 γ_{min}。

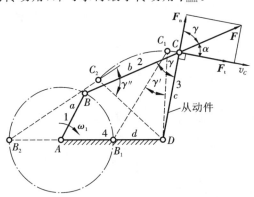

图 3-14　曲柄摇杆机构的压力角和传动角

3.2.4　死点位置

在图 3-15 所示的曲柄摇杆机构中,设摇杆 CD 为主动件,而曲柄 AB 为从动件。当机构处于图示的两个共线(图中虚线)位置之一时,连杆与曲柄在一条直线上,出现了传动角 $\gamma = 0°$ 的情况。这时主动件 CD 通过连杆作用与从动件 AB 上的力恰好通过其回转中心,不产生力矩。因此,机构在此位置时,不论驱动力多大,都不能使曲柄

转动,机构的此种位置称为死点位置。对于传动机构来说,机构有死点位置是不利的,应该采取措施使机构顺利通过死点位置。对于连续运转的机器,可以利用从动件的惯性来通过死点位置,例如,在图 3-16 所示的缝纫机踏板机构中,踏板 CD 为原动件,通过连杆 CB 驱动曲柄 AB 转动。当踏板处于极限位置 C_1D 或 C_2D 时,机构处于"死点"位置,此时,就可借助带轮的惯性通过死点位置。图 3-17 所示的蒸汽机车车轮联动机构采用机构错位排列的方法,即将两组以上的机构组合起来,而使各组机构的死点位置相互错开。

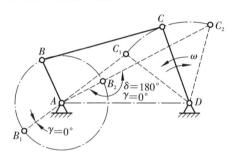

图 3-15 曲柄摇杆机构的死点位置

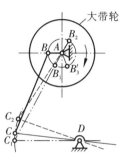

图 3-16 缝纫机踏板机构

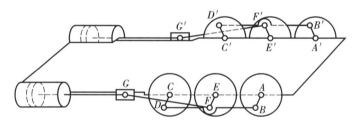

图 3-17 车轮联动机构

机构的死点位置并非总是起消极作用的。在工程实际中,不少场合也可利用机构的死点位置来实现一定的工作要求。例如,图 3-18 所示连杆式快速夹具的夹紧机构即是利用死点位置来夹紧工件的。图 3-19 所示为飞机起落架处于放下机轮的位

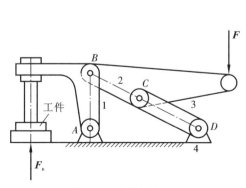

图 3-18 夹紧机构

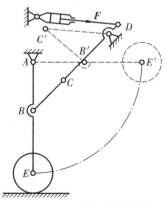

图 3-19 飞机起落架机构

置,因机构处于死点位置,故机轮着地时产生的巨大冲击力不会使从动件反转,从而
保持着支撑状态。

3.3　平面四杆机构的演化

除了前述三种形式的铰链四杆机构以外,在工程实际中还广泛应用了其他类型
的四杆机构。这些机构都可以看成由铰链四杆机构的基本形式演化而来的。了解这
些演化方法,有利于对机构进行创新设计。下面对这些演化方法加以介绍。

3.3.1　转动副转化成移动副

在图 3-20(a)所示的曲柄摇杆机构中,构件 4 是机架,构件 1 为曲柄,构件 3 为摇
杆。若将构件 4 做成环形槽,其曲率半径等于构件 3 的长度,而把构件 3 做成弧形块
在环形槽中摆动,如图 3-20(b)所示,这样,在图 3-20(a)与图 3-20(b)所示的两机构
中,尽管 D 处转动副的形状发生变化,但相对运动性质却完全相同。设将环形槽的
半径增加至无穷大,则环形槽变成直线槽,如图 3-20(c)所示。这时构件 3 称为滑块,
图 3-20(d)所示为其运动简图。该机构的一连架杆为曲柄,另一个为滑块,故称为曲
柄滑块机构,图中 e 为曲柄回转中心 A 至直线槽中心线(滑块导路)的距离,此距离称
为偏距。当 $e \neq 0$ 时该机构称为偏置曲柄滑块机构;当 $e = 0$ 时,则称该机构为对心曲
柄滑块机构,如图 3-20(e)所示。

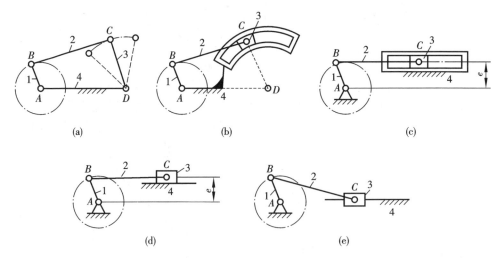

(a)　　　　　　　　　(b)　　　　　　　　　(c)

(d)　　　　　　　　　(e)

图 3-20　转动副转化成移动副的演化

图 3-21(a)所示为偏置曲柄滑块机构,当曲柄为原动件时,曲柄与连杆有两个共
线位置,其极位夹角为 θ,有急回作用。当滑块为原动件时,AB_1C_1、AB_2C_2 为两死点
位置。图 3-21(b)所示为对心曲柄滑块机构,该机构无急回作用,当滑块为原动件
时,有两个死点位置 AB_1C_1、AB_2C_2。

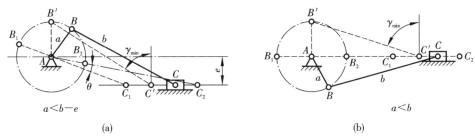

图 3-21　曲柄滑块机构

3.3.2　曲柄滑块机构的演化

如图 3-22(a)所示的曲柄滑块机构,其各构件间具有不同的相对运动,因而取不同构件作机架或改变构件长度,将得到不同运动特点的机构。

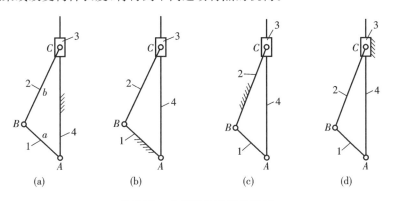

图 3-22　曲柄滑块机构的演化

1. 导杆机构

如图 3-22(b)所示,若取曲柄滑块机构中的曲柄作机架,则曲柄滑块机构演变为转动导杆机构。其中杆 4 为导杆,当机架长 $l_1 < l_2$ 时,导杆相对机架能作整周回转,则为转动导杆机构。图 3-23 所示为转动导杆机构在简易刨床上的应用实例。

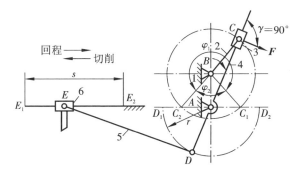

图 3-23　简易刨床上的转动导杆机构

当机架 $l_1 > l_2$ 时,导杆 3 只能作摆动,故称此机构为摆动导杆机构(见图 3-24)。

2. 摇块机构

如图 3-22(c)所示,当取曲柄滑块机构中的连杆为机架时,则该机构演变为摇块机构。该机构中杆 1 绕点 B 整周回转的同时,杆 4 相对于摇块 3 滑动,并与摇块 3 一起绕点 C 摆动。摇块机构应用于各种摆动式原动机中。图 3-25 所示为自卸货车车厢自动翻转卸料的摇块机构。当油缸 3 中的压力油推动活塞杆 4 运动时,带动杆 1 绕点 B 翻转,达到一定角度时,物料就自动卸下。

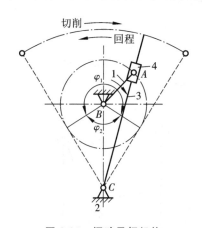

图 3-24　摆动导杆机构

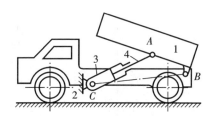

图 3-25　自卸货车车厢自动翻转卸料摇块机构

3. 定块机构

如图 3-22(d)所示,当取曲柄滑块机构中的滑块作机架时,则曲柄滑块机构演变为定块机构(也称移动导杆机构)。这种机构常用于手动抽水机中。

3.3.3　扩大转动副的尺寸

在图 3-26(a)(b)所示的曲柄摇杆机构、曲柄滑块机构中,当曲柄 1 的尺寸较小时,根据结构的需要,常将其分别改成如图 3-26(c)(d)所示的几何中心 B 不与其回转中心 A 相重合的圆盘。此圆盘称为偏心轮,其回转中心 A 与几何中心 B 之间的距离 e 称为偏心距,它等于曲柄长,这种机构则称为偏心轮机构。

偏心轮机构也是由铰链四杆机构演变而来的。如将 B 处的转动副扩大到包含 A 处的转动副,杆 1 就成为回转轴线在点 A 的偏心轮,而其相对运动不变。所以,图 3-26(a)和图 3-26(c)所示的、图 3-26(b)和图 3-26(d)所示的分别为等效机构。

偏心轮机构广泛应用于剪床、冲床、颚式破碎机等机械中。图 2-8 所示的颚式破碎机就是偏心轮机构的应用实例。

上面所介绍的各种平面四杆机构,虽然它们各有不同的特点,但都可以认为是从铰链四杆机构演变而来的。

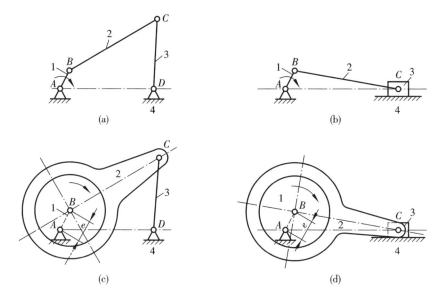

图 3-26　偏心轮机构的演变

3.4　平面连杆机构的设计

平面连杆机构的设计是指其运动设计,即根据工作要求选定机构的类型,根据给定的运动要求确定机构的几何尺寸,并绘出机构运动简图。连杆机构的设计问题通常可归纳为以下两问题:① 根据从动件的运动规律(包括位置、速度、加速度等)设计四杆机构;② 根据给定的轨迹设计四杆机构。

3.4.1　根据从动杆位置设计四杆机构

已知连杆的两个位置设计四杆机构的方法如下。

图 3-27 所示为加热炉炉门的开闭机构 $ABCD$,AD 为机架,AB 和 CD 为两连架杆,BC 为炉门。炉门关闭时,BC 在竖直位置;炉门打开时,BC 在水平位置,这样便于进料。

已知连杆两个位置 BC 及 B_1C_1,设计一铰链四杆机构,其关键是确定 A、D 两点的位置。由于点 B 的运动轨迹是以点 A 为圆心、以 AB 为半径的一段圆弧,因此点 A 一定在 BB_1 的中垂线上。同理,点 D 一定在 CC_1 的中垂线上。根据上述原理,得设计步骤如下(见图 3-28):

(1) 按比例尺画出连杆的两个位置 BC 和 B_1C_1;

(2) 连 BB_1 作中垂线 Za,在 Za 上选取点 A;

(3) 连 CC_1 作中垂线 Zd,在 Zd 上选取点 D,则 $ABCD$ 即为所设计的机构。

显然点 A、D 是在 Za 和 Zd 上任选的,取不同的点 A、D,可得无穷多解。一般确

定 A、D 时,需要考虑结构尺寸、受力和运动情况及其他因素,最后经分析选定。

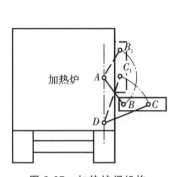

图 3-27　加热炉门机构

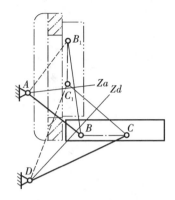

图 3-28　已知连杆两个位置的四杆机构设计

3.4.2　根据给定的行程速比系数 K 设计四杆机构

根据行程速比系数设计四杆机构时,可利用机构在极限位置时的几何关系,再结合其他辅助条件进行设计。

(1) 已知摇杆长度 CD,摆角 ψ 及行程速比系数 K,设计一曲柄摇杆机构。

如图 3-29 所示,$ABCD$ 为已有的曲柄摇杆机构,当摇杆 CD 处于夹角为 ψ 的两极限位置 C_1D、C_2D 时,曲柄 AB 应处于与连杆共线的两位置 AB_1、AB_2,且其所夹锐角应该为 θ。在由 A、C_1、C_2 三点所决定的圆 β 上,C_1C_2 所对应的中心角必为 2θ。

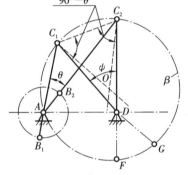

图 3-29　四杆机构设计

根据上述分析,可得设计步骤如下:

① 已知行程速比系数 K,根据式(3-5)即 $\theta = 180° (K-1)/(K+1)$ 算出极位夹角 θ;

② 定比例尺,按给定的摇杆长度及摆角 ψ 画出摇杆两个极限位置 C_1D 和 C_2D;

③ 过点 C_1、C_2 各作与 C_1C_2 连线夹角为 $(90°-\theta)$ 的直线相交于点 O;

④ 以点 O 为圆心,OC_1 为半径画圆 β,则圆弧 C_1AC_2 上任一点与点 C_1 和点 C_2 的连线所构成的圆周角必等于 θ,因此圆上任意一点均可作为曲柄的转动中心 A,故有无穷多解;

⑤ 若给定其他辅助条件,如给定机架长度 AD,则可求出曲柄长度 a 和连杆长度 b;

⑥ 曲柄长度 $a = (AC_2 - AC_1)/2$,连杆长度 $b = (AC_2 + AC_1)/2$。

(2) 已知摆动导杆机构中机架长度 d 及行程速比系数 K,设计摆动导杆机构。

由图 3-30 可知,摆动导杆机构的极位夹角 θ 与导杆的摆角 ψ 相等,所需确定的尺

寸仅仅是曲柄长度 a。设计步骤如下：

① 已知行程速比系数 K，根据式(3-5)即 $\theta = 180°(K-1)/(K+1)$ 算出极位夹角 θ，且 $\psi = \theta$；

② 选定点 D，作 $\angle mDn = \psi$，再作其等角分线；

③ 选定比例尺，在等角分线上量取 $DA = d$，得出曲柄回转中心 A；

④ 过点 A 作导杆任一极限位置的垂线 AC_1(或 AC_2)，则该线段即为所求曲柄长度 a。

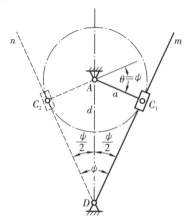

图 3-30 摆动导杆机构

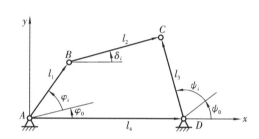

图 3-31 铰链四杆机构的封闭矢量多边形

3.4.3 按两连架杆预定的对应位置设计四杆机构

图 3-31 所示为铰链四杆机构的封闭矢量多边形，各杆方向如图所示。根据此机构所构成的矢量封闭形，可写出以下矢量方程式，即

$$\boldsymbol{l}_1 + \boldsymbol{l}_2 = \boldsymbol{l}_4 + \boldsymbol{l}_3$$

将此矢量方程式分别向 x 及 y 轴上投影可得如下两个代数方程式：

$$\begin{cases} l_1\cos(\varphi_i + \varphi_0) + l_2\cos\delta_i = l_4 + l_3\cos(\psi_i + \psi_0) \\ l_1\sin(\varphi_i + \varphi_0) + l_2\sin\delta_i = l_3\sin(\psi_i + \psi_0) \end{cases} \quad (3\text{-}8)$$

式中，l_1、l_2、l_3、l_4 分别表示机构各杆的长度，当机构的各杆按同一比例变化时，各杆的相对关系不变。现取各杆的相对长度 $l_1/l_1 = 1$、$l_2/l_1 = m$、$l_3/l_1 = n$、$l_4/l_1 = k$，代入式(3-8)，移项后可得

$$\begin{cases} m\cos\delta_i = k + n\cos(\psi_i + \psi_0) - \cos(\varphi_i + \varphi_0) \\ m\sin\delta_i = n\sin(\psi_i + \psi_0) - \sin(\varphi_i + \varphi_0) \end{cases} \quad (3\text{-}9)$$

再由以上两式消去 δ，并经整理可得

$$\cos(\varphi_i + \varphi_0) = p_0\cos(\psi_i + \psi_0) + p_1\cos[(\psi_i + \psi_0) - (\varphi_i + \varphi_0)] + p_2 \quad (3\text{-}10)$$

其中

$$p_0 = n, \quad p_1 = -\frac{n}{k}, \quad p_2 = \frac{k + n + 1 - m}{2k} \quad (3\text{-}11)$$

式(3-10)包含 p_0、p_1、p_2、φ_0 及 ψ_0 五个待定参数,这说明此四杆机构所能满足的两连架杆的对应位置最多为五组。若取两连架杆的起始角 $\varphi_0 = \psi_0 = 0$,则式(3-10)成为

$$\cos\varphi = p_0\cos\psi + p_1\cos(\psi - \varphi) + p_2 \tag{3-12}$$

这时该机构所能满足的两连架杆的对应位置数最多是三组。若将三对已知值 φ_1、ψ_1,φ_2、ψ_2,φ_3、ψ_3 分别代入式(3-12),则得一方程组为

$$\begin{cases} \cos\varphi_1 = p_0\cos\psi_1 + p_1\cos(\psi_1 - \varphi_1) + p_2 \\ \cos\varphi_2 = p_0\cos\psi_2 + p_1\cos(\psi_2 - \varphi_2) + p_2 \\ \cos\varphi_3 = p_0\cos\psi_3 + p_1\cos(\psi_3 - \varphi_3) + p_2 \end{cases} \tag{3-13}$$

解出 p_0、p_1、p_2。然后再由式(3-11)求得 m、n 及 k。最后根据实际需要定出曲柄的长度 a,则机构其他构件的长度 b、c、d 便可完全确定了。

如果给定两连架杆的两组对应位置,则在参数 p_0、p_1、p_2 中总有一个可以任意选定,所以将有无穷多解。这时可再考虑其他附加条件(如结构条件、传动角条件等),以定出机构的尺寸。相反,如果给定的两连架杆对应位置组数过多,即方程的数目比机构待定尺度参数的数目多,则问题就不可解。

典型例题

习　题

3-1　简答题。

(1) 平面四杆机构的基本形式是什么? 它的演化方法有哪几种?

(2) 机构运动分析包括哪些内容?

(3) 什么叫三心定理?

3-2　举出至少三个基本形式的平面四杆机构应用实例,并画出其机构运动简图。

3-3　题 3-3 图所示铰链四杆机构中,已知:$BC = 100$ mm、$CD = 70$ mm、$AD = 60$ mm,AD 为机架。

(1) 若此机构为曲柄摇杆机构,且 AB 为曲柄,求 AB 的最大值;

(2) 若此机构为双曲柄机构,求 AB 的最小值;

(3) 若此机构为双摇杆机构,求 AB 的取值范围。

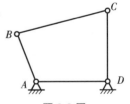

题 3-3 图

3-4　在题 3-4 图所示的四杆机构简图中,各杆长度分别为 $a = 30$ mm、$b = 60$ mm、$c = 75$ mm、$d = 80$ mm,试求机构的最大传动角和最小传动角、最大压力角和最小压力角、行程速比系数(用图解法求解)。

3-5　在题 3-5 图所示的四杆机构中,各杆长度分别为 $a = 25$ mm、$b = 90$ mm、$c = 75$ mm、$d = 100$ mm。

（1）若杆 AB 是机构的主动件，AD 为机架，该机构是什么类型的机构？

（2）若杆 BC 是机构的主动件，AB 为机架，该机构是什么类型的机构？

（3）若杆 BC 是机构的主动件，CD 为机架，该机构是什么类型的机构？

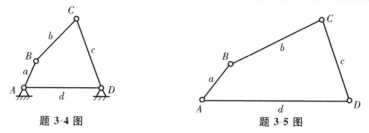

题 3-4 图　　　　　　　　　　　题 3-5 图

3-6　题 3-6 图所示为偏置曲柄滑块机构，当以曲柄为原动件时，在图中标出传动角的位置，并给出机构传动角的表达式，分析机构的各参数对最小传动角的影响。

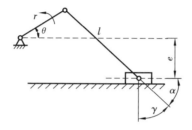

题 3-6 图

3-7　在如题 3-7 图所示的曲柄滑块机构中，

（1）曲柄为主动件，滑块朝右运动为工作行程，试确定曲柄的合理转向，并简述其理由；

（2）当曲柄为主动件时，画出极位夹角 θ，最小传动角 $\gamma_{\min}$；

（3）设滑块为主动件，试用作图法确定该机构的死点位置。

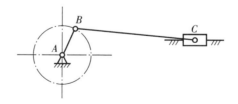

题 3-7 图

3-8　试设计一曲柄摇杆机构，已知机构的摇杆 DC 长度为 150 mm，摇杆的两极限位置的夹角为 45°，行程速比系数 K=1.5，机架长度取 90 mm。用图解法求解（比例尺 μ_L =4 mm/mm）。

3-9　试设计一摆动导杆机构，已知摆动导杆机构的机架长度 d=450 mm，行程速比系数 K=1.40（比例尺 μ_L =13 mm/mm）。

3-10　试设计一牛头刨床的主传动机构，题 3-10 图所示为其机构示意图，已知：主动曲柄绕轴心 A 作等速回转，从动件滑枕作往复移动，刨头行程 E_1E_2 =300 mm，

行程速比系数 $K=2$,其他如题 3-10 图所示(要点:① 拟定该平面连杆机构的运动简图;② 确定该机构的几何尺寸)。

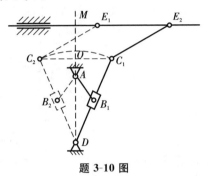

题 3-10 图

第 4 章 凸 轮 机 构

应用实例

4.1 概　述

本章重点、难点

在设计机械时,通常要求其中某些从动件的位移、速度、加速度按照预定的规律变化,这虽然可用连杆机构实现,但难以精确地满足要求,且设计方法也较复杂。在这种情况下,特别是当从动件需按复杂的运动规律运动时,通常多采用凸轮机构。凸轮机构是机械中的一种常用机构,在自动化和半自动化机械中应用非常广泛。

图 4-1 所示为内燃机的配气机构,主动件 1(凸轮)以等角速度回转,它的轮廓驱使从动件 2(阀杆)按预期的运动规律启闭阀门。

图 4-2 所示为自动机床的进刀机构。当具有凹槽的圆柱凸轮 1 回转时,其凹槽的侧面通过嵌于凹槽中的滚子 3 迫使推杆 2 绕点 O 处的轴作往复摆动,从而控制刀架 4 的进刀和退刀运动。

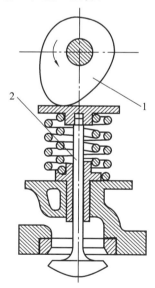

图 4-1　内燃机配气机构

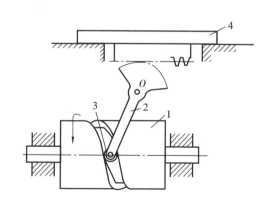

图 4-2　自动机床的进刀机构

图 4-3 所示为绕线机的排线机构。当绕线轴 3 快速转动时,蜗杆带动凸轮 1 缓慢地转动,通过凸轮高副驱使从动件 2 往复摆动,从而使线 4 均匀地缠绕在绕线轴上。

图 4-4 所示为录音机的卷带凸轮机构,凸轮 1 可随放音键上下移动。放音时,凸轮 1 处于图示最低位置,在弹簧 6 的作用下,安装于带轮轴上的摩擦轮 4 紧靠卷带轮 5,从而将磁带卷紧。停止放音时,凸轮 1 随放音键上移,其轮廓迫使从动件 2 顺时针摆动,使摩擦轮与卷带轮分离,从而停止卷带。

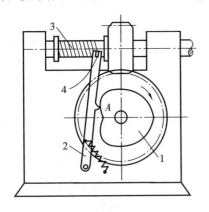

图 4-3　绕线机排线机构

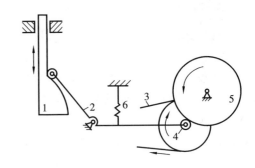

图 4-4　录音机卷带凸轮机构

凸轮机构属高副机构,它一般是由凸轮、从动件和机架组成的三杆机构。凸轮是一个具有曲线外凸轮廓或凹槽的构件,通常作连续等速转动,也有的作摆动或往复直线移动。从动件则按预定的运动规律作间歇的(也有作连续的)直线往复移动或摆动。

凸轮机构的最大优点是:只要适当地设计凸轮的轮廓曲线,从动件便可获得任意预定的运动规律,且机构简单紧凑、设计方便。因此,它广泛应用于机械、仪器的操纵控制装置中。例如,在内燃机中,用来控制进气与排气阀门;在各种切削机床中,用来完成自动送料和进退刀;在缝纫机、纺织机、包装机、印刷机等工作机中,用来按预定的工作要求带动执行构件等。但由于凸轮与从动件是高副接触、比压较大、易于磨损,因此这种机构一般仅用于传递动力不大的场合。

凸轮机构的类型繁多,通常按下述三种方法来分类。

4.1.1　按从动件的形式分

(1) 尖顶从动件(见图 4-5(a)(b))　这种从动件的结构最简单,能与任意形状的凸轮轮廓保持接触,但因尖顶易于磨损,故只适用于传力不大的低速场合,如仪表凸轮机构。然而,由于尖端从动件凸轮机构的分析与设计是研究其他形式从动件凸轮机构的基础,因此仍需加以讨论。

(2) 滚子从动件(见图 4-5(c)(d))　这种从动件与凸轮轮廓之间为滚动摩擦,耐磨损,可承受较大的载荷,故应用最广。

(3) 平底从动件(见图 4-5(e)(f))　这种从动件的优点是凸轮对从动件的作用力始终垂直于从动件的底部(不计摩擦时),故受力比较平稳,而且凸轮轮廓与平底的接

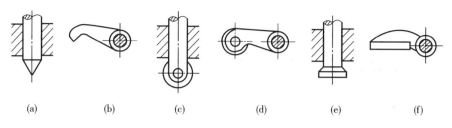

(a)　　　　(b)　　　　(c)　　　　(d)　　　　(e)　　　　(f)

图 4-5　从动件种类

触面间易形成楔形油膜,润滑情况良好,且当不计摩擦时,凸轮对从动件的作用力始终垂直于平底,传动效率较高,故常用于高速凸轮机构中。它的缺点是仅能与凸轮轮廓全部外凸的凸轮构成传动副。

　　另外根据从动件相对于机架的运动形式的不同,有作往复直线移动和往复摆动的两种,分别称为直动从动件(见图 4-5(a)(c)(e))和摆动从动件(见图 4-5(b)(d)(f))。在直动从动件中,若其轴线通过凸轮的回转轴心,则称其为对心直动从动件,否则称为偏置直动从动件。

4.1.2　按凸轮的形状分

　　(1)盘形凸轮机构(见图 4-1 和图 4-3)　这种机构中的凸轮是绕固定轴转动且具有变化向径的盘形构件,从动件在垂直于凸轮轴的平面内运动。

　　(2)移动凸轮机构(见图 4-4)　这种机构中的凸轮作往复直线移动,可看成转轴在无穷远处的盘形凸轮。

　　(3)圆柱凸轮机构(见图 4-2)　这种机构中的凸轮是圆柱体,从动件的运动平面与凸轮轴线平行。可将圆柱凸轮看成由移动凸轮卷成圆柱体而得到的。

　　(4)圆锥凸轮机构　这种机构的凸轮是圆锥体,从动件沿圆锥母线的方向运动。可将圆锥凸轮看成由盘形凸轮的一扇形部分卷成圆锥体而得。

　　盘形凸轮和移动凸轮与其从动件之间的相对运动是平面运动,而圆柱凸轮和圆锥凸轮与其从动件之间的相对运动是空间运动,故前两种属于平面凸轮机构,后两种属于空间凸轮机构。

　　由于圆柱凸轮和圆锥凸轮可分别展开为移动凸轮和盘形凸轮,而移动凸轮又是盘形凸轮的特例,因此,盘形凸轮是凸轮最基本的形式,也是本章主要的讨论对象。

4.1.3　按凸轮与从动件维持高副接触的方法分

　　(1)力封闭的凸轮机构　它利用从动件的重力、弹簧力(见图 4-1)或其他外力,使从动件与凸轮始终保持接触。

　　(2)形封闭的凸轮机构　它依靠高副元素本身的几何形状使从动件与凸轮始终接触(见图 4-6)。

凸轮机构的研究课题有两类：① 给定从动件的运动，设计凸轮轮廓线以满足这一要求；② 已知凸轮的轮廓线，确定从动件的位移、速度、加速度等。本章主要研究第一类课题，而第二类课题在工程中也会经常用到，例如，对实际的凸轮机构进行运动分析以检验其工作性能，或者对某些操纵机构中所使用的轮廓线简单而且便于加工的凸轮，分析其从动件的运动规律。

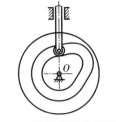

图 4-6　形封闭的凸轮机构

4.2　从动件的运动规律及其选择

4.2.1　凸轮机构的运动及其从动件位移曲线

图 4-7(a)所示为一对心尖顶直动从动件盘形凸轮机构，以凸轮轮廓的最小向径 r_0 为半径所作的圆称为基圆，r_0 称为基圆半径。当尖顶与凸轮轮廓上的点 A 相接触时，从动件处于上升的起始位置。当凸轮以等角速度 ω 顺时针方向转过角度 Φ 时，向径渐增的轮廓 AB 将从动件以一定的运动规律由离凸轮轴心最近的位置 A 推到离凸轮轴心最远的位置 B'，这个过程称为推程，此时它所走过的距离 h 称为从动件的升程，而与推程对应的凸轮转角 Φ 称为推程运动角。当凸轮继续转过角度 Φ_s 时，从动件尖顶与凸轮的圆弧段轮廓 BC 相接触，从动件在离凸轮轴心最远的位置停止不动，Φ_s 称为远休止角。当凸轮继续转过角度 Φ' 时，从动件在弹簧力或重力作用下，以一定运动规律回到起始位置，这个过程称为回程，Φ' 称为回程运动角。当凸轮继续转过角度 Φ_s' 时，从动件尖顶与基圆上 DA 段圆弧相接触，从动件在离凸轮轴心最近的位置停止不动，Φ_s' 称为近休止角。凸轮连续回转，从动件重复上述运动。

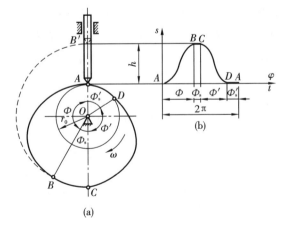

图 4-7　凸轮机构的工作原理图

　　若以直角坐标系的纵坐标代表从动件的位移 s，横坐标代表凸轮转角 φ（因通常凸轮等角速转动，故横坐标也代表时间 t），则可画出从动件位移 s 与凸轮转角 φ 之间的关系曲线，如图 4-7(b)所示，称为从动件位移线图。

　　位移曲线通常由几段曲线或直线组成。若某段位移曲线以方程 $s=f(\varphi)$ 表示，凸轮以等角速度 ω 回转，则从动件相应的速度 v、加速度 a 和加速度变化率 j 将分别为

$$v=\frac{\mathrm{d}s}{\mathrm{d}t}=\frac{\mathrm{d}s}{\mathrm{d}\varphi}\frac{\mathrm{d}\varphi}{\mathrm{d}t}=\frac{\mathrm{d}s}{\mathrm{d}\varphi}\omega=\omega f'(\varphi)$$

$$a=\frac{\mathrm{d}^2s}{\mathrm{d}t^2}=\frac{\mathrm{d}v}{\mathrm{d}t}=\frac{\mathrm{d}^2s}{\mathrm{d}\varphi^2}\omega^2=\omega^2 f''(\varphi)$$

$$j=\frac{\mathrm{d}^3s}{\mathrm{d}t^3}=\frac{\mathrm{d}a}{\mathrm{d}t}=\frac{\mathrm{d}^3s}{\mathrm{d}\varphi^3}\omega^3=\omega^3 f'''(\varphi)$$

其中，加速度变化率 j 与惯性力的变化率相关联，因此对从动件的振动有很大影响。从动件的 s、v、a 和 j 的变化规律，称为从动件的运动规律，它们全面地反映了从动件的运动特性及其变化的规律性。

　　由上述可知，凸轮的轮廓形状决定了从动件的运动规律。反之，从动件的不同运动规律要求凸轮具有不同形状的轮廓曲线。因此，在设计没有预先给定从动件位移曲线的凸轮机构时，重要的问题之一就是按照它在机械中所执行的工作任务，选择合适的从动件运动规律，并据此设计出相应的凸轮轮廓线。

　　从动件运动规律的类型很多，下面仅就最典型的停→升→停运动形式，介绍和分析几种常用的运动规律，供设计时选用。

4.2.2　多项式基本运动规律

　　多项式的一般表达式为

$$s=C_0+C_1\varphi+C_2\varphi^2+\cdots+C_n\varphi^n \tag{4-1a}$$

式中：s——从动件的位移；

　　　φ——凸轮的转角；

　　　$C_0,C_1,\cdots,C_n$——$n+1$ 个待定系数。

　　注意 $\frac{\mathrm{d}s}{\mathrm{d}t}=v$，$\mathrm{d}\varphi/\mathrm{d}t=\omega$，$\frac{\mathrm{d}^2s}{\mathrm{d}t^2}=a$。将式(4-1a)逐一对时间求导两次，得从动件的速度、加速度方程：

$$\begin{cases} v=\dfrac{\mathrm{d}s}{\mathrm{d}t}=C_1\omega+2C_2\omega\varphi+\cdots+nC_n\omega\varphi^{n-1} \\[2mm] a=\dfrac{\mathrm{d}^2s}{\mathrm{d}t^2}=2C_2\omega^2+\cdots+n(n-1)C_n\omega^2\varphi^{n-2} \end{cases} \tag{4-1b}$$

　　若给定相应的边界条件（如：$\varphi=0$ 时，$s=0$；$\varphi=\Phi$ 时，$s=h$；等等），则求出待定系数参数后再代入式(4-1)即可得到凸轮机构从动件的位移、速度、加速度方程。

　　1. 等速运动规律

　　当式(4-1a)中的 $n=1$ 时，有

$$s = C_0 + C_1\varphi$$

由边界条件 $\varphi=0, s=0; \varphi=\Phi, s=h$ 可得到从动件的运动规律为

$$
\begin{cases}
s = \dfrac{h\varphi}{\Phi} \\[2mm]
v = \dfrac{h\omega}{\Phi} \\[2mm]
a = 0
\end{cases}
\tag{4-2}
$$

其运动线图如图 4-8(a)所示。从速度线图可以看出,运动的始、末两点有速度突变;在运动开始的瞬间,速度从零上升到某一值,而在运动停止的瞬间,速度又从某一值突变为零,所以在始点 $a=+\infty$,在末点 $a=-\infty$,即始末点的理论加速度值为无穷大,它所引起的惯性力亦应为无穷大。实际上,由于材料具有弹性,加速度和惯性力不至于达到无穷大,但仍将有强烈的冲击,这种冲击称为刚性冲击或称为硬冲。因此这种运动规律只适用于凸轮转速很低的场合。

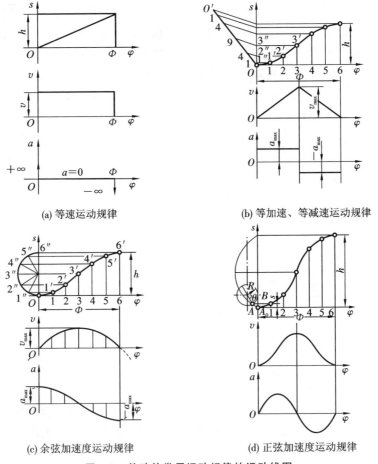

(a) 等速运动规律　　　　　　　　(b) 等加速、等减速运动规律

(c) 余弦加速度运动规律　　　　　　(d) 正弦加速度运动规律

图 4-8　从动件常用运动规律的运动线图

2. 等加速、等减速运动规律

当式(4-1a)中的 $n=2$ 时,有

$$s = C_0 + C_1\varphi + C_2\varphi^2$$

在推程的起点和终点,从动件速度均为零,故希望推程的前段加速而后段减速。一般取前半段 $\varphi=0 \sim \Phi/2$,$s=0 \sim h/2$ 和后半段 $\varphi=\Phi/2 \sim \Phi$,$s=h/2 \sim h$ 对称(也可以不对称)。

由此得前半段从动件的运动方程为

$$\begin{cases} s = \dfrac{2h\varphi^2}{\Phi^2} \\[2mm] v = \dfrac{4h\omega\varphi}{\Phi^2} \\[2mm] a = \dfrac{4h\omega^2}{\Phi^2} \end{cases} \quad (4\text{-}3)$$

后半段从动件的运动方程为

$$\begin{cases} s = \dfrac{h - 2h(\Phi-\varphi)^2}{\Phi^2} \\[2mm] v = \dfrac{4h\omega(\Phi-\varphi)}{\Phi^2} \\[2mm] a = \dfrac{-4h\omega^2}{\Phi^2} \end{cases} \quad (4\text{-}4)$$

如图 4-8(b)所示,这种运动规律下加速度为两段水平线。前半段为加速,后半段为减速,故称为等加速、等减速运动规律。这种运动规律在推程的始、末点及前、后半段交接处加速度也有突变。其加速度变化为有限值,但其变化率(即跃变)为无穷大,即表示惯性力在极短的时间内发生有限变化。这种有限惯性力的突变也会产生有限冲击,称为柔性冲击,而且在高速下仍将导致相当严重的振动、噪声和磨损。因此,这种运动规律只适用于中低速场合。

4.2.3 三角函数式基本运动规律

由三角函数表示的运动规律,应用较多的有余弦加速度运动规律和正弦加速度运动规律。

1. 余弦加速度运动规律

余弦加速度运动规律又称简谐运动规律。当一点在圆周上等速运动时,其在直径上投影的运动即简谐运动(见图 4-8(c))。以推杆行程 h 为直径作一圆,显然推杆的位移为

$$s = \frac{h}{2}(1 - \cos\theta)$$

又因 $\varphi = \Phi$ 时 $\theta = \pi$,故 $\theta = \dfrac{\pi}{\Phi}\varphi$,代入上式并对 t 求导,有

$$\begin{cases} s = \dfrac{h}{2}\left(1 - \cos\dfrac{\pi}{\Phi}\varphi\right) \\[2mm] v = \dfrac{\pi h\omega}{2\Phi}\sin\dfrac{\pi}{\Phi}\varphi \\[2mm] a = \dfrac{\pi^2 h\omega^2}{2\Phi^2}\cos\dfrac{\pi}{\Phi}\varphi \end{cases} \tag{4-5}$$

推杆的加速度按余弦规律变化,故称为余弦加速度运动规律。如图 4-8(c)所示,在推程的始、末点加速度产生有限数值的突变,即有柔性冲击,故余弦加速度运动规律多用于中低速场合。

2. 正弦加速度运动规律

为使加速度曲线连续变化,应避免推程始、末位置的加速度数值发生突变。采用正弦加速度运动规律,且推程角 Φ 对应于正弦曲线的 2π 周期,有

$$\begin{cases} a = C_1\sin\dfrac{2\pi}{\Phi}\varphi \\[2mm] v = \int a\,\mathrm{d}t = -C_1\dfrac{\Phi}{2\pi\omega}\cos\dfrac{2\pi}{\Phi}\varphi + C_2 \\[2mm] s = \int v\,\mathrm{d}t = -C_1\dfrac{\Phi^2}{4\pi^2\omega^2}\sin\dfrac{2\pi}{\Phi}\varphi + C_2\dfrac{\varphi}{\omega} + C_3 \end{cases}$$

边界条件:$\varphi=0$ 时,$s=0$,$v=0$;$\varphi=\Phi$ 时,$s=h$。可得系数 $C_1=2\pi h\omega^2/\Phi^2$,$C_2=h\omega/\Phi$,$C_3=0$,代入上式,得到从动件运动规律为

$$\begin{cases} s = h\left[\varphi/\Phi - \sin(2\pi\varphi/\Phi)/2\pi\right] \\[2mm] v = h\omega\left[1 - \cos(2\pi\varphi/\Phi)\right]/\Phi \\[2mm] a = 2\pi h\,\omega^2\sin(2\pi\varphi/\Phi)/\Phi^2 \end{cases} \tag{4-6}$$

正弦加速度运动规律如图 4-8(d)所示。这种运动规律的加速度无突变,故无冲击,其振动、噪声和磨损都小,可用在中高速场合。

现将从动件各种运动规律的运动方程式列于表 4-1 中,供计算时参考。表中回程栏内的 Φ 指回程角,且 φ 由推程终了开始度量。

表 4-1　从动件的运动方程式

运动类型		推　　程	回　　程
等速运动		$s=h\varphi/\Phi$ $v=h\omega/\Phi$ $a=0$	$s=h(\Phi-\varphi)/\Phi$ $v=-h\omega/\Phi$ $a=0$
等加速、等减速运动	前半程	$s=2h\varphi^2/\Phi^2$ $v=4h\omega\varphi/\Phi^2$ $a=4h\omega^2/\Phi^2$	$s=h-2h\varphi^2/\Phi^2$ $v=-4h\omega\varphi/\Phi^2$ $a=4h\omega^2/\Phi^2$
	后半程	$s=h-2h(\Phi-\varphi)^2/\Phi^2$ $v=4h\omega(\Phi-\varphi)/\Phi^2$ $a=-4h\omega^2/\Phi^2$	$s=2h(\Phi-\varphi)^2/\Phi^2$ $v=-4h\omega(\Phi-\varphi)/\Phi^2$ $a=4h\omega^2/\Phi^2$

运动类型	推 程	回 程
余弦加速度运动	$s=\dfrac{h}{2}\left(1-\cos\dfrac{\pi}{\Phi}\varphi\right)$ $v=\dfrac{\pi h\omega}{2\Phi}\sin\dfrac{\pi}{\Phi}\varphi$ $a=\dfrac{\pi^2 h\omega^2}{2\Phi^2}\cos\dfrac{\pi}{\Phi}\varphi$	$s=\dfrac{h}{2}\left(1+\cos\dfrac{\pi}{\Phi}\varphi\right)$ $v=-\dfrac{\pi h\omega}{2\Phi}\sin\dfrac{\pi}{\Phi}\varphi$ $a=-\dfrac{\pi^2 h\omega^2}{2\Phi^2}\cos\dfrac{\pi}{\Phi}\varphi$
正弦加速度运动	$s=h\left[\dfrac{\varphi}{\Phi}-\sin\left(\dfrac{2\pi\varphi}{\Phi}\right)\Big/2\pi\right]$ $v=h\omega\left[1-\cos\left(\dfrac{2\pi\varphi}{\Phi}\right)\right]\Big/\Phi$ $a=2\pi h\omega^2\sin\left(\dfrac{2\pi\varphi}{\Phi}\right)\Big/\Phi^2$	$s=h\left[1-\dfrac{\varphi}{\Phi}+\sin\left(\dfrac{2\pi\varphi}{\Phi}\right)\Big/2\pi\right]$ $v=-h\omega\left[1-\cos\left(\dfrac{2\pi\varphi}{\Phi}\right)\right]\Big/\Phi$ $a=-2\pi h\omega^2\sin\left(\dfrac{2\pi\varphi}{\Phi}\right)\Big/\Phi^2$

4.2.4 从动件运动规律的选择

选择推杆的运动规律时,首先应满足工艺对机器的要求,同时还应考虑凸轮机构应具有良好的动力特性,以及设计的凸轮便于加工等因素。

1. 根据运动规律的特性值选择推杆的运动规律

所谓特性值是指对凸轮机构工作性能有较大影响的参数,如推杆的最大速度 v_{max}、最大加速度 a_{max} 及最大加速度变化率 j_{max}。当 v_{max} 值愈大时,其推杆系统的最大动量 mv_{max} 也愈大,停、动不灵活且有较大冲力。因此,推杆系统质量较大(或重载)时,应选择 v_{max} 值较小的运动规律。当 a_{max} 愈大时,惯性力也愈大,将使高副处的压力增大或可能发生推杆跳动,因此,高速凸轮应选择 a_{max} 值较小的运动规律。j_{max} 表示加速度变化率,影响凸轮机构的运动平稳性。从动件运动规律的特性值比较及使用场合列于表 4-2 中,供参考。

表 4-2 从动件运动规律的特性值比较及使用场合

运动规律名称	$v_{max}/(h\omega\Phi^{-1})$	$a_{max}/(h\omega^2\Phi^{-2})$	$j_{max}/(h\omega^3\Phi^{-3})$	应 用
等速	1.00	∞	—	低速轻载
等加速、等减速	2.00	4.00	∞	中速轻载
五次多项式	1.88	5.77	60.0	高速中载
余弦加速度	1.57	4.93	∞	中低速重载
正弦加速度	2.00	6.28	39.5	中高速轻载
改进梯形加速度	2.00	4.89	61.4	高速轻载
改进正弦加速度	1.76	5.53	69.5	中高速重载

2. 高速下的推杆运动规律选择

高速下推杆将产生很大的惯性力与冲击,从而使凸机构加剧磨损和降低寿命。

因此应选择最大加速度值较小且无突然变化的运动规律。如果高速凸轮对从动件的运动规律也提出要求,则必须采用组合运动规律。所谓组合运动规律即将工艺选定的、但特性较差的运动规律与特性较好的运动规律组合起来以改善其运动特性。例如等加速、等减速运动规律,其加速度有突变,因此在加速度突变处,以正弦加速度曲线过渡而构成改进梯形加速度运动规律。这样,既具有等加速、等减速运动,其理论最大加速度最小的优点,又消除了柔性冲击,从而具有较好的性能。

对于只要求推杆完成某一行程 h 的凸轮机构,对运动规律无特殊要求的情况,可只从加工方便考虑,采用圆弧、直线或其他易于加工的曲线作为凸轮轮廓线。

4.3　图解法设计凸轮的轮廓曲线

在根据工作要求和应用场合选定了凸轮机构的类型和从动件的运动规律,并确定了凸轮基圆半径等基本尺寸后,即可进行凸轮轮廓曲线的设计。设计方法有图解法和解析法,图解法直观、简单,但误差较大,只能应用于低速或精度要求不高的场合,对高速或精度要求较高的凸轮,必须用解析法精确计算。

凸轮机构工作时,凸轮是运动的,而绘制凸轮轮廓时却需要凸轮与图纸相对静止。为此,在设计中采用"反转法"。根据相对运动原理,如果给整个机构加上绕凸轮轴心 O 的公共角速度 $-\omega$,机构各构件间的相对运动不变。这样一来,凸轮固定不动,而从动件一方面随机架和导路以角速度 $-\omega$ 绕点 O 转动,另一方面又在导路中按预定的运动规律移动。由于尖顶始终与凸轮轮廓相接触,因此在这种复合运动中,从动件尖顶的运动轨迹就是凸轮轮廓(见图 4-9)。

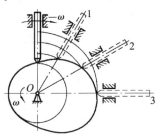

图 4-9　反转法设计原理

4.3.1　直动从动件盘形凸轮轮廓的设计

1. 尖顶从动件

图 4-10(a)所示为一偏置直动尖顶从动件盘形凸轮机构。已知从动件位移曲线如图 4-10(b)所示,凸轮基圆半径为 r_0,从动件导路偏于凸轮轴心的左侧,偏心距为 e,凸轮以等角速度 ω 顺时针方向转动,试设计凸轮的轮廓曲线。

根据反转法的原理,具体设计步骤如下。

(1)选取适当的比例尺,作从动件的位移线图,如图 4-10(b)所示。将推程和回程阶段位移曲线的横坐标各等分成若干等份(图中分为四等份),分别得点 1,2,3,…,8。

(2)取相同的比例尺,以点 O 为圆心、r_0 为半径作基圆,以点 O 为圆心、e 为半径作偏距圆,其与从动件导路切于点 K,基圆与导路的交点 A_0 即为从动件的起始位置。

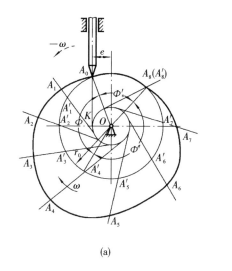

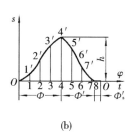

(a)　　　　　　　　　　　　　　　　(b)

图 4-10　偏置直动尖顶从动件盘形凸轮轮廓设计

（3）在基圆上，自 OA_0 开始，沿 $-\omega$ 方向取凸轮的转角 Φ、Φ'、Φ'_s，并将推程运动角和回程运动角分成与图 4-10(b)所示对应的等份，得点 A'_1，A'_2，A'_3，$\cdots$，A'_8。

（4）过点 A'_1，A'_2，A'_3，$\cdots$，A'_8 作偏距圆的一系列切线，它们便是反转后从动件导路的一系列位置。

（5）沿以上各切线自基圆开始量取从动件相应的位移量，即取线段 $\overline{A_1A'_1}=11'$，$\overline{A_2A'_2}=22'$，$\overline{A_3A'_3}=33'$，$\cdots$，$\overline{A_8A'_8}=88'$，得反转后尖顶的一系列位置 A_1，A_2，A_3，$\cdots$，A_8。

（6）将点 A_0，A_1，A_2，A_3，$\cdots$，A_8 连接成光滑曲线，即得到所求的凸轮轮廓曲线，如图 4-10(a)所示。

若偏距 $e=0$，则为对心直动尖顶从动件盘形凸轮机构。这时，从动件在反转运动中，其导路位置将不再是偏距圆的切线，而是通过凸轮轴心 O 的径向射线。按图4-10所示的方法，便可求得如图 4-11 所示的凸轮轮廓曲线。

2. 滚子从动件

若将图 4-11 所示的尖顶改为滚子，如图 4-12 所示，则其凸轮轮廓可按下述方法绘制。

（1）把滚子中心看作尖顶从动件的尖顶，按照上述尖顶从动件凸轮轮廓曲线的设计方法作出曲线 η。曲线 η 是反转过程中滚子中心的运动轨迹，称为凸轮的理论轮廓线。

（2）以理论轮廓线上各点为圆心，以滚子半径 r_T 为半径作一系列的滚子圆，然后作这些圆的内包络线 η'，得凸轮的实际轮廓线 η'。显然，该实际轮廓线是其理论轮廓线的法向等距曲线，其距离为滚子半径。

由上述作图过程可知，在滚子从动件凸轮机构的设计中，基圆半径 r_0 是凸轮理论轮廓线的最小向径。

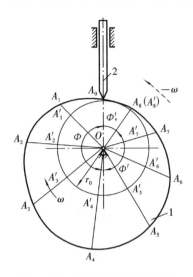

图 4-11　对心直动尖顶从动件
盘形凸轮轮廓设计

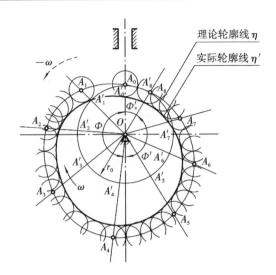

图 4-12　对心直动滚子从动件
盘形凸轮轮廓设计

4.3.2　摆动从动件盘形凸轮轮廓的设计

　　图 4-13(a)所示为一尖顶摆动从动件盘形凸轮机构。已知凸轮以等角速度 ω 顺时针方向转动,凸轮基圆半径为 r_0,凸轮轴心 O 与从动件摆动中心 A 的距离为 l_{OA},摆动从动件长度为 l_{AB},从动件运动规律如图 4-13(b)所示,要求设计该凸轮的轮廓曲线。

　　具体作图步骤如下。

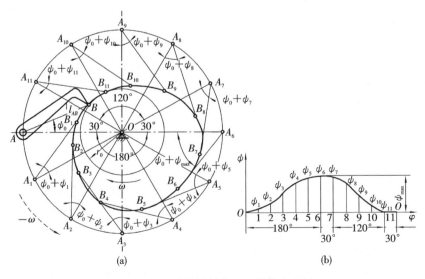

图 4-13　摆动从动件盘形凸轮轮廓设计

（1）选取适当的比例尺，作出从动件的角位移线图，将推程和回程阶段角位移曲线的横坐标等分成若干等份，如图 4-13(b) 所示。

（2）取相同的比例尺，以点 O 为圆心，以 r_0 为半径作基圆，并根据已知的中心距 l_{OA} 确定从动件摆动中心 A 的位置。再以点 A 为圆心，以从动件杆长 l_{AB} 为半径作圆弧，交基圆于点 B，该点即为从动件尖顶的起始位置。ψ_0 称为从动件的初始角。

（3）以点 O 为圆心，以 l_{OA} 为半径作圆，并自点 A 开始，沿 $-\omega$ 方向将该圆分成与图 4-13(b) 的横坐标对应的区间和等份，分别得点 $A_1, A_2, \cdots, A_{11}$，这些点代表反转过程中从动件摆动中心依次占据的位置。径向线 $OA_1, OA_2, \cdots, OA_{11}$ 即代表反转过程中机架 OA 依次占据的位置。

（4）分别作出摆动从动件相对于机架的一系列射线 $A_1B_1, A_2B_2, \cdots, A_{11}B_{11}$，即作 $\angle OA_1B_1 = \psi_0 + \psi_1$，$\angle OA_2B_2 = \psi_0 + \psi_2$，$\cdots$，$\angle OA_{11}B_{11} = \psi_0 + \psi_{11}$，得摆动从动件在反转过程中依次占据的位置，其中，$\psi_1, \psi_2, \psi_3, \cdots, \psi_{11}$ 为不同位置从动件摆角 ψ 的数值。

（5）分别以 $A_1, A_2, A_3, \cdots, A_{11}$ 为圆心，以 l_{AB} 为半径画圆弧，截射线 A_1B_1 于点 B_1，截射线 A_2B_2 于点 B_2，$\cdots$，截射线 $A_{11}B_{11}$ 于点 B_{11}。点 $B_1, B_2, B_3, \cdots, B_{11}$ 即为反转过程中从动件尖顶依次占据的位置。

（6）将点 $B_1, B_2, B_3, \cdots, B_{11}$ 连成光滑的曲线，即得凸轮的轮廓线。

若采用滚子从动件，则上述凸轮轮廓即为理论轮廓线，只要在理论轮廓线上选一系列点作滚子，然后作它们的包络线，即可求得凸轮的实际轮廓线。

4.4 解析法设计凸轮的轮廓曲线

随着机械对凸轮机构的转速和精度要求的不断提高，用作图法设计凸轮的轮廓曲线已难以满足要求。另外随着计算机辅助设计与制造日益普及，凸轮轮廓线设计已更多地采用解析法。用解析法设计凸轮轮廓线的实质是建立凸轮理论轮廓线、实际轮廓线及刀具中心轨迹线等曲线方程，以便精确计算曲线各点的坐标。从动件运动规律确定后，则其位移方程即已知。对于直动从动件，其位移方程为 $s = f(\varphi)$。对于摆动从动件，其角位移方程为 $\psi = f(\varphi)$。从动件位移方程即凸轮轮廓曲线设计的依据。下面以偏置滚子直动从动件盘形凸轮机构为例来介绍用解析法设计凸轮轮廓曲线的方法。

4.4.1 偏置滚子直动从动件盘形凸轮机构理论轮廓线方程

图 4-14 所示为一偏置滚子直动从动件盘形凸轮机构。选取直角坐标系 Oxy，点 B_0 为从动件处于起始位置时滚子中心所处的位置。当凸轮转过 δ 角后，从动件的位移为 s。此时滚子中心将处于点 B，该点的直角坐标为

$$\begin{cases} x = \overline{KN} + \overline{KH} = (s_0 + s)\sin\delta + e\cos\delta \\ y = \overline{BN} - \overline{MN} = (s_0 + s)\cos\delta - e\sin\delta \end{cases} \quad (4\text{-}7)$$

式中：e——偏距；$s_0 = \sqrt{r_0^2 - e^2}$。

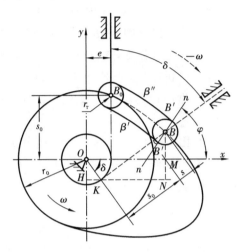

图 4-14　偏置滚子直动从动件盘形凸轮轮廓设计

式(4-7)为凸轮的理论轮廓线的方程式。若为对心直动从动件,由于 $e=0$,$s_0 = r_0$,则式(4-7)可写成

$$\begin{cases} x = (r_0 + s)\sin\delta \\ y = (r_0 + s)\cos\delta \end{cases} \quad (4\text{-}8)$$

4.4.2　偏置滚子直动从动件盘形凸轮机构实际轮廓线方程

由于滚子从动件的凸轮机构的实际轮廓是以理论轮廓上各点为圆心作一系列滚子圆,再作滚子圆的包络线得到的,因此实际轮廓与理论轮廓在法线方向上距离处处相等,且该距离等于滚子半径 r_T。所以当已知理论轮廓线上任一点 $B(x,y)$ 时,只要沿理论轮廓线在该点的法线方向取距离为 r_T,就能得到实际轮廓线上的相应点 $B'(x',y')$。过理论轮廓线点 B 处作法线 $n-n$,其斜率 $\tan\varphi$ 与该点的切线的斜率 $\dfrac{dy}{dx}$ 应互为负倒数,即

$$\tan\varphi = \frac{dx}{-dy} = \frac{dx/d\delta}{-dy/d\delta} = \frac{\sin\varphi}{\cos\varphi} \quad (4\text{-}9)$$

式中：$\dfrac{dx}{d\delta}$、$\dfrac{dy}{d\delta}$ 分别为

$$\begin{cases} \dfrac{dx}{d\delta} = \left(\dfrac{ds}{d\delta} - e\right)\sin\delta + (s_0 + s)\cos\delta \\ \dfrac{dy}{d\delta} = \left(\dfrac{ds}{d\delta} - e\right)\cos\delta - (s_0 + s)\sin\delta \end{cases} \quad (4\text{-}10)$$

可得

$$\begin{cases} \sin\varphi = \dfrac{\mathrm{d}x/\mathrm{d}\delta}{\sqrt{(\mathrm{d}x/\mathrm{d}\delta)^2 + (\mathrm{d}y/\mathrm{d}\delta)^2}} \\ \cos\varphi = \dfrac{-\mathrm{d}y/\mathrm{d}\delta}{\sqrt{(\mathrm{d}x/\mathrm{d}\delta)^2 + (\mathrm{d}y/\mathrm{d}\delta)^2}} \end{cases} \tag{4-11}$$

求出 φ 角,则实际轮廓线上对应点 $B'(x', y')$ 的坐标为

$$\begin{cases} x' = x \pm r_{\mathrm{T}}\cos\theta \\ y' = y \pm r_{\mathrm{T}}\sin\theta \end{cases} \tag{4-12}$$

式(4-12)即为凸轮的实际轮廓线方程式。式中"－"号对应内等距曲线,"＋"号对应外等距曲线。

4.5 凸轮机构设计中的几个问题

在以上分析中,凸轮机构的偏距 e、基圆半径 r_{b}、滚子半径 r_{T} 等这些结构尺寸均认为是已知的。其实这些尺寸对凸轮机构的运动性能和受力等均有重要影响,且这些尺寸间互相影响与制约,所以恰当地选择这些尺寸是凸轮机构设计的重要任务。

4.5.1 凸轮机构的压力角

图 4-15 所示为偏置尖顶直动从动件盘形凸轮机构。当不计凸轮与从动件之间的摩擦时,凸轮给予从动件的力 $\boldsymbol{F}$ 是沿法线方向的,从动件运动方向与力 $\boldsymbol{F}$ 之间所夹锐角 α 称为压力角。力 $\boldsymbol{F}$ 可分解为沿从动件运动方向的有效分力 $\boldsymbol{F}'$ 和使从动件紧压导路的有害分力 $\boldsymbol{F}''$,且

$$F'' = F'\tan\alpha \tag{4-13}$$

式(4-13)表明,驱动从动件的有效分力 F' 一定时,压力角 α 越大,则有害分力 F'' 越大,机构的效率越低。当 α 增大到一定程度,以致 F'' 在导路中所引起的摩擦阻力大于有效分力 F' 时,无论凸轮加给从动件的作用力多大,从动件都不能运动,这种现象称为自锁。

为了保证凸轮机构正常工作并具有一定的传动效率,必须对压力角加以限制。凸轮轮廓线上各点的压力角一般是变化的,在设计时应使最大压力角不超过许用值,即 $\alpha_{\max} \leqslant [\alpha]$。通常,对于直动从动件,可取许用压力角 $[\alpha] = 30°$,对于摆动从动件,可取 $[\alpha] = 45°$。常见的依靠外力使从动件与凸轮保持接触的凸轮机构,其从动件是在弹簧或重力作用下返回的,回程不会出现自锁。因此,对于此类凸轮机构,通常只需校核推程压力角。

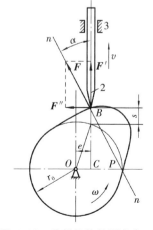

图 4-15 凸轮机构的压力角

4.5.2　基圆半径的确定

由图4-15可以看出,在其他条件都不变的情况下,若把基圆增大,则凸轮的尺寸也将随之增大。因此,欲使机构紧凑,就应当采用较小的基圆半径。但是,必须指出,基圆半径减小会引起压力角增大,现说明如下。

图4-15所示偏置尖顶直动从动件盘形凸轮机构处在其推程的一个任意位置。过凸轮与从动件的接触点B作公法线$n-n$,它与过凸轮轴心O且垂直于从动件导路的直线相交于点P,点P就是凸轮和从动件的相对速度瞬心。由瞬心定义可知$l_{OP}=v/\omega=\mathrm{d}s/\mathrm{d}\varphi$。因此,由图可得到直动从动件盘形凸轮机构的压力角计算公式为

$$\tan\alpha = \frac{\dfrac{\mathrm{d}s}{\mathrm{d}\varphi} \mp e}{s + \sqrt{r_0^2 - e^2}} \tag{4-14}$$

式中:s——对应凸轮转角φ的从动件位移。

式(4-14)说明,在其他条件不变的情况下,基圆r_0越小,压力角α越大。基圆半径过小,压力角就会超过许用值。因此,实际设计中应在保证凸轮轮廓的最大压力角不超过许用值的前提下,考虑缩小凸轮的尺寸。

在式(4-14)中,e为从动件导路偏离凸轮回转中心的距离,称为偏距。当导路与瞬心P在凸轮轴心O的同侧时,式中取"−"号,可使压力角减小;反之,当导路与瞬心P在凸轮轴心O的异侧时,取"+"号,压力角将增大。因此,为了减小推程压力角,应将从动件导路向推程相对速度瞬心同侧偏置。但须注意,用导路偏置法虽可使推程压力角减小,但同时却会使回程压力角增大,所以偏距e不宜过大。

4.5.3　滚子半径的确定

采用滚子推杆时,选择滚子半径时要考虑滚子的结构、强度及凸轮轮廓曲线的形状等多方面的因素。下面主要分析凸轮轮廓曲线的形状与选择滚子半径的关系。

如图4-16所示,设理论轮廓外凸部分的最小曲率半径为$\rho_{\min}$,滚子半径为r_T,则相应位置实际轮廓的曲率半径$\rho' = \rho_{\min} - r_T$。

(1) 当$\rho_{\min} > r_T$时,如图4-16 (a)所示,这时,$\rho' > 0$,实际轮廓为一平滑的曲线。

(2) 当$\rho_{\min} = r_T$时,如图4-16 (b)所示,这时,$\rho' = 0$,凸轮实际轮廓出现尖点,这种尖点极易磨损,磨损后就会改变原定的运动规律。

(3) 当$\rho_{\min} < r_T$时,如图4-16 (c)所示,这时,$\rho' < 0$,实际轮廓曲线相交,交点以上的轮廓曲线在实际加工时将被切去,使这一部分运动规律无法实现,这种现象称为运动失真。

综上所述,滚子半径r_T不宜过大,否则会产生运动失真;但滚子半径也不宜过小,否则凸轮与滚子接触应力过大且难以装在销轴上。通常,取滚子半径$r_T = (0.1 \sim 0.5)r_0$,为避免出现尖点,一般要求$\rho' > 3 \sim 5$ mm。

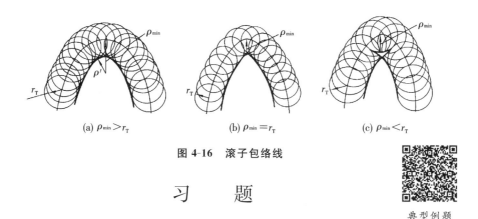

图 4-16　滚子包络线

习　题

典型例题

4-1　凸轮机构由哪几个基本构件组成？试举出生产实际中应用凸轮机构的几个实例。

4-2　从动件常用的运动规律有哪几种？各有什么特点？各适用于何种场合？

4-3　何谓刚性冲击和柔性冲击？哪些运动规律有刚性冲击？哪些运动规律有柔性冲击？哪些运动规律没有冲击？

4-4　若凸轮机构的滚子损坏，能否任选另一滚子来代替？为什么？

4-5　凸轮机构中常见的凸轮形状与从动件的结构形式有哪些？各有何特点？

4-6　用图解法设计滚子直动从动件盘形凸轮轮廓时，实际轮廓线是否可以由理论轮廓线沿导路方向减去滚子半径求得？为什么？

4-7　设一直动推杆的行程 $h = 32$ mm，要求推程角 $\Phi = 120°$，按余弦加速度规律运动，远休止角 $\Phi_s = 30°$，回程角 $\Phi' = 150°$，按等速运动，近休止角 $\Phi'_s = 60°$，计算后绘出推杆的位移曲线。

4-8　在题 4-8 图所示的对心直动滚子从动件盘形凸轮机构中，凸轮的实际轮廓线为一圆，圆心在点 A，半径 $R = 40$ mm，凸轮绕轴心 O 逆时针方向转动，$L_{OA} = 25$ mm，滚子半径为 10 mm，试求：① 凸轮的理论轮廓线；② 凸轮的基圆半径；③ 从动件的升程；④ 图示位置的压力角。

4-9　一对心直动滚子从动件盘形凸轮机构，已知基圆半径 $r_0 = 50$ mm，滚子半径 $r_T = 10$ mm，凸轮逆时针等速转动。凸轮转过 $140°$，从动件按简谐运动规律上升 30 mm；凸轮继续转过 $40°$ 时，从动件保持不动。在回程中，凸轮转过 $120°$ 时，从动件以等加速等减速运动规律返回原处。凸轮转过其余 $60°$ 时，从动件保持不动。试绘出其从动件位移曲线，并用图解法设计凸轮的轮廓曲线。

4-10　题 4-9 中的各项条件不变，只是将对心改为偏置，其偏距 $e = 20$ mm，从动件偏在凸轮中心的右边，试用图解法设计凸轮的轮廓线。

题 4-8 图

4-11　题 4-11 图所示为一摆动滚子推杆盘形凸轮机构,已知 $l_{OA}=60$ mm,$r_0=25$ mm,$l_{AB}=50$ mm,$r_T=8$ mm。凸轮逆时针等速转动,要求当凸轮转过 $180°$ 时,推杆以余弦加速度运动向上摆动 $25°$;转过一周中的其余角度时,推杆以正弦加速度运动摆回到原位置。试以图解法设计凸轮的实际轮廓线。

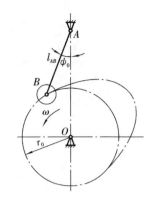

题 4-11 图

4-12　已知题 4-12 图所示凸轮机构的理论轮廓线,试画出它们的实际轮廓线。

4-13　画出题 4-13 图所示凸轮机构中凸轮基圆,在图上标出凸轮由图示位置转过 $60°$ 角时从动件的位移和凸轮的压力角。

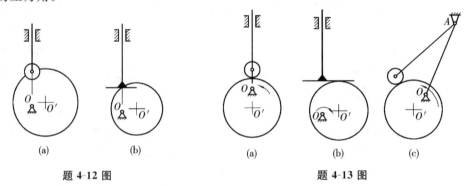

題 4-12 图　　　　　　　　　　題 4-13 图

第5章 齿轮机构

应用实例

5.1 齿轮机构的类型和特点

本章重点、难点

5.1.1 概述

齿轮机构用于传递空间任意两轴之间的运动和动力,齿轮机构具有传递的功率大、效率高、寿命长、传动比准确、结构紧凑,适用的圆周速度和功率范围较广等特点,是现代机器中应用最广泛的机构之一,也是历史上应用得最早的传动机构之一。其对制造和安装的精度要求高,不适宜于远距离两轴之间的传动,价格较其他传动形式昂贵。

5.1.2 齿轮机构的特点和类型

齿轮机构的类型很多,按一对齿轮的相对运动来划分,齿轮机构可分为下列两大类。一是平面齿轮机构:两齿轮的轴线互相平行,两齿轮之间的相对运动为平面运动。二是空间齿轮机构:两齿轮的轴线不平行(两轴在空间相交或交错),两齿轮的相对运动为空间运动。齿轮机构的类型如表 5-1 所示。

表 5-1　齿轮机构的类型

平面齿轮机构				
外啮合直齿圆柱齿轮机构	内啮合直齿圆柱齿轮机构	齿轮齿条机构	斜齿圆柱齿轮机构	人字齿轮机构
传递平行两轴转动	传递平行两轴转动	转动变移动	传递平行两轴转动	传递平行两轴转动

续表

空间齿轮机构			
直齿圆锥齿轮机构	曲齿圆锥齿轮机构	螺旋齿轮机构	蜗杆蜗轮机构
传递相交两轴转动	传递相交两轴转动	传递交错两轴转动	传递垂直交错两轴转动

5.2　齿廓啮合基本定律

齿轮传动的最基本要求之一是瞬时传动比恒定不变,以免产生冲击、振动和噪声,影响工作精度和齿轮的寿命。瞬时传动比是否保持恒定,与齿轮的齿廓曲线有关,因此本节分析齿廓曲线与齿轮传动比的关系。

图 5-1 所示为一对作平面啮合的齿轮,设轮 1 绕轴 O_1 以角速度 ω_1 转动,轮 2 绕轴 O_2 以角速度 ω_2 转动,图中点 K 为两齿廓的接触点,过点 K 作两齿廓的公法线 $n-n$ 与连心线 O_1O_2 交于点 C。由三心定理可知,点 C 是两轮的相对速度瞬心,故有 $v_C = \overline{O_1C}\omega_1 = \overline{O_2C}\omega_2$。

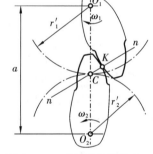

图 5-1　一对平面齿廓啮合示意图

由此可得

$$i_{12} = \frac{\omega_1}{\omega_2} = \frac{\overline{O_2C}}{\overline{O_1C}} \tag{5-1}$$

点 C 称为啮合节点,简称节点。i_{12} 称为传动比。

由以上分析可知:一对齿廓在任一位置啮合时,过接触点所作的齿廓公法线必通过节点 C,两齿轮的传动比与连心线 O_1O_2 被节点 C 所分成的两个线段成反比。这一规律称为齿廓啮合基本定律。

由式(5-1)可知,要保证传动比为定值,则比值 $\dfrac{\overline{O_2C}}{\overline{O_1C}}$ 应为常数。过节点 C 所作的圆称为节圆,即半径分别为 $\overline{O_1C}=r_1'$、$\overline{O_2C}=r_2'$ 的圆。由于 C 为两轮的瞬心,故两齿轮在点 C 处的线速度是相等的,因此两齿轮的啮合传动可以看成两齿轮的节圆作纯滚动。此时,齿廓啮合基本定律可表述为:如欲使一对齿轮的传动比为常数,则不论两齿廓在何点接触,过接触点的齿廓公法线都应与两轮连心线交于定点 C。

满足齿廓啮合基本定律的一对齿轮的齿廓称为共轭齿廓。理论上可以作为共轭齿廓的曲线有无穷多，但齿廓曲线除了满足传动比的要求以外，还应满足易于设计计算和加工、强度好、磨损少、效率高、寿命长、制造安装方便、易于互换等要求。根据所采用的齿廓曲线的不同，齿轮机构还可以分为渐开线齿轮机构、摆线齿轮机构和圆弧齿轮机构等。一般机器设备中多采用渐开线齿轮，各种仪表常采用摆线齿轮，重载高速机械则常采用圆弧齿轮。目前渐开线齿轮机构在工程中应用最广。本章主要研究渐开线齿轮机构。

5.3 渐开线齿廓

5.3.1 渐开线的形成和特性

1. 渐开线的形成

如图 5-2 所示，当一直线 BK 沿一圆周作纯滚动时，直线上任意点 K 的轨迹 AK 就是该圆的渐开线。这个圆称为渐开线的基圆，它的半径用 r_b 表示；直线 BK 称为渐开线的发生线。

2. 渐开线的特性

由渐开线的形成过程，可以得到渐开线的下列特性。

（1）发生线沿基圆滚过的长度，等于基圆上被滚过的圆弧的长度，即 $\overline{BK}=\overset{\frown}{AB}$。

（2）因为发生线 BK 沿基圆作纯滚动，所以它和基圆的切点 B 就是它的速度瞬心，发生线 BK 即为渐开线在点 K 的法线。又因为发生线恒切于基圆，所以渐开线上任意点的法线恒为基圆的切线。

（3）在一对齿廓的啮合过程中，齿廓接触点的法向压力

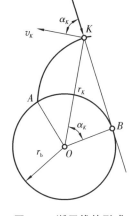

图 5-2 渐开线的形成

和齿廓上该点的速度方向的夹角，称为齿廓在这一点的压力角。如图 5-2 所示，齿廓上点 K 的法向压力 $\pmb{F}_n$ 与该点的速度 $\pmb{v}_K$ 之间所夹的锐角 α_K 称为齿廓上点 K 的压力角。由图 5-2 可知

$$\cos\alpha_K=\frac{OB}{OK}=\frac{r_b}{r_K} \tag{5-2}$$

由式（5-2）可知，渐开线上向径不同的点，其压力角也不同；向径越大，压力角越大。在基圆上压力角等于零。

（4）发生线与基圆的切点 B 为渐开线在点 K 的曲率中心，该点的曲率半径为 BK。渐开线越接近其基圆的部分，其曲率半径越小。

（5）渐开线的形状取决于基圆的大小。如图 5-3 所示，基圆半径小，其渐开线的

曲率半径就小;反之,其渐开线的曲率半径就大;当基圆半径为无穷大时,其渐开线变成一条直线。齿条的齿廓曲线就是这种特例的直线渐开线。

（6）基圆内无渐开线。

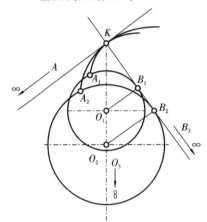

图 5-3　渐开线形状与基圆大小的关系

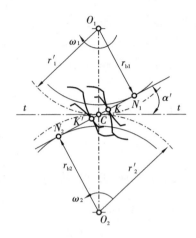

图 5-4　渐开线齿廓的啮合特性

5.3.2　渐开线齿廓的啮合特性

1. 渐开线齿廓满足定传动比要求

如图 5-4 所示一对渐开线齿廓啮合的两个位置,过啮合点(点 K 或 K')作渐开线齿廓的公法线 N_1-N_2。根据渐开线的特性知,该公法线必同时与两轮的基圆相切,即 N_1-N_2 为两基圆的一条固定的内公切线。因此不论何时,啮合点的公法线 N_1-N_2 与连心线均交于定点 C。故以渐开线作为齿廓曲线的齿轮,其传动比一定为一常数。

2. 运动可分性

由图 5-4 可知,$\triangle O_1 N_1 C \backsim \triangle O_2 N_2 C$,所以两轮的传动比可以写成

$$i_{12} = \frac{\omega_1}{\omega_2} = \frac{\overline{O_2 C}}{\overline{O_1 C}} = \frac{\overline{O_2 N_2}}{\overline{O_1 N_1}} = \frac{r_{b2}}{r_{b1}}$$

也可写为

$$i_{12} = r'_2/r'_1 = r_{b2}/r_{b1} \tag{5-3}$$

即渐开线齿轮的传动比还取决于两齿轮基圆半径的比值。在渐开线齿廓加工切制完成以后,其基圆半径不能改变。因此,即使一对齿轮安装后的实际中心距与设计中心距略有偏差,也不会影响该对齿轮的传动比。渐开线齿轮传动的这一特性称为其中心距的可分性。

3. 齿廓间正压力方向不变

一对渐开线齿廓在任何位置啮合时,过接触点的公法线都是同一条直线 $N_1 N_2$,

即两轮基圆的内公切线。这说明一对渐开线齿廓上的所有啮合点都在 N_1N_2 线上。渐开线齿廓的啮合线为一直线即两轮基圆的内公切线 $N_1 - N_2$。

如图 5-4 所示,过节点 C 作两节圆的公切线 $t-t$,啮合点的齿廓公法线与 $t-t$ 线的夹角称为啮合角,用 α' 表示。当两齿廓在节点啮合时,啮合角也就是节圆上的压力角。啮合角即两基圆内公切线 $N_1 - N_2$ 与两节圆切线间的夹角,所以在整个啮合过程中,啮合角 α' 是一个常数,其数值等于节圆压力角。这表明齿廓间压力作用线方向不变;在齿轮传递转矩一定时,其压力大小也不变,从而使支承齿轮的轴承受力稳定,不易产生振动和损坏。

5.4　渐开线标准直齿圆柱齿轮基本参数和几何尺寸的计算

5.4.1　齿轮各部分名称

渐开线齿轮的轮齿是由两段反向的渐开线组成的。在进一步研究齿轮的啮合特性和传动过程之前,先了解有关的齿轮各部分的名称和基本参数。

图 5-5 所示为直齿圆柱外齿轮的一部分,其各部分名称和符号如下。

（1）齿数　齿轮圆柱面上每个凸起的部分称为齿,在齿轮整个圆周上轮齿的总数称为齿数,用 z 表示。

（2）齿槽　齿轮上相邻两齿之间的空间称为齿槽。

（3）齿顶圆　过所有轮齿顶端的圆称为齿顶圆,其半径用 r_a 表示,直径用 d_a 表示。

（4）齿根圆　过各齿槽根部所作的圆称为齿根圆,其半径用 r_f 表示,直径用 d_f 表示。

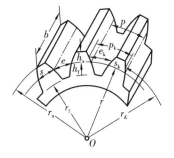

图 5-5　外齿轮

（5）齿厚、齿槽宽和齿距　任意圆周上一个轮齿两侧齿廓间的弧线长度称为该圆上的齿厚,用 s_k 表示;任意圆周上齿槽两侧间的弧长称为该圆上的齿槽宽,用 e_k 表示;任意圆周上相邻两齿同侧齿廓间的圆周弧长称为齿距(或称周节),用 p_k 表示。由图 5-5 可知,$p_k = s_k + e_k$。

（6）齿宽　轮齿沿齿轮轴线方向的宽度称为齿宽,用 b 表示。

（7）分度圆　为了得到计算齿轮各部分尺寸的基准,在齿顶圆和齿根圆之间规定一直径为 d(半径为 r)的圆,把这个圆称为齿轮的分度圆。分度圆上的齿厚、齿槽宽和齿距分别以 s、e 和 p 表示,且

$$p = s + e \tag{5-4}$$

分度圆的大小可以由齿数 z 和齿距 p 决定,即分度圆的周长为 pz,所以得

$$d = z \frac{p}{\pi} \tag{5-5}$$

（8）模数　式（5-5）中 π 为一无理数，这使计算颇为不便，同时对齿轮的制造和检验等也不利。为了解决这个问题，人为地将式（5-5）中的比值 $\frac{p}{\pi}$ 规定为一些标准数值，称为模数，用 m 表示，即

$$m = \frac{p}{\pi} \tag{5-6}$$

于是分度圆的直径可表示为

$$d = mz \tag{5-7}$$

注意，模数具有长度的量纲，单位为 mm。

模数 m 是决定齿轮尺寸的重要参数之一。相同齿数的齿轮，模数愈大，其尺寸也愈大。在工程实际中，齿轮的模数已经标准化。表 5-2 所示为摘自 GB/T 1357—2008 的标准模数系列。

表 5-2　标准模数系列(摘自 GB/T 1357—2008)　　　　　　　　　单位:mm

第一系列	1	1.25	1.5	2	2.5	3	4	5	6	8	10
	12	16	20	25	32	40	50	—	—	—	—
第二系列	1.125	1.375	1.75	2.25	2.75	3.5	4.5	5.5	—	—	—
	(6.5)	7	9	11	14	18	22	28	36	45	—

注:选用模数时,应优先采用第一系列,其次是第二系列,括号内的模数尽可能不用。

（9）分度圆压力角　对于同一渐开线齿廓，当其向径不同时，压力角 α_K 也不同，即

$$\alpha_K = \arccos \frac{r_b}{r_K}$$

作为基准圆（分度圆）的圆周上的压力角应当是已知的标准值，这样在工程中才便于齿轮的设计、制造和互换使用。在我国将分度圆上的压力角规定为标准值，取分度圆压力角 $\alpha = 20°$。这样，分度圆压力角 α 就可以表示为

$$\alpha = \arccos \frac{r_b}{r} \tag{5-8}$$

综上所述可知，分度圆就是齿轮上具有标准模数和标准压力角的圆，其标准模数和标准压力角分别简称模数和压力角。

（10）齿顶高和齿根高　如图 5-5 所示，轮齿被分度圆分为两部分:介于分度圆与齿顶圆之间的部分称为齿顶，其径向高度称为齿顶高，用 h_a 表示;介于分度圆与齿根圆之间的部分称为齿根，其径向高度称为齿根高，用 h_f 表示。齿顶圆与齿根圆之间轮齿的径向高度称为全齿高，用 h 表示，故

$$h = h_a + h_f \tag{5-9}$$

齿轮的齿顶高和齿根高可用模数分别表示为

$$h_a = h_a^* m \tag{5-10}$$

$$h_f = (h_a^* + c^*)m \tag{5-11}$$

式中：h_a^*、c^*——齿顶高系数和顶隙系数，对于渐开线圆柱齿轮，其值由基本齿廓规定。

对于正常齿，　　　　　$h_a^* = 1$，　$c^* = 0.25$

对于短齿，　　　　　　$h_a^* = 0.8$，　$c^* = 0.3$

（11）顶隙　顶隙是指一对齿轮啮合时，一个齿轮的齿顶圆到另一个齿轮的齿根圆的径向距离。顶隙有利于润滑油的流动。顶隙按下式计算：

$$c = c^* m$$

5.4.2　标准齿轮

所谓标准齿轮即分度圆上的齿厚与齿槽宽相等，齿顶高和齿根高均为标准值的齿轮。因此，对于标准齿轮，有

$$s = e = \frac{p}{2} = \frac{\pi m}{2} \tag{5-12}$$

标准直齿圆柱齿轮传动的参数和几何尺寸计算公式列于表 5-3 中。

表 5-3　标准直齿圆柱齿轮传动的参数和几何尺寸计算公式

名　称	代　号	公式与说明
齿数	z	根据工作要求确定
模数	m	由轮齿的受力情况和结构确定，并按表 5-2 取标准值
压力角	α	$\alpha = 20°$
分度圆直径	d	$d = mz$
齿顶高	h_a	$h_a = h_a^* m$
齿根高	h_f	$h_f = (h_a^* + c^*)m$
齿全高	h	$h = h_a + h_f$
齿顶圆直径	d_a	$d_{a1} = d_1 + 2h_a = m(z_1 + 2h_a^*)$，　$d_{a2} = d_2 + 2h_a = m(z_2 + 2h_a^*)$
齿根圆直径	d_f	$d_{f1} = d_1 - 2h_f = m(z_1 - 2h_a^* - 2c^*)$，　$d_{f2} = d_2 - 2h_f = m(z_2 - 2h_a^* - 2c^*)$
分度圆齿距	p	$p = \pi m$
分度圆齿厚	s	$s = \frac{1}{2}\pi m$
分度圆齿槽宽	e	$e = \frac{1}{2}\pi m$
基圆直径	d_b	$d_{b1} = d_1 \cos\alpha = mz_1 \cos\alpha$，　$d_{b2} = d_2 \cos\alpha = mz_2 \cos\alpha$
基圆齿距	p_b	$p_b = \pi m \cos\alpha$
标准中心距	a	$a = \frac{1}{2}m(z_2 + z_1)$

注：表中的 m、α、h_a^*、c^* 均为标准参数。

5.5　渐开线标准直齿圆柱齿轮的啮合

5.5.1　正确啮合条件

为了保证两齿轮正确啮合（即不互相干涉、卡死），前后两对轮齿应同时在啮合线 N_1-N_2 上接触，如图 5-6 中的点 K'、K。

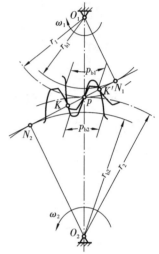

相邻两齿同侧齿廓间的法向距离 KK' 称为法向齿距，也可用 p_n 表示。可见，要保证两齿轮正确啮合，则两轮的相邻两齿法向距离应相等，即 $K_1K_1'=K_2K_2'$，而 p_{b1}、p_{b2} 分别为两齿轮基圆上的齿距（简称基圆齿距）。由渐开线的性质知，法向齿距 KK' 在数值上等于基圆齿距 p_b，故

$$p_{b1} = KK' = p_{b2} \qquad (5\text{-}13)$$

因为　　　　　$p_b = \pi d_b/z = \pi d\cos\alpha/z = p\cos\alpha$

所以　　　　　$p_{b1} = p_1\cos\alpha_1 = \pi m_1\cos\alpha_1$

　　　　　　　$p_{b2} = p_2\cos\alpha_2 = \pi m_2\cos\alpha_2$

将 p_{b1}、p_{b2} 代入式（5-13），得

$$m_1\cos\alpha_1 = m_2\cos\alpha_2 \qquad (5\text{-}14)$$

图 5-6　法向齿距与基圆齿距

式中：m_1、m_2，α_1、α_2——两齿轮的模数和压力角。

由于模数和压力角均已标准化，因此有

$$\begin{cases} m_1 = m_2 = m \\ \alpha_1 = \alpha_2 = \alpha \end{cases} \qquad (5\text{-}15)$$

因此，渐开线齿轮正确啮合的条件最终表述为两轮模数和压力角应分别相等。

5.5.2　连续传动条件

1. 渐开线直齿圆柱齿轮的啮合过程

图 5-7 表示一对轮齿的啮合过程。实线齿廓表示开始啮合时的位置。主动轮 1 顺时针方向转动，其齿根在啮合线 N_1N_2 上推动从动轮 2 齿廓的齿顶逆时针方向转动；终止啮合时的位置为图中虚线与 N_1N_2 的交点 B_1，主动齿廓的齿顶在啮合线 N_1N_2 上推动从动齿廓的齿根逆时针方向转动。由此可见：

起始啮合点 B_2 为从动轮的齿顶圆与啮合线 N_1N_2 的交点；

终止啮合点 B_1 为主动轮的齿顶圆与啮合线 N_1N_2 的交点。

线段 B_1B_2 为啮合点的实际轨迹（从点 B_2 到点 B_1），所以 B_1B_2 线称为实际啮合线。若将两齿轮的齿顶圆加大，则点 B_1、B_2 将分别趋近于点 N_2、N_1，实际啮合线将加长。但因为基圆内无渐开线（渐开线性质 6），所以实际啮合线不能超过点 N_1、N_2。

点 N_1、N_2 称为极限啮合点，N_1N_2 称为极限啮合线。

由此可知，在两齿轮的啮合过程中，轮齿的齿廓不是全部都参加啮合的，而只限于从齿顶到齿根的一段齿廓参加啮合。实际上参加啮合的这一段齿廓称为齿廓的实际工作段。

2. 连续传动的条件

要使齿轮连续传动，必须在前一对轮齿尚未脱离啮合时，后一对轮齿及时地进入啮合。要实现这一点，就必须使实际啮合线段 B_1B_2 大于或等于这一对齿轮的法向齿距（即基圆齿距 p_b）。当 $B_1B_2 = p_b$ 时，表示前一对轮齿刚要脱离啮合时，后一对轮齿正好进入啮合。由图 5-8 知，当 $B_1B_2 > p_b$ 时，表示前一对轮齿脱离啮合时，后一对轮齿早已进入啮合。若 $B_1B_2 < p_b$，则表示当前一对轮齿终止啮合时，后一对轮齿尚未进入啮合，前对轮齿中主动轮的轮齿顶部只能在从动轮齿面上划过。此时已不是两齿廓正常啮合传动，不能保证原有的定传动比传动。

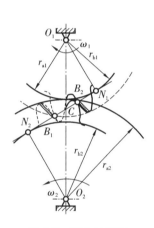

图 5-7　啮合过程图

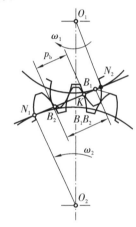

图 5-8　渐开线齿轮连续传动的条件

由此可知，齿轮连续定传动比传动的条件是，两齿轮的实际啮合线应大于或等于齿轮的法向齿距 p_n（即基圆齿距 p_b）。用 B_1B_2 和 p_b 的比值 ε 来表示上述条件，则有

$$\varepsilon = \frac{B_1B_2}{p_b} \geq 1 \qquad (5\text{-}16)$$

式中：ε——齿轮传动的重合度。

理论上只要重合度 $\varepsilon = 1$ 就能保证齿轮的连续传动，但在工程中齿轮的制造和安装总会有误差，为了确保齿轮传动的连续性，则应该使计算所得的重合度 ε 大于 1。一对齿轮传动时，重合度的大小表明了同时参加啮合的齿对数的多少。齿轮传动的重合度大，表明同时参加啮合的齿对数就多，因此在载荷相同的情况下，每对轮齿的受载就小，从而提高了齿轮的承载能力。因此在一般情况下，齿轮传动的重合度愈大愈好。

5.5.3　齿轮传动的中心距及齿轮的标准安装

为了避免齿轮在正转和反转两个方向的传动中齿轮发生撞击,要求相啮合的轮齿的齿侧没有间隙。

在工程实际中,考虑到齿轮加工和安装时均有误差,以及齿面滑动摩擦会导致热膨胀等因素,为了在啮合齿廓之间形成润滑油膜,实际应用的齿轮应具有微小的齿侧间隙,齿侧间隙通常是由齿轮公差来保证的。但在进行齿轮机构的设计时,仍应按无齿侧间隙的情况来进行设计。

由前述已知,标准齿轮分度圆的齿厚和齿槽宽相等,一对正确啮合的渐开线齿轮的模数相等,即 $s_1 = e_1 = s_2 = e_2 = \pi m/2$。安装时当分度圆和节圆重合时,便可满足无侧隙啮合条件。一对齿轮节圆与分度圆重合的安装称为标准安装,标准安装时的中心距称为标准中心距,用 a 表示,有

$$a = r'_1 + r'_2 = r_1 + r_2 = \frac{m}{2}(z_1 + z_2) \tag{5-17}$$

因两轮分度圆相切,故顶隙为

$$c = h_f - h_a = c^* m \tag{5-18}$$

顶隙的作用是便于储存润滑油。

显然,此时的啮合角就等于分度圆上的压力角。应当指出,分度圆和压力角是单个齿轮所具有的,而节圆和啮合角是两个齿轮相互啮合时才出现的。标准齿轮传动只有在分度圆与节圆重合时,分度圆上的压力角和啮合角才相等。

5.6　渐开线齿轮的加工

现代工业生产中齿轮加工的方法有很多种,如铸造法、热轧法、冲压法、模锻法和切削法等。目前最常用的仍为切削法。用切削法加工齿轮齿廓的方法也有许多种,其加工原理概括起来分为两类:仿形法和范成法。

5.6.1　仿形法

用这种方法加工齿轮时,通常用圆盘铣刀(见图5-9)或指状铣刀(见图5-10)将齿轮毛坯上齿槽部分的材料逐一铣掉。加工在普通卧式或立式铣床上进行。铣刀的轴向剖面的形状和被加工齿轮齿槽的形状完全相同。加工时,铣刀绕自身的轴线转动,同时被加工齿轮沿着自己的轴线方向运动,加工出整个齿的宽度。加工完第一个齿槽后,轮坯退回原处,用分度头将它转过 $360°/z$,再加工第二个齿槽。这样依次进行下去,直到所有的齿槽加工完毕,就可以加工出一个齿轮。

一般用盘状铣刀(卧铣)加工模数较小的齿轮,而用指状铣刀(立铣)加工模数较大的齿轮。指状铣刀还可以用于加工人字齿轮。

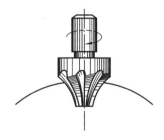

图 5-9　用圆盘铣刀加工齿轮　　　　　图 5-10　用指状铣刀加工齿轮

用仿形法加工齿轮的优点是,用普通铣床就可以加工齿轮,而不用专用设备。但这种方法也有以下缺点:

(1)加工精度低;

(2)轮齿分度的误差会影响齿形的精度;

(3)由于加工不连续,因此生产率低。

仿形法的这些特点使它常常被用于修配或小批量生产中。

5.6.2　范成法

范成法是目前齿轮加工中最为常用的一种方法,是利用一对齿轮啮合传动时,其齿廓曲线互为包络线的原理来加工齿轮的。加工时,除了切削和让刀运动之外,刀具和齿坯之间的运动与一对互相啮合的齿轮完全相同。常用刀具有齿轮型刀具(齿轮插刀)、齿条型刀具(齿条插刀)和齿轮滚刀等三种。

1. 齿轮插刀

如图 5-11(a)所示,齿轮插刀像一个具有切削刃的齿轮,加工时,插刀沿轮坯的轴线方向运动(Ⅲ方向所示)以进行切削,同时插刀和齿轮毛坯还以恒定的传动比 $i(i=n_d/n_p=z_p/z_d$,其中 n_d、z_d、n_p、z_p 分别代表刀具和毛坯的转速和齿数)作啮合运动,因此用这种方法加工出来的齿廓是插刀切削刃在各个位置的包络线(见图 5-11(b));此外,齿轮插刀还在加工过程中沿齿轮毛坯的径向进给,以加工出全齿高度;最后,为了防止插刀向上退刀(回程)时擦伤已加工好的轮齿表面,在退刀时,轮坯还需让开一小

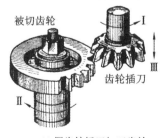
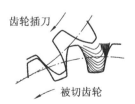

(a)用齿轮插刀加工齿轮　　　　　(b)齿轮插刀插齿范成原理

图 5-11　用范成法加工齿轮(一)

段距离,待插刀向下作切削运动时,轮坯再回到原来的位置。以上所述四种运动分别称为切削运动、展成运动、进给运动和让刀运动。

只要根据被加工齿轮的齿数 z_p 使变速箱的速比等于插刀与轮坯的传动比 z_p/z_d,便可以用同一把插刀加工出与刀具模数和压力角相同而齿数不同的齿轮。因此,同一把插刀加工的不同齿数的齿轮能正确地互相啮合传动。

2. 齿条插刀

图 5-12 所示为用齿条插刀加工齿轮的情况。

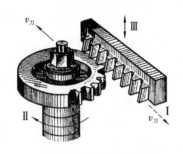　　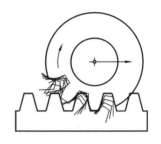

(a) 用齿条插刀加工齿轮　　　　　　(b) 齿条插刀插齿范成原理

图 5-12　用范成法加工齿轮(二)

如图 5-12(a)所示,齿条插刀齿廓的基本形状和普通的标准齿条相似,称为标准齿条型插刀。直线齿廓的倾斜角 α 也称为刀具的刀具角或齿形角。阴影线部分是刀具上比普通齿条增加 c^*m 的高度,其作用是为了切出被切齿轮的径向间隙。在齿条刀具上平行于其齿顶、齿根的线段称为刀具节线。在这些节线当中,有一条齿厚和齿槽宽相等的节线,称为刀具的分度线,又称齿条刀具的中线,如图 5-13 所示。齿条的齿廓是直线,不论在分度线上,还是在齿顶线上或与其平行的其他直线上,它们都具有相同的齿距、相同的模数和相同的压力角。

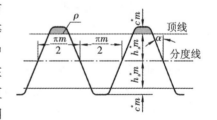

图 5-13　齿条插刀

在切制标准齿轮时,齿条插刀中线与齿轮坯分度圆相切并作纯滚动,刀具移动的线速度等于轮坯分度圆的线速度,因为刀具中线上的齿厚等于齿槽宽,所以被切齿轮齿槽宽等于齿厚,即 $e=s$。其齿顶高等于 $h_a^* m$,齿根高为 $(h_a^* + c^*)m$。这样切出的齿轮是标准齿轮。

3. 齿轮滚刀

用齿轮插刀和齿条插刀加工齿轮是依靠刀具的往复插齿完成的,其切削都是不连续的,因而生产率较低。因此,在生产中广泛地采用齿轮滚刀来加工齿轮,如图 5-14 所示。当滚刀转动时,在轮坯回转面内便相当于有一个无限长的齿条在连续不断地向左移动(见图 5-14(a)),所以用滚刀加工齿轮就相当于用齿条插刀加工齿轮。

加工时,滚刀和轮坯各绕自己的轴线等速回转,其传动比 $n_\mathrm{d}/n_\mathrm{p}=z_\mathrm{p}/z_\mathrm{d}$,同时滚刀沿轮坯的轴线方向作缓慢的移动(见图 5-14(b)),以切出整个齿宽上的齿轮。

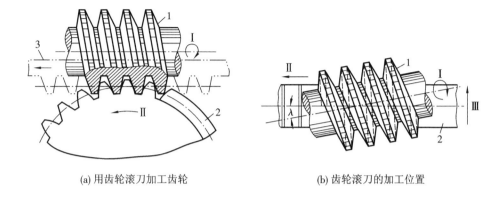

(a) 用齿轮滚刀加工齿轮　　　　　　　　　(b) 齿轮滚刀的加工位置

图 5-14　用范成法加工齿轮(三)

1—滚刀;2—轮坯;3—假想齿条

生产上最常用的滚刀是阿基米德螺线滚刀,这种滚刀在轴面(即通过滚刀轴线的平面)内为完全精确的直线齿廓的齿条。

5.7　渐开线齿廓的根切及最少齿数

5.7.1　根切

用范成法加工渐开线齿轮时,在一定的条件下,齿条刀具的顶部会切入被加工齿轮齿的根部,将齿根部分的渐开线切去一部分,如图 5-15 虚线所示齿廓的内凹部分,这种现象称为渐开线齿廓的根切现象。根切使得轮齿的弯曲强度和重合度都降低了,对齿轮的传动质量有较大的影响,因此应当尽力避免严重根切现象发生。

5.7.2　避免根切的条件

用范成法加工齿轮时,如果刀具的齿顶线超过了啮合极限点 N_1,就会发生根切现象。因此,要避免根切,就应该使刀具的齿顶线不超过点 N_1。因为加工中采用的是标准刀具,所以在一定的条件下,其齿顶高就为一定值,即刀具的齿顶线位置一定。

为避免根切,设将刀具外移变位量 xm,刀具的齿顶线移至点 N_1 或点 N_1 以下,如图 5-16 所示,应使 $\overline{N_1Q}\geqslant h_\mathrm{a}^* m-xm$,其中,$\overline{N_1Q}=\dfrac{mz}{2}\sin^2\alpha$,故有

$$\frac{z}{2}\sin^2\alpha \geqslant h_\mathrm{a}^* -x \tag{5-19}$$

对于标准齿轮,由于 $x=0$,由式(5-19)得

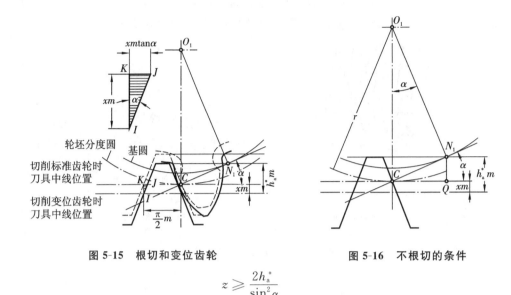

图 5-15　根切和变位齿轮　　　　　图 5-16　不根切的条件

$$z \geqslant \frac{2h_a^*}{\sin^2\alpha}$$

因此，用范成法加工标准齿轮时，为保证无根切现象，被切齿轮的最少齿数为

$$z_{\min} = \frac{2h_a^*}{\sin^2\alpha} \qquad (5\text{-}20)$$

对于正常齿，$h_a^* = 1$，$\alpha = 20°$，则由式(5-20)有 $z_{\min} = 17$。

对于变位齿轮，由于 $x \neq 0$，式(5-19)得 $x \geqslant x_{\min} = (17 - z)/17$。

因此，用范成法加工齿轮时不产生根切的条件为：对于标准齿轮，$z \geqslant 17$；对于变位齿轮，$x \geqslant x_{\min} = (17 - z)/17$。

5.8　变位齿轮

5.8.1　变位齿轮及其齿厚的确定

标准齿轮存在下列主要缺点：① 为了避免加工时发生根切，标准齿轮的齿数必须大于或等于最少齿数 $z_{\min}$；② 标准齿轮不适用于实际中心距 a' 不等于标准中心距 a 的场合；③ 一对互相啮合的标准齿轮，小齿轮的抗弯能力比大轮齿差。为了弥补这些缺点，在机械中出现了变位齿轮。采用变位齿轮可以制成齿数少于 $z_{\min}$ 而不发生根切的齿轮，可以实现非标准中心距的无侧隙传动，可以使大、小齿轮的抗弯能力接近相等。

图 5-15 中虚线所示为加工标准齿轮的情况，此时刀具分度线（中线）与轮坯分

度圆相切,加工出的齿轮分度圆上的齿厚与齿槽宽相等。如图 5-15 实线所示,刀具由切制标准齿轮的位置沿径向从轮坯中心向外移开的距离用 xm 表示,该距离称为变位量,m 为模数,x 为变位系数。当刀具沿轮坯中心向外移动时,称为正变位(取 $x>0$),反之称为负变位(取 $x<0$)。用这种方法切制出的齿轮称为变位齿轮。刀具中线远离轮坯中心称为正变位($x>0$),所加工的齿轮称为正变位齿轮。刀具靠近轮坯中心称为负变位($x<0$),所加工的齿轮称为负变位齿轮。

由于与分度圆相切并作纯滚动的已不是刀具分度线(中线),因此轮坯分度圆上的齿厚与齿槽宽不再相等。其齿厚增加的部分正好与分度圆相切的刀具节线上的刀具齿厚减少的部分相等。由图 5-15 可知,其值为 $2\overline{KJ}$。

变位齿轮分度圆齿厚与齿槽宽的计算式分别为

$$s = \pi \frac{m}{2} + 2xm \tan\alpha \tag{5-21}$$

$$e = \pi \frac{m}{2} - 2xm \tan\alpha \tag{5-22}$$

5.8.2 变位齿轮传动的类型

按照一对齿轮变位系数之和($\sum x = x_1 + x_2$)的不同分为零传动($\sum x = 0$)、正传动($\sum x > 0$)和负传动($\sum x < 0$)三种基本类型,各种变位齿轮传动类型的名称及特点如表 5-4 所示。

表 5-4 各种变位齿轮传动类型的名称及特点

传动类型		零 传 动		角变位传动	
		标准齿轮传动	等变位传动 (高变位传动)	正传动 (正角变位传动)	负传动 (负角变位传动)
传动特点	$\sum x = x_1 + x_2$	$\sum_{x_1 = x_2 = 0} x = 0$	$\sum_{x_1 = -x_2} x = 0$	$\sum x > 0$	$\sum x < 0$
	α'	$\alpha' = \alpha$	$\alpha' = \alpha$	$\alpha' > \alpha$	$\alpha' < \alpha$
	a'	$a' = a$	$a' = a$	$a' > a$	$a' < a$
传动性能	重合度 ε_a	ε	$\varepsilon_a < \varepsilon$	$\varepsilon_a < \varepsilon$	$\varepsilon_a > \varepsilon$
	强度与磨损	小齿轮较差	大小齿轮趋于接近	可使大小齿轮趋于相等	有所降低
	使用要求	具有互换性	成对设计加工	成对设计加工	成对设计加工

传动类型		零 传 动		角变位传动	
		标准齿轮传动	等变位传动 (高变位传动)	正传动 (正角变位传动)	负传动 (负角变位传动)
选择条件	齿数条件	$z_1 > z_{min}$ $z_2 > z_{min}$	$z_1 + z_2 \geq 2z_{min}$	无要求(当 z_1 $+ z_2 < 2z_{min}$ 时只可使用正传动)	$z_1 + z_2 > 2z_{min}$
	使用场合	要求互换性,$a'=a$ 的场合使用	$a' = a$ 且要求较小结构尺寸;或修复标准齿轮传动中的大、小齿轮使用	$a' > a$ 且要求较小结构尺寸、较好性能的场合使用	仅在必须满足 $a' < a$ 的条件时使用

5.9　平行轴斜齿圆柱齿轮机构

5.9.1　斜齿圆柱齿轮齿面的形成及啮合特点

前面在研究直齿圆柱齿轮传动时,是仅就两齿轮的端面(垂直于齿轮轴线的平面)来讨论的。当一对直齿轮相啮合时,从端面看两齿廓曲线接触于一点。但在齿轮的宽度上,两轮的齿廓曲面沿一条平行于齿轮轴的直线相接触,如图 5-17 所示。啮合时理论上两直齿轮沿整个齿宽同时进入接触或同时分离,从而轮齿上所受载荷是突然加上或卸掉的,容易引起冲击、振动和噪声,这就使得传动平稳性较差。此外,直齿圆柱齿轮重合度小,参加承受载荷的轮齿对数少,承载能力差。所以直齿轮不适用于高速重载的传动。为了克服直齿轮传动的上述缺点,工程中出现了斜齿圆柱齿轮传动。

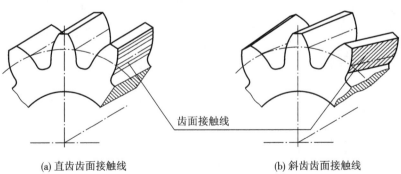

(a) 直齿齿面接触线　　　　　　　　(b) 斜齿齿面接触线

图 5-17　齿面接触线

图 5-18 所示为一对斜齿轮啮合的情况，与直齿轮啮合情况相似，齿廓的公法面既是传动的啮合面也是两轮基圆柱的内公切面，两齿廓曲面的接触线 KK' 是齿廓曲面与啮合面的交线，它是与轴线方向夹角为 β_b 的斜直线，故当轮齿的一端进入啮合时，轮齿的另一端要滞后一个角度才能进入啮合，即轮齿是先由一端进入啮合，到另一端退出啮合，两齿廓接触线由短变长，再由长变短，如图 5-17 所示。轮齿上所受的载荷是逐渐加上，再逐渐卸掉的，所以斜齿轮传动比较平稳，所产生的冲击、振动和噪声均较小，广泛用于高速、重载的传动场合。

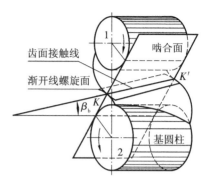

图 5-18　斜齿轮齿廓啮合示意图

5.9.2　参数计算

因为斜齿轮的齿面为渐开线螺旋面，所以其端面的齿形和垂直于螺旋线方向的法面齿形是不相同的，因而斜齿轮的端面参数与法面参数也不相同。又因为在切制斜齿轮的轮齿时，刀具通常沿着轮齿的螺旋线方向进刀，故斜齿轮的法面参数如 m_n、α_n、h_{an}^*、c_n^* 等均与刀具参数相同，是标准值。而斜齿轮的几何参数却可用直齿轮计算公式计算（与直齿轮一样，其端面为精确的渐开线），所以必须建立法面参数与端面参数之间的换算关系。

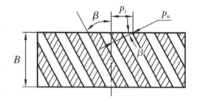

图 5-19　端面齿距与法面齿距

由图 5-19 所示的几何关系，还可以得到

$$p_n = p_t\cos\beta \tag{5-23}$$

式中：p_n、p_t——斜齿轮分度圆柱面上轮齿的法面齿距和端面齿距。

由式（5-23）可求得法面模数 m_n 和端面模数 m_t 的关系为

$$m_n = m_t\cos\beta \tag{5-24}$$

渐开线标准斜齿圆柱齿轮的几何尺寸可按表 5-5 进行计算。

表 5-5　渐开线标准斜齿圆柱齿轮的几何参数及尺寸计算

名　称	代　号	计算公式
螺旋角	β	一般取 $8°\sim20°$
法面模数	m_n	标准值
端面模数	m_t	$m_t = m_n/\cos\beta$
法面压力角	α_n	$\alpha_n = 20°$
端面压力角	α_t	$\tan\alpha_t = \tan\alpha_n/\cos\beta$

名　　称	代　号	计　算　公　式
法面齿距	p_n	$p_n = \pi m_n$
端面齿距	p_t	$p_t = \pi m_t = p_n / \cos\beta$
法面基圆齿距	p_{bn}	$p_{bn} = p_n \cos\alpha_n$
端面基圆齿距	p_{bt}	$p_{bt} = p_t \cos\alpha_t$
分度圆直径	d_1, d_2	$d_1 = m_t z_1 = m_n z_1 / \cos\beta, \quad d_2 = m_t z_2 = m_n z_2 / \cos\beta$
基圆直径	d_{b1}, d_{b2}	$d_{b1} = d_1 \cos\alpha_t, \quad d_{b2} = d_2 \cos\alpha_t$
齿顶高	h_a	$h_a = m_n$
齿根高	h_f	$h_f = 1.25 m_n$
全齿高	h	$h = h_a + h_f = 2.25 m_n$
顶隙	c	$c = h_f - h_a = 0.25 m_n$
齿顶圆直径	d_{a1}, d_{a2}	$d_{a1} = d_1 + 2h_a, \quad d_{a2} = d_2 + 2h_a$
齿根圆直径	d_{f1}, d_{f2}	$d_{f1} = d_1 - 2h_f, \quad d_{f2} = d_2 - 2h_f$
中心距	a	$a = \dfrac{d_1 + d_2}{2} = \dfrac{m_t}{2}(z_1 + z_2) = \dfrac{m_n(z_1 + z_2)}{2\cos\beta}$
当量齿数	z_v	$z_v = z / \cos^3\beta$

5.9.3　正确啮合条件

一对斜齿圆柱齿轮正确啮合时,除了要满足直齿轮的正确啮合条件外,它们的螺旋角还必须相匹配,即斜齿圆柱齿轮正确啮合的条件如下。

(1) 模数相等,即

$$m_{n1} = m_{n2} \quad 或 \quad m_{t1} = m_{t2} \tag{5-25}$$

(2) 压力角相等,即

$$\alpha_{n1} = \alpha_{n2} \quad 或 \quad \alpha_{t1} = \alpha_{t2} \tag{5-26}$$

(3) 螺旋角大小相等,外啮合时旋向相反,内啮合时旋向相同,即

$$\beta_1 = \pm \beta_2 \tag{5-27}$$

式中:"+"号用于内啮合;"−"号用于外啮合。

5.9.4　重合度

为便于分析斜齿轮传动的连续传动条件,现以端面尺寸相当的一对直齿轮传动与一对斜齿轮传动进行对比。

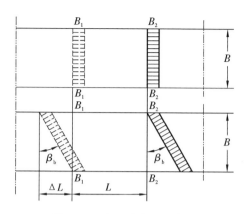

图 5-20　实际啮合线示意图

　　如图 5-20 所示,上面为直齿轮传动的啮合面,下面为斜齿轮传动的啮合面,直线 B_2—B_2 表示在啮合平面内,一对轮齿进入啮合的位置,B_1—B_1 则表示脱离啮合的位置。可见,斜齿轮传动的实际啮合段比直齿轮增大了 $\Delta L = B\tan\beta_b$。因此斜齿轮传动的重合度比直齿轮传动的大,其增加的一部分重合度以 ε_β 表示,则

$$\varepsilon_\beta = \frac{\Delta L}{p_{bt}} = \frac{B\tan\beta_b}{p_{bt}}$$

　　因此,斜齿轮传动的总重合度应为 ε_t、ε_β 两部分之和,即

$$\varepsilon = \varepsilon_t + \varepsilon_\beta \tag{5-28}$$

式中:ε_t——斜齿轮传动的端面重合度;

　　　　ε_β——斜齿轮轮齿的倾斜和齿轮具有一定的轴向宽度,使斜齿轮传动增加的一部分重合度,称为轴向重合度。

5.9.5　斜齿圆柱齿轮传动的特点

　　与直齿圆柱齿轮传动比较,斜齿圆柱齿轮传动有以下优点。

　　(1) 啮合性能好　如上所述,在斜齿轮传动中,其齿轮齿面的接触线为与轴线不平行的斜线。在传动时,由轮齿的一端先进入啮合,然后逐渐过渡到另一端,这种啮合方式不仅使轮齿在开始和脱离啮合时,不致产生冲击(因而传动平稳、噪声小),而且也减少了制造误差对传动质量的影响。

　　(2) 重合度大　斜齿圆柱齿轮的重合度比直齿圆柱齿轮的大,降低了每对齿轮的载荷,相对地提高了齿轮的承载能力,并且使传动平稳。

　　(3) 斜齿轮不根切的最少齿数比直齿轮不根切的最少齿数小,因此,采用斜齿圆柱齿轮传动可以得到更加紧凑的机构。

　　斜齿轮传动也有一个较明显的缺点:

　　斜齿轮运转时会产生轴向推力　如图 5-21 所示,其轴向推力为

$$F_a = F_Q\tan\beta$$

当圆周力 F_Q 一定时,轴向推力 F_a 随着螺旋角的增大而增大,从而对支承齿轮的轴承产生不利的影响。为了不使斜齿轮传动产生过大的轴向力,设计时一般取螺旋角 $\beta=8°\sim20°$。如果想完全消除轴向推力,可以将斜齿轮做成左右对称的形状,即做成人字齿轮,如图 5-22 所示。由于这种齿轮的轮齿左右对称,因此在理论上产生的轴向推力可以完全抵消。但人字齿轮的加工制造较为困难,这是人字齿轮的缺点。

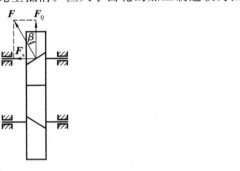
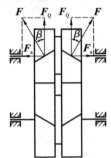

图 5-21　斜齿轮受力图　　　　　图 5-22　人字齿轮受力图

5.10　直齿圆锥齿轮机构

5.10.1　概述

圆锥齿轮机构是用来传递相交两轴之间运动和动力的一种齿轮机构,其轮齿分布在一个圆锥体的锥面上(见图 5-23),其齿形从大端到小端逐渐减小。由于这个特点,相应于圆柱齿轮中的各有关"圆柱",在这里都变成了"圆锥"。若一对圆锥齿轮的运动与一对摩擦圆锥相同,则该摩擦圆锥就相当于圆锥齿轮的节圆锥。与圆柱齿轮相似,除了节圆锥外,圆锥齿轮也还有齿顶圆锥、分度圆锥、齿根圆锥和基圆锥。圆锥齿轮两轴的夹角 $\sum$ 可根据传动需要选择,在一般机械中多采用 $\sum=90°$ 的传动,有时也采用 $\sum\neq90°$ 的传动。

圆锥齿轮的轮齿,有直齿、斜齿及曲齿(如圆弧齿、螺旋齿)等多种形式。曲齿圆锥齿轮由于传动平稳、承载能力高、能够适应高速重载的要求,因此广泛用于汽车、拖拉机的差速齿轮机构中;斜齿圆锥齿轮很少应用;直齿圆锥齿轮由于设计、制造和安装较简便,因此其应用最为广泛。

如图 5-23 所示,两齿轮的传动比为 $\quad i_{12}=\dfrac{\omega_1}{\omega_2}=\dfrac{z_2}{z_1}=\dfrac{d_2}{d_1}=\dfrac{\sin\delta_2}{\sin\delta_1}$ (5-29)

5.10.2　几何尺寸计算

圆锥齿轮大端和小端的参数是不同的。为了计量的方便,常取大端的参数为标准值。

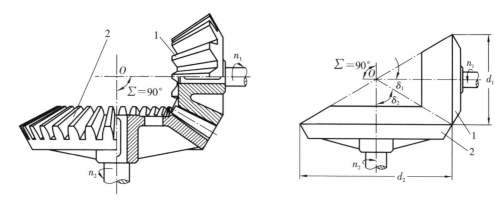

图 5-23 圆锥齿轮机构传动示意图

一对直齿圆锥齿轮的正确啮合条件是：两个圆锥齿轮的大端模数 m 和压力角 α 分别相等，除此之外，两轮的外锥距必须相等。

直齿圆锥齿轮的齿高通常是由大端到小端逐渐收缩的，按顶隙的不同，可分为不等顶隙收缩齿（见图 5-24(a)）和等顶隙收缩齿（见图 5-24(b)）两种。

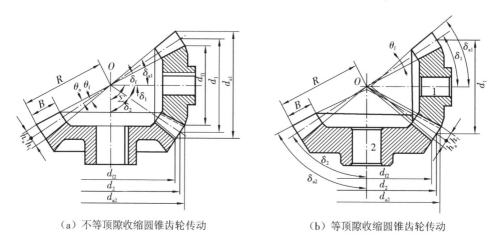

（a）不等顶隙收缩圆锥齿轮传动 　　　　　　（b）等顶隙收缩圆锥齿轮传动

图 5-24 圆锥齿轮几何尺寸

不等顶隙收缩齿的齿顶圆锥、齿根圆锥和分度圆锥具有共同的锥顶点 O。显然，沿齿宽方向的顶隙是不相等的，即齿顶间隙由大端至小端逐渐缩小，其缺点是齿根的圆角半径及齿顶厚度也由大端至小端随之缩小，这对小端轮齿的强度不利。

等顶隙圆锥齿轮传动，其两轮的分度圆锥及齿根圆锥的锥顶重合于一点。但两轮的齿顶圆锥，因其母线各自平行于与之啮合传动的另一锥齿轮的齿根圆锥的母线，所以其锥顶就不再与分度圆锥锥顶相重合了。这种圆锥齿轮传动顶隙沿齿长方向由大端至小端都是相等的。这种圆锥齿轮相当于降低了轮齿小端的高度，这就不仅减小了齿顶被削尖的可能性，而且可使轮廓的实际工作段相对减短，从而可以把齿根的圆角半径加大一点，以避免应力集中，而相对地提高其承载能力。另外，等顶隙齿顶也有利于储油润滑。所以根据国家标准(GB/T 12369—1990,GB/T 12370—1990)规定,现多采用等顶隙圆锥齿轮传动。

标准直齿圆锥齿轮传动的几何尺寸计算公式如表 5-6 所示。

表 5-6　标准直齿圆锥齿轮传动几何尺寸计算公式($\Sigma=90°$)

序号	名称	代号	计算公式
1	分度圆锥角	δ	$\delta_1=\mathrm{arccot}\dfrac{z_2}{z_1},\delta_2=90°-\delta_1$
2	分度圆直径	d	$d_1=mz_1,d_2=mz_2$
3	锥距	R	$R=\dfrac{1}{2}\sqrt{d_1^2+d_2^2}=\dfrac{1}{2}m\sqrt{z_1^2+z_2^2}$
4	齿顶高	h_a	$h_a=h_a^* m$
5	齿根高	h_f	$h_{f1}=(h_a^*+c^*)m$
6	齿顶圆直径	d_a	$d_{a1}=d_1+2h_a\cos\delta_1,d_{a2}=d_2+2h_a\cos\delta_2$
7	齿根圆直径	d_f	$d_{f1}=d_1-2h_f\cos\delta_1,d_{f2}=d_2-2h_f\cos\delta_2$
8	齿顶角	θ_a	不等顶隙收缩齿:$\theta_{a1}=\theta_{a2}=\arctan(h_a/R)$ 等顶隙收缩齿:$\theta_{a1}=\theta_{f2},\theta_{a2}=\theta_{f1}$
9	齿根角	θ_f	$\theta_{f1}=\theta_{f2}=\arctan(h_f/R)$
10	齿顶圆锥角	δ_a	不等顶隙收缩齿:$\delta_{a1}=\delta_1+\theta_{a1},\delta_{a2}=\delta_2+\theta_{a2}$ 等顶隙收缩齿:$\delta_{a1}=\delta_1+\theta_{f2},\delta_{a2}=\delta_2+\theta_{f1}$
11	齿根圆锥角	δ_f	$\delta_{f1}=\delta_1-\theta_{f1},\delta_{f2}=\delta_2-\theta_{f2}$
12	当量齿数	z_v	$z_v=z/\cos\delta$
13	分度圆齿厚	s	$s=\pi m/2$
14	齿宽	B	$B\leqslant R/3$

习　题

典型例题

5-1　已知一对外啮合正常齿制渐开线标准直齿圆柱齿轮在标准中心距下传动,传动比 $i_{12}=3.6$,模数 $m=6$ mm,压力角 $\alpha=20°$,中心距 $a=345$ mm,试分别求出小齿轮的齿数 z_1、分度圆直径 d_1、基圆直径 d_{b1}、齿厚 s 与齿槽宽 e。

5-2　已知一正常齿制渐开线标准直齿圆柱齿轮 $z=26$,模数 $m=3$ mm,$\alpha=20°$,$h_a^*=1$,试分别求出分度圆、基圆、齿顶圆上渐开线齿廓的曲率半径和压力角。

5-3　已知一对外啮合齿标准直齿圆柱齿轮的标准中心距 $a=160$ mm,齿数 $z_1=20$,齿数 $z_2=60$,试求模数和分度圆直径。

5-4　当渐开线标准直齿圆柱齿轮的齿根圆与基圆重合时,其齿数应为多少? 又当齿数大于以上求得的齿数时,基圆与齿根圆哪个大?

5-5 试根据图 5-16 证明:正常齿制标准渐开线直齿圆柱齿轮用齿条刀具加工时,不发生根切的最少齿数 $z_{min} \approx 17$。并试用同样的方法求短齿制标准渐开线直齿圆柱齿轮用齿条刀具加工时的最少齿数。

5-6 试根据渐开线特性说明一对模数相等、压力角相等,但齿数不等的渐开线标准直齿圆柱齿轮,其分度圆齿厚、齿顶圆齿厚和齿根圆齿厚是否相等。若不等,哪一个较大?

5-7 在某牛头刨床中,有一对外啮合渐开线直齿圆柱齿轮传动,已知 $z_1 = 17$,$z_2 = 118$,$m = 5$ mm,$\alpha = 20°$,$h_a^* = 1$,$a = 337.5$ mm。现已发现小齿轮严重磨损,拟将其报废。大齿轮磨损较轻(沿齿厚方向的磨损量为 0.75 mm),拟修复使用,并要求新设计小齿轮的齿顶厚尽可能大些,问应如何设计这对齿轮?

5-8 设有一对外啮合圆柱齿轮,已知:模数 $m_n = 2$ mm,齿数 $z_1 = 21$,$z_2 = 22$,中心距 $a = 45$ mm,现不用变位齿轮而拟用斜齿圆柱齿轮来凑中心距,问这对斜齿轮的螺旋角 β 应为多少?

5-9 已知一对外啮合正常齿制标准斜齿圆柱齿轮传动的中心距 $a = 250$ mm,法面模数 $m_n = 4$ mm,法面压力角 $\alpha_n = 20°$,齿数 $z_1 = 23$,$z_2 = 98$,试计算该对齿轮的螺旋角、端面模数、分度圆直径、齿顶圆直径和齿根圆直径。

5-10 试设计一对外啮合圆柱齿轮,已知 $z_1 = 21$,$z_2 = 32$,$m_n = 2$ mm,实际中心距为 55 mm,试问:

(1) 该对齿轮能否采用标准直齿圆柱齿轮传动?

(2) 若采用标准斜齿圆柱齿轮传动来满足中心距要求,其分度圆螺旋角 β,分度圆直径 d_1、d_2 和节圆直径 d_1'、d_2' 各为多少?

5-11 一对等顶隙型直齿圆锥齿轮传动,已知模数 $m = 6$ mm,齿数 $z_1 = 21$、$z_2 = 62$,齿宽 $b = 45$ mm,试计算小圆锥齿轮大端分度圆直径 d_1,大端齿顶高 h_{a1},大端齿根高 h_{f1},大端全齿高 h_1,大端齿顶圆直径 d_{a1},大端齿根圆直径 d_{f1},锥距 R,齿顶角 θ_{a1},齿根角 θ_{f1},顶锥角 δ_{a1},根锥角 δ_{f1}。

5-12 渐开线有哪些特性?为什么渐开线齿轮能满足齿廓啮合基本定律?

5-13 节圆与分度圆,啮合角与压力角各有什么区别?

5-14 斜齿轮传动具有哪些优缺点?

5-15 若齿轮传动的设计中心距不等于标准中心距,那么可以用哪些方法来满足中心距的要求?

第6章 轮 系

本章重点、难点

6.1 轮系的类型

应用实例

在机器中,常将一系列相互啮合的齿轮组成传动系统,以实现变速、分路传动、运动分解与合成等功用。这种由一系列齿轮组成的传动系统称为轮系。根据轮系运转时各轮几何轴线位置是否固定,可将轮系分为三类:定轴轮系、周转轮系和复合轮系。如果轮系中各齿轮轴线相互平行,称为平面轮系;否则,称为空间轮系。

如图 6-1 所示,所有齿轮的轴线相对机架的位置均为固定的轮系,称为定轴轮系。

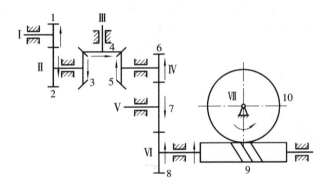

图 6-1 定轴轮系

如图 6-2 所示,若轮系中至少有一个齿轮的轴线相对机架的位置不是固定的,而是绕另一个齿轮的轴线作行星运动,则称为周转轮系。

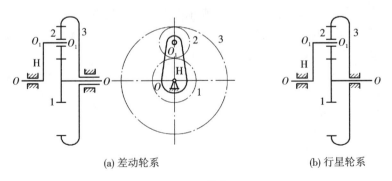

(a) 差动轮系　　　　　　　　　　　(b) 行星轮系

图 6-2 周转轮系

6.2 定轴轮系传动比的计算

所谓轮系的传动比,是指该轮系中首轮的角速度(或转速)与末轮的角速度(或转速)之比,用 i_{1k} 表示。下标 1、k 为轮系的首轮和末轮代号,即该轮系的传动比为

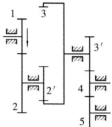

$$i_{1k} = \omega_1/\omega_k = n_1/n_k$$

式中:ω——齿轮的角速度;

n——齿轮的转速。

轮系传动比的计算包括计算传动比的大小,确定输入轴和输出轴的相对转向。

在图 6-3 所示的平面定轴轮系中,齿轮 1 为主动轮,转速   **图 6-3 平面定轴轮系**
为 n_1,末轮 5 的转速为 n_5。设 z_1、z_2、$z_{2'}$、z_3、$z_{3'}$、z_4、z_5 及 n_1、n_2、$n_{2'}$、n_3、$n_{3'}$、n_4、n_5 分别为各齿轮的齿数和转速,则轮系中各对齿轮传动比的大小分别为

$$i_{12} = \frac{n_1}{n_2} = -\frac{z_2}{z_1}$$

$$i_{2'3} = \frac{n_{2'}}{n_3} = \frac{z_3}{z_{2'}}$$

$$i_{3'4} = \frac{n_{3'}}{n_4} = -\frac{z_4}{z_{3'}}$$

$$i_{45} = \frac{n_4}{n_5} = -\frac{z_5}{z_4}$$

将上述各式两边分别连乘,并注意 $n_2 = n_{2'}$、$n_3 = n_{3'}$,可得

$$i_{15} = i_{12} i_{2'3} i_{3'4} i_{45} = \frac{n_1}{n_2} \frac{n_{2'}}{n_3} \frac{n_{3'}}{n_4} \frac{n_4}{n_5}$$

$$= \left(-\frac{z_2}{z_1}\right)\frac{z_3}{z_{2'}}\left(-\frac{z_4}{z_{3'}}\right)\left(-\frac{z_5}{z_4}\right) = (-1)^3 \frac{z_2 z_3 z_4 z_5}{z_1 z_{2'} z_{3'} z_4}$$

由图 6-3 可以看出,齿轮 4 同时与齿轮 $3'$ 和齿轮 5 相啮合。对于齿轮 $3'$,齿轮 4 是从动轮;对于齿轮 5,齿轮 4 是主动轮。齿轮 4 的作用仅仅是改变轮系的转向,其齿数的多少并不影响该轮系传动比的大小,这种齿轮称为惰轮,也称过桥齿轮。

对于由圆柱齿轮组成的定轴轮系,由于一对外啮合圆柱齿轮的转向相反,而一对内啮合圆柱齿轮的转向相同,因此轮系中首、末轮的转向关系可用 $(-1)^m$ 来确定,m 表示轮系中外啮合齿轮的对数。若计算结果为正,则首、末轮转向相同;若计算结果为负,则首、末轮转向相反。那么,平面定轴轮系的传动比可写为

$$i_{1k} = \frac{n_1}{n_k} = (-1)^m \frac{\text{轮 1 至轮 } k \text{ 间所有从动轮齿数的乘积}}{\text{轮 1 至轮 } k \text{ 间所有主动轮齿数的乘积}} \qquad (6\text{-}1)$$

式中:m——外啮合的次数。

需要指出的是,用$(-1)^m$判断方向,仅限于由圆柱齿轮组成的平面定轴轮系部分。若定轴轮系中有锥齿轮、蜗杆蜗轮等空间齿轮机构,则其传动比的大小仍用式(6-1)来计算,但由于一对空间齿轮轴线不平行,主动齿轮与从动齿轮之间不存在转动方向相同或相反的问题,因此不能用$(-1)^m$来确定轮系首轮与末轮的转向关系,各轮的转向可用画箭头的方法确定。如图6-1所示,主动轮的转向确定后,即可依次用画箭头的方法确定出各轮的转向。在图6-1中轮4和轮7为过桥齿轮。

例 6-1 在图6-4所示轮系中,$z_1=16$,$z_2=32$,$z_{2'}=20$,$z_3=40$,$z_{3'}=2$(右旋),$z_4=40$,$n_1=800$ r/min,试求蜗轮的转速n_4及各轮转向。

解 (1)计算定轴轮系的传动比。

$$i_{14}=\frac{n_1}{n_4}=\frac{z_2 z_3 z_4}{z_1 z_{2'} z_{3'}}=\frac{32\times40\times40}{16\times20\times2}=80$$

(2)计算蜗轮的转速n_4。

$$n_4=\frac{n_1}{i_{14}}=\frac{800}{80}\ \text{r/min}=10\ \text{r/min}(逆时针方向)$$

(3)判断各轮的转向。

因为该轮系中含有圆锥齿轮和蜗杆传动,所以各轮的转向只能用画箭头的方法确定。如图6-4所示,知蜗轮沿逆时针方向转动。

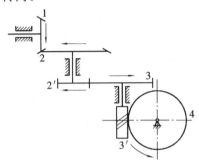

图 6-4　空间定轴轮系

视频资源1

6.3　周转轮系传动比的计算

在周转轮系中,轴线位置变动的齿轮,即既作自转又作公转的齿轮,称为行星轮,如图6-2(a)所示的齿轮2;支持行星轮作自转和公转的构件称为行星架或转臂,如图6-2(a)所示的构件H;轴线位置固定的齿轮称为中心轮或太阳轮,如图6-2(a)所示的齿轮1和齿轮3。

通常将具有一个自由度的周转轮系称为行星轮系,如图6-2(b)所示;将具有两个自由度的周转轮系称为差动轮系,如图6-2(a)所示。

在周转轮系中,行星轮的轴线相对机架不是固定的,而是绕中心轮的轴线作行星运动,所以不能直接使用定轴轮系传动比的计算方法来计算其传动比。但是如果能使行星架变为固定不动的构件,同时保持原周转轮系中各个构件之间的相对运动关系不变,则原周转轮系就转化成一个假想的定轴轮系,这时便可应用定轴轮系传动比的计算方法求出周转轮系的传动比。

假想给整个周转轮系加上一个公共转速"$-n_H$"(见图6-5(a)),使之绕行星架的固定轴线回转,这时各个构件之间的相对运动仍将保持不变,而行星架的转速变为$n_H-n_H=0$,即行星架"静止不动"了。于是,周转轮系转化为定轴轮系(见图6-5(b))。各

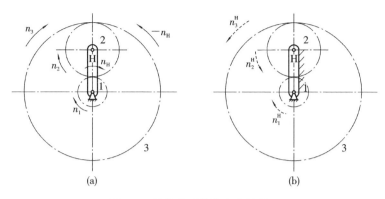

图 6-5　周转轮系转化为定轴轮系

构件转化前后的转速如表 6-1 所示。

表 6-1　轮系各构件转化前后的转速

构　件　号	原周转轮系中各构件的转速	转化轮系中各构件的转速
1	n_1	$n_1^H = n_1 - n_H$
2	n_2	$n_2^H = n_2 - n_H$
3	n_3	$n_3^H = n_3 - n_H$
H	n_H	$n_H^H = n_H - n_H = 0$

由表 6-1 可见,由于 $n_H^H = 0$,因此该周转轮系已转化为定轴轮系。这个假想的转化后的定轴轮系称为周转轮系的"转化轮系"。三个齿轮相对于行星架 H 的转速 n 分别为 n_1^H、n_2^H、n_3^H,即为它们在转化轮系中的转速。于是转化轮系的传动比 i_{13}^H 为

$$i_{13}^H = \frac{n_1^H}{n_3^H} = \frac{n_1 - n_H}{n_3 - n_H} = -\frac{z_2 z_3}{z_1 z_2} = -\frac{z_3}{z_1}$$

式中,齿数比前的"一"号表示在转化轮系中轮 1 与轮 3 的转向相反(即 n_1^H 与 n_3^H 的方向相反)。n_1、n_2、n_3 为原周转轮系中构件的转速,如果已知其中的两个(包括大小和方向),则可求出第三个(包括大小和方向)。如果已知其中的一个,则可求出另两个转速间的关系,即原周转轮系中相应两个齿轮间的实际传动比。根据上述原理,不难得出计算周转轮系传动比的一般关系式。

设周转轮系的两个齿轮分别为 m 和 n,行星架为 H,则其转化轮系的传动比 i_{mn}^H 可表示为

$$i_{mn}^H = \frac{n_m^H}{n_n^H} = \frac{n_m - n_H}{n_n - n_H} = \pm \frac{\text{在转化轮系中由 } m \text{ 到 } n \text{ 各从动轮齿数的乘积}}{\text{在转化轮系中由 } m \text{ 到 } n \text{ 各主动轮齿数的乘积}}$$

$$(6\text{-}2)$$

注意:(1) 式(6-2)中,m 为主动轮,n 为从动轮,中间各轮的主从关系按此假设判定;

(2) 式(6-2)中的"±"号的确定及其含义应明确;

(3) 将 n_m、n_n、n_H 的值代入式(6-2)时必须带正、负号。

例 6-2 在图 6-2(a)所示周转轮系中,已知 $z_1 = 20, z_2 = 30, z_3 = 80$,齿轮 1 和齿轮 3 的转速分别为 $n_1 = 30$ r/min,$n_3 = 10$ r/min,两轮转向相反。求行星架的转速 n_H 和传动比 i_{H1}。

解 设齿轮 1 的转动方向为正,即 $n_1 = 30$ r/min,则 $n_3 = -10$ r/min。转化轮系的传动比为

$$i_{13}^H = \frac{n_1^H}{n_3^H} = \frac{n_1 - n_H}{n_3 - n_H} = -\frac{z_3}{z_1} = -\frac{80}{20} = -4$$

将转速的大小和转向符号代入式(6-2),有

$$\frac{30 - n_H}{-10 - n_H} = -4$$

则

$$n_H = -2 \ (\text{r/min})$$

式中负号表示行星架 H 与齿轮 1 的转向相反。所以

$$i_{H1} = \frac{n_H}{n_1} = \frac{-2}{30} = -\frac{1}{15}$$

例 6-3 在图 6-6 所示的轮系中,已知 $z_1 = 100, z_2 = 101, z_{2'} = 100, z_3 = 99$,求传动比 i_{H1}。

解 由式(6-2)可得

$$i_{13}^H = \frac{n_1^H}{n_3^H} = \frac{n_1 - n_H}{n_3 - n_H} = \frac{n_1 - n_H}{0 - n_H}$$

$$= \frac{z_2 z_3}{z_1 z_{2'}} = \frac{101 \times 99}{100 \times 100}$$

$$1 - \frac{n_1}{n_H} = 1 - i_{1H} = \frac{101 \times 99}{100 \times 100}$$

$$i_{1H} = \frac{1}{10\ 000}$$

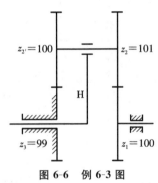

图 6-6 例 6-3 图

则

$$i_{H1} = \frac{1}{i_{1H}} = 10\ 000$$

即当行星架转动 10 000 周时,齿轮 1 才转动 1 周,且两者转向相同。

若例 6-3 中的 $z_3 = 100$,则 $i_{H1} = -100$,即只将 z_3 增加一个齿,轮 1 和行星架的转向就会相反,且传动比将发生巨大变化。这是周转轮系与定轴轮系不同的地方。

最后还应注意一点,上述计算传动比的方法适用于由圆柱齿轮所组成的周转轮系中的一切活动构件(包括行星轮)。但是,对于图 6-7 所示的由锥齿轮组成的周转轮系,上述方法只适用于轴线平行的构件 1、3、H,而不适用于行星轮 2,当需要计算 n_2 时,可应用转速矢量来求解。

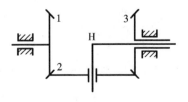

图 6-7 由锥齿轮组成的周转轮系

6.4　复合轮系传动比的计算

复合轮系是指由多个周转轮系或由定轴轮系和周转轮系组成的混合轮系,如图 6-8 所示。计算复合轮系的传动比时,应将复合轮系中的定轴轮系和各个基本周转轮系划分开来,然后分别列出它们的传动比计算公式,最后联立求解。

计算复合轮系传动比的关键在于划分各个基本周转轮系,即在复合轮系中,如何正确判定哪一部分是定轴轮系、哪一部分是周转轮系。如前所述,周转轮系的特点是具有几何轴线不固定的行星轮,所以一般的判断方法为:先根据轮系从主动轮到从动轮的传动路线查看有无行星轮,若无行星轮,则必为定轴轮系;如有行星轮,然后再找到支持行星轮运动的行星架(注意,行星架的形状不一定是杆状),以及与行星轮相啮合的所有太阳轮。每一行星架、行星架上的行星轮和与行星轮相啮合的所有太阳轮,

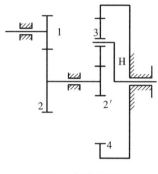

图 6-8　复合轮系

即为一基本周转轮系。找出各个周转轮系后,剩余的就是定轴轮系。

例 6-4　在图 6-8 所示的复合轮系中,各轮齿数为 $z_1=20$,$z_2=40$,$z_{2'}=20$,$z_3=30$,$z_4=80$,试计算传动比 i_{1H}。

解　首先划分轮系。齿轮 3 的几何轴线绕齿轮 $2'$、齿轮 4 的轴线转动,为行星轮;行星架为 H,与行星轮相啮合的齿轮 $2'$、齿轮 4 为太阳轮,故齿轮 3、齿轮 $2'$、齿轮 4 及行星架 H 组成基本周转轮系。剩下的齿轮 1、齿轮 2 为定轴轮系。因此,该轮系为一复合轮系。其中周转轮系的传动比为

$$i_{2'4}^{H} = \frac{n_{2'} - n_H}{n_4 - n_H} = -\frac{z_4}{z_{2'}}$$

$$\frac{n_{2'} - n_H}{0 - n_H} = -\frac{80}{20} = -4$$

$$n_2 = n_{2'} = 5n_H$$

定轴轮系的传动比为

$$i_{12} = \frac{n_1}{n_2} = -\frac{z_2}{z_1} = -\frac{40}{20} = -2$$

$$n_1 = -2n_2$$

则

$$i_{1H} = \frac{n_1}{n_H} = \frac{-2n_2}{\frac{1}{5}n_2} = -10$$

计算结果为负值,表明行星架转向与齿轮 1 转向相反。

视频资源2

6.5　轮系的功用

在实际机械传动中,轮系得到了广泛的应用,主要有以下几个方面。

1. 获得大传动比

当两轴之间需要较大的传动比时,如果仅用一对齿轮传动,则两轮的尺寸必然相差很大,小齿轮也较易损坏。因此,通常一对齿轮的传动比最大不要超过8。

由于定轴轮系的传动比等于该轮系中各对啮合齿轮传动比的连乘积,因此采用轮系可获得较大的传动比。尤其是周转轮系,可以用很少几个齿轮获得很大的传动比,且结构紧凑。

在图6-6所示的周转轮系中,行星架H、齿轮1分别是主、从动件,由例6-3的计算可知,当行星架转动10 000周时,齿轮1才转动1周,即传动比为10 000。

2. 实现远距离传动

在图6-9所示的轮系中,当两轴间的距离较远时,如果仅用一对齿轮传动(图6-9中的齿轮1、2),那么两轮尺寸很大,既占空间又费材料,且制造、安装都不方便。若改用轮系传动(图6-9中的齿轮A、B、C、D),就可以克服上述缺陷,使整个机构的轮廓尺寸减小。

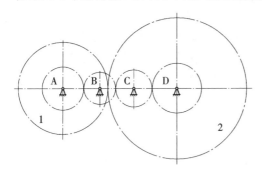

图6-9　实现远距离传动的轮系

图6-10　汽车变速器

3. 实现变速传动

在主动转速和转向不变的情况下,利用轮系可使从动轴获得不同转速和转向。如图6-10所示的汽车变速器,可使输出轴获得四挡不同的转速。一般机床、起重机等设备上都需要这种变速传动。

4. 实现换向传动

在主动轴转向不变的情况下,利用惰轮可以改变从动轴的转向。如图6-11(a)所示的车床上走刀丝杠的三星轮换向机构,搬动手柄5可以实现如图6-11(b)所示的另一个传动方案。

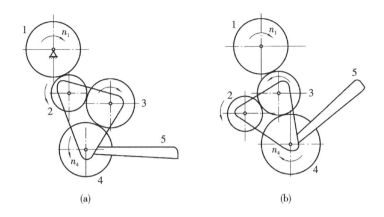

图 6-11　三星轮换向机构

5. 实现运动的合成与分解

周转轮系可以将两个输入运动合成为一个输出运动,也可以把一个输入运动按可变的比例分解成两个输出运动,实现运动的合成与分解。

图 6-7 所示的是由锥齿轮组成的差动轮系。设轮 1、轮 3 为原动件,行星架 H 为从动件,若 $z_1 = z_3$,则

$$i_{13}^{H} = \frac{n_1 - n_H}{n_3 - n_H} = -\frac{z_3}{z_1} = -1$$

$$n_H = \frac{n_1 + n_3}{2}$$

计算结果表明,两原动件的运动合成为从动件的运动。

图 6-12 所示为汽车后桥差速器。该轮系将汽车发动机驱动的原动件 5 的转速分解为按一定关系变化的左、右轮转速 n_1 及 n_3。图 6-12 所示的轮系中,构件 1、3、4 组成了如图 6-7 所示的差动轮系,当 $z_1 = z_3$ 时,有

$$n_1 + n_3 = 2n_4 \tag{6-3}$$

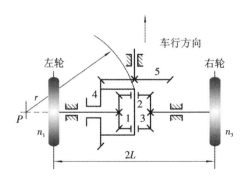

图 6-12　汽车后桥差速器

当汽车直线行驶时,有 $n_1 = n_3 = n_4$;当汽车绕点 P 左转弯时,由于弯道半径不等,右轮比左轮滚过的弧线长,因此要求右轮比左轮转得快,此时,两车轮转速与两车轮到弯道中心 P 的距离成正比,即

$$\frac{n_1}{n_3} = \frac{r - L}{r + L} \tag{6-4}$$

联立式(6-3)、式(6-4),得

$$\begin{cases} n_1 = \dfrac{r - L}{r} n_4 \\[2mm] n_3 = \dfrac{r + L}{r} n_4 \end{cases}$$

即该差动轮系将输入的转速 n_4 分解为左、右轮所需的转速。

典型例题

习　题

6-1　轮系有哪些类型? 定轴轮系与周转轮系的主要区别是什么? 行星轮系和差动轮系有何区别?

6-2　在定轴轮系中,如何确定首、末两轮转向之间的关系?

6-3　何谓惰轮? 它在轮系中有何作用?

6-4　何谓转化轮系? 如何通过转化轮系来计算周转轮系的传动比?

6-5　怎样求复合轮系的传动比? 分解复合轮系的关键是什么? 如何拆分?

6-6　在题 6-6 图所示的轮系中,已知各轮齿数为:$z_1 = 20, z_2 = 40, z_{2'} = 20, z_3 = 30, z_{3'} = 20, z_4 = 32, z_5 = 40$,试求传动比 i_{15}。

6-7　在题 6-7 图所示轮系中,已知齿轮 1 转向如图所示,$n_1 = 405$ r/min。各轮齿数分别为 $z_1 = z_{2'} = z_{4'} = 20, z_2 = z_3 = z_5 = 30, z_4 = z_6 = 60$,试求:

(1) 传动比 i_{16};

(2) 齿轮 6 的转速 n_6 的大小及转动方向。

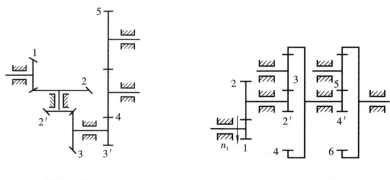

题 6-6 图　　　　　　　　　　　　题 6-7 图

6-8　在题 6-8 图所示钟表传动装置示意图中,E 为擒纵轮,N 为发条盘,S、M、H 分别为秒针、分针、时针。设 $z_1=72$,$z_2=12$,$z_3=64$,$z_4=8$,$z_5=60$,$z_6=8$,$z_7=60$,$z_8=6$,$z_9=8$,$z_{10}=24$,$z_{11}=6$,$z_{12}=24$,求秒针与分针的传动比 i_{SM} 和分针与时针的传动比 i_{MH}。

6-9　在题 6-9 图所示的手摇提升装置中,已知各轮齿数,试求传动比 i_{15},并指出提升重物时手柄的转向。

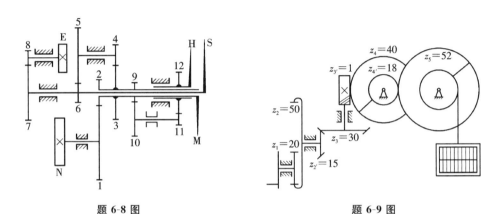

题 6-8 图　　　　　　　　　　　　　　　题 6-9 图

6-10　题 6-10 图(a)(b)所示分别为两个不同结构的锥齿轮周转轮系,已知 $z_1=20$,$z_2=24$,$z_2'=30$,$z_3=40$,$n_1=200$ r/min,$n_3=-100$ r/min。试求两轮系中行星架 H 的转速 n_H 的大小和方向。

6-11　在题 6-11 图所示的手动葫芦中,A 为手动链轮,B 为起重链轮。已知 $z_1=12$,$z_2=28$,$z_2'=14$,$z_3=54$,求传动比 i_{AB}。

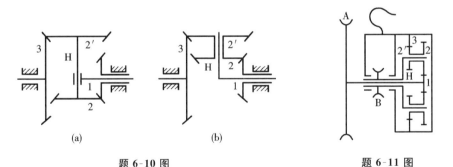

(a)　　　　　　　　(b)

题 6-10 图　　　　　　　　　　　　　题 6-11 图

6-12　在如题 6-12 图所示的电动三爪卡盘传动轮系中,已知各轮齿数分别为 $z_1=6$,$z_2=z_2'=25$,$z_3=57$,$z_4=56$。试求传动比 i_{14}。

6-13　在题 6-13 图所示的轮系中,已知各轮齿数分别为 $z_1=z_2'=25$,$z_2=z_3=20$,$z_H=100$,$z_4=20$。求传动比 i_{14}。

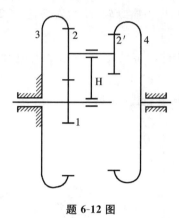

题 6-12 图

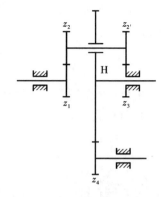

题 6-13 图

第7章　间歇运动机构

应用实例

主动件连续运动(连续转动或连续往复运动)时,从动件作周期性时动时停运动的机构称为间歇运动机构。间歇运动机构广泛应用于电子机械、轻工机械等设备中,以实现转位、步进、计数等功能,如机床的间歇进给运动、分度转位运动等。间歇运动机构的类型很多,本章主要介绍较常用的棘轮机构、槽轮机构。

7.1　棘 轮 机 构

本章重点、难点

7.1.1　棘轮机构的工作原理

棘轮机构的优点是结构简单、运动可靠、制造方便,而且棘轮轴每次转过角度的大小可以在较大的范围内调节。其缺点是工作时有较大的冲击和噪声,而且运动精度较差。所以棘轮机构常用于速度较低和载荷不大的场合。

如图 7-1 所示,棘轮机构主要由棘轮 3、棘爪 2、摇杆 1、止动爪 4 和机架 5 组成。弹簧 6、7 的作用分别是使止动爪 4 和棘爪 2 与棘轮 3 保持接触。当摇杆 1 以 ω_1 顺时针摆动时,棘爪 2 推动棘轮 3 顺时针转动。当摇杆 1 以 ω_1' 逆时针摆动时,止动爪 4 阻止棘轮 3 逆时针转动,同时棘爪 2 在棘轮 3 的齿背滑过,故棘轮 3 静止不动。当原动件摇杆连续地往复摆动时,棘轮 3 作单向时动时停的间歇运动。

改变原动件的结构形状,可以得到如图 7-2 所示的双动式棘轮机构,原动件往复摆动时都能使棘轮沿同一方向转动。驱动爪可以制成直爪或带钩头的爪。

图 7-3 所示为两种可变向棘轮机构。对于图 7-3(a)所示的棘轮机构,当棘爪在实线位置时,棘轮将沿逆时针方向作间歇运动;当棘爪翻转到虚线位置时,棘轮将沿顺时针方向作间歇运动。图 7-3(b)所示为另一种可变向棘轮机构。当棘爪直面在

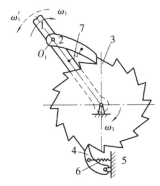

图 7-1　棘轮机构

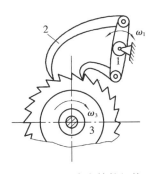

图 7-2　双动式棘轮机构

左侧,斜面在右侧时,棘轮沿逆时针方向作间歇运动;若提起棘爪并绕本身轴线转180°后再插入棘轮齿中,使直面在右侧,斜面在左侧时,则棘轮沿顺时针方向作间歇运动。这种棘轮机构常应用在牛头刨床工作台的进给装置中。

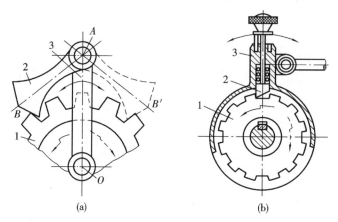

图 7-3　可变向棘轮机构

1—棘轮;2—棘爪;3—摇杆

　　在上述棘轮机构中,棘轮的转角都是相邻齿所夹中心角的倍数,即棘轮的转角是有级性改变的。如果要实现无级性改变,就需要采用无棘齿的棘轮机构。这种机构是通过棘爪与棘轮之间的摩擦力来传递运动的,故又称为摩擦式棘轮机构(见图 7-4)。这种机构传动较平稳,噪声小,但其接触表面间容易发生滑动,故运动准确性差。

　　棘轮机构除了能实现以上间歇运动外,还能实现超越运动。图 7-5 所示为自行车后轮轴上的棘轮机构。当脚蹬踏板时,链轮 1 和链条 2 带动内圈具有棘轮的链轮 3 顺时针转动,再通过棘爪 4 的作用,使后轮轴 5 顺时针转动,从而驱动自行车前进。自行车前进时,如果踏板不动,后轮轴 5 便会超越链轮 3 而转动,让棘爪 4 在棘轮齿背上滑过,从而实现不蹬踏板的自由滑行。

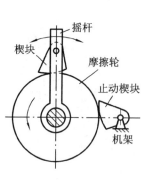

图 7-4　摩擦式棘轮机构

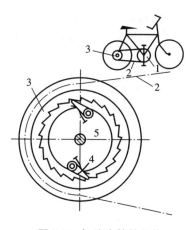

图 7-5　超越式棘轮机构

7.1.2　棘爪工作条件

棘爪受力分析如图 7-6 所示,为了使棘爪受力最小,棘轮齿顶 A 和棘爪的转动中心 O_2 的连线应垂直于棘轮半径 O_1A,即 $\angle O_1AO_2 = 90°$。轮齿对棘爪作用的力有正压力 $\boldsymbol{F}_n$ 和摩擦力 $\boldsymbol{F}_f$。当棘齿偏斜角为 φ 时,力 $\boldsymbol{F}_n$ 有使棘爪逆时针转动落向齿根的倾向,而摩擦力 $\boldsymbol{F}_f$ 阻止棘爪落向齿根。为了保证棘轮正常工作,使棘爪啮紧齿根,力 $\boldsymbol{F}_n$ 对点 O_2 的力矩必须大于 $\boldsymbol{F}_f$ 对点 O_2 的力矩,即

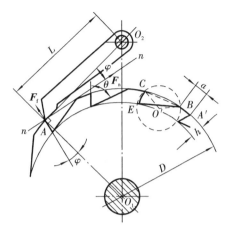

$$F_n L\sin\varphi > F_f L\cos\varphi$$

将 $F_f = fF_n$ 和 $f = \tan\rho$ 代入上式,得

$$\tan\varphi > \tan\rho$$

故　　　　　　　$\varphi > \rho$　　　　　　(7-1)

图 7-6　棘爪受力分析

式中:ρ——齿与爪之间的摩擦角,当摩擦系数 $f = 0.2$ 时,$\rho = 11°30'$。为可靠起见,通常取 $\varphi = 20°$。

7.1.3　棘轮、棘爪的几何尺寸计算

当选定齿数 z 和按照强度要求确定模数 m 之后,棘轮和棘爪的主要几何尺寸可按以下经验公式计算:

顶圆直径　　　　　　　　　　$D = mz$
齿高　　　　　　　　　　　　$h = 0.75m$
齿顶厚　　　　　　　　　　　$a = m$
齿槽夹角　　　　　　　　　　$\theta = 60°$　或　$\theta = 55°$
棘爪长度　　　　　　　　　　$L = 2\pi m$

其他结构尺寸可参看有关机械设计手册。

7.1.4　棘轮轮齿的画法

如图 7-6 所示,根据 D 和 h 先画出齿顶圆和齿根圆;按照齿数等分齿顶圆,得点 A'、C 等,并由任一等分点 A' 作弦 $A'B = a = m$;再由点 B 到第二等分点 C 作弦 BC;然后自点 B、C 作角 $\angle O'BC = \angle O'CB = 90° - \theta$,得点 O';以点 O' 为圆心、$O'B$ 为半径画圆交齿根圆于点 E,连 CE 得轮齿工作面,连 BE 得全部齿形。

7.2　槽　轮　机　构

7.2.1　槽轮机构的工作原理

槽轮机构又称马尔他机构。如图 7-7 所示,它是由具有径向槽的槽轮 2、带有圆销 A 的拨盘 1 和机架组成的。当拨盘 1 等速转动时,驱使槽轮 2 作时转时停的间歇运动。拨盘 1 上的圆销 A 尚未进入槽轮 2 的径向槽时,由于槽轮 2 的内凹锁住弧 β 与拨盘 1 的外凸圆弧 α 卡住,故槽轮 2 静止不动。当圆销 A 开始进入槽轮 2 的径向槽时,锁住弧被松开,槽轮 2 受圆销 A 驱动沿逆时针方向转动。当圆销 A 开始脱出槽轮的径向槽时,槽轮的另一内凹锁住弧又被拨盘 1 的外凸圆弧卡住,致使槽轮 2 又静止不动,直到圆销 A 再进入槽轮 2 的另一径向槽时,两者又重复上述的运动循环。

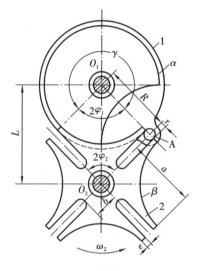

图 7-7　槽轮机构

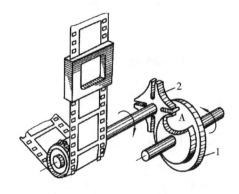

图 7-8　电影放映机卷片机构

槽轮机构结构简单,工作可靠,运动较平稳,因此在自动机床转位机构、电影放映机卷片机构等自动机构中得到了广泛的应用。图 7-8 所示为电影放映机卷片机构,当槽轮 2 间歇运动时,胶片上的画面依次在方框中停留,通过视觉暂留而获得连续的场景。

7.2.2　槽轮机构的主要参数

槽轮机构的主要参数是槽数 z 和拨盘圆销数 K。

如图 7-7 所示,为了使槽轮 2 在开始转动和终止转动时的瞬时角速度为零,以避免圆销与槽发生撞击,圆销进入或脱出径向槽的瞬时,槽的中心线 O_2A 应与 O_1A 垂直。设 z 为均匀分布的径向槽数目,则槽轮 2 转过 $2\varphi_2 = 2\pi/z(\text{rad})$ 时,拨盘 1 的转角 $2\varphi_1$ 应为

$$2\varphi_1 = \pi - 2\varphi_2 = \pi - 2\pi/z \tag{7-2}$$

在一个运动循环内,槽轮 2 的运动时间 t_m 对拨盘 1 的运动时间 t 之比 τ 称为运动特性系数。当拨盘 1 等速转动时,这个时间之比可用转角之比来表示。对于只有一个圆销的槽轮机构,t_m 和 t 分别对应于拨盘 1 转过的角度 $2\varphi_1$ 和 2π。因此其运动特性系数 τ 为

$$\tau = \frac{t_m}{t} = \frac{2\varphi_1}{2\pi} = \frac{\pi - \dfrac{2\pi}{z}}{2\pi} = \frac{1}{2} - \frac{1}{z} = \frac{z-2}{2z} \tag{7-3}$$

为保证槽轮运动,其运动特性系数 τ 应大于零。由式(7-3)可知,运动特性系数大于零时,径向槽的数目应等于或大于 3。但槽数 $z=3$ 的槽轮机构,由于槽轮的角速度变化很大,圆销进入或脱出径向槽的瞬间,槽轮的角加速度也很大,会引起较大的振动和冲击,因此很少应用。又由式(7-3)可知,这种槽轮机构的运动特性系数 τ 总是小于 0.5,即槽轮的运动时间总是小于静止时间 t_s。

如果拨盘 1 上装有数个圆销,则可以得到 $\tau > 0.5$ 的槽轮机构。设均匀分布的圆销数目为 K,则一个循环中,槽轮 2 的运动时间为只有一个圆销时的 K 倍,进一步有

$$\tau = \frac{K(z-2)}{2z} \tag{7-4}$$

运动特性系数 τ 还应小于 1($\tau=1$ 表示槽轮 2 与拨盘 1 一样作连续运动,不能实现间歇运动),故由式(7-4)得

$$K < \frac{2z}{z-2} \tag{7-5}$$

由式(7-5)可知,当 $z=3$ 时,圆销的数目可为 $1 \sim 5$;当 $z=4$ 或 5 时,圆销数目可为 $1 \sim 3$;而当 $z \geq 6$ 时,圆销的数目可为 1 或 2。

槽数 $z > 9$ 的槽轮机构比较少见,因为当中心距一定时,z 越大,槽轮的尺寸也越大,转动时的惯性力矩也增大。由式(7-3)可知,当 $z > 9$ 时,槽数虽增加,τ 的变化却不大,起不到明显作用,故 z 常取为 $4 \sim 8$。

习　　题

7-1　常见的棘轮机构有哪几种类型? 各具有什么特点?

7-2　槽轮机构中的槽轮槽数与拨盘上圆柱销数应满足什么关系? 为什么要在拨盘上加上锁止弧?

7-3　已知一棘轮机构,棘轮模数 $m=5$ mm,齿数 $z=12$,试确定机构的几何尺寸

并画出棘轮的齿形。

7-4　已知槽轮机构的槽数 $z=6$，拨盘的圆销数 $K=1$，转速 $n_1=60$ r/min，求槽轮的运动时间 t_m 和静止时间 t_s。

7-5　对于外啮合槽轮机构，决定槽轮每次转动角度的是什么参数？主动拨盘转动一周，决定从动槽轮运动次数的是什么参数？

工程案例分析(第一篇)

　　本篇介绍了一些常用机构的基本概念及工作原理,下面将用前面所学的有关知识对一个典型的机械设备——包装机进行运动分析,以提高工程分析及工程应用能力。

1. 案例引出

　　案例图 1-1 所示为 DXD 系列自动包装机的实物图。该包装机主要用于流动性能较好的粉状、颗粒状物料(如味精、糖精、各种冲剂、粉状调味品等)的装袋作业,能自动完成计量灌装、热封、剪切、传输等全过程。

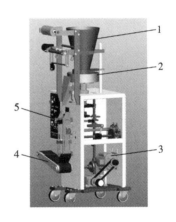

案例图 1-1　自动包装机的实物图

1—料斗;2—计量盘;3—电动机;4—输送机;5—电控箱

　　1) 设备正常工作条件

　　电源　交流 220 V;额定频率　50 Hz;需接地保护。

　　2) 技术性能参数

　　称量体积　11 毫升/袋;包装能力　66 袋/分;运输滚筒速度　35 r/min;

　　电动机型号　YL7124,功率　0.37 kW,转速　1 400 r/min。

2. 案例分析

　　1) 工作原理

　　物料经上部料斗灌入计量盘,由电动机提供动力,带传动、减速器将运动和动力传给各执行机构完成计量灌装、热封、剪切、拉袋、传输等功能。

　　2) 主要工艺流程

　　包装的工艺流程为:计量灌装→热封→拉袋→剪切→传输。

3）运动分析,画出机构的运动简图

（1）分析运动传递路线。

由电动机提供动力,电动机轴输出运动,经带传动和蜗杆蜗轮减速器将运动传给主轴,主轴又将运动分别传给计量灌装机构、热封与剪切机构、拉袋送进机构、传输机构等各执行机构。该包装机的传动系统如案例图 1-2 所示。

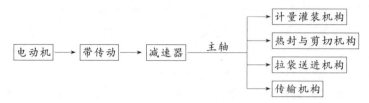

案例图 1-2　包装机的传动系统

（2）画出机构的运动简图。

分析机构中的运动副和构件,画出机构运动简图如案例图 1-3 所示。

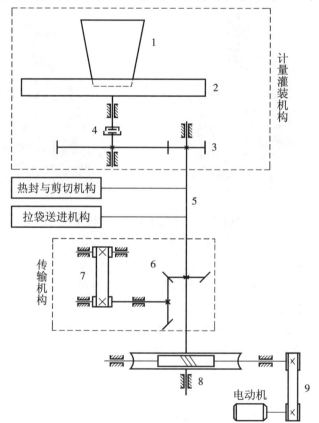

案例图 1-3　包装机的机构运动简图

1—料斗;2—计量盘;3—齿轮机构;4—离合器;5—主轴;6—锥齿轮机构;

7—传输带;8—蜗杆蜗轮传动;9—带传动

　　在案例图 1-3 所示的机构中,带传动和蜗杆蜗轮传动为包装机的传动部分,起减速增距及换向的作用;用单一的机构难以完成计量灌装、热封与剪切、拉袋送进、传输等多个工艺要求,所以采用了计量灌装、热封与剪切、拉袋送进、传输等多个执行机构共同协调来完成整个工艺要求。其计量灌装及传输机构简图如案例图 1-3 所示。

　　热封由 L 形热封器完成,热封器将通过口袋成形器对折后的包装材料封合成口袋,热封器将前一个口袋的上口封合同时也完成下一个口袋下底和纵边的封合,热封与剪切动作同步,即包装袋热封同时,裁刀将已充填封合好的口袋切断,热封与剪切共用一个机构,其机构简图如案例图 1-4 所示。

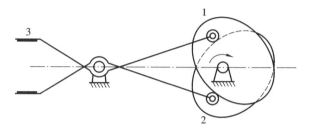

案例图 1-4　热封与剪切机构运动简图
1—凸轮 1;2—凸轮 2;3—热封钳

　　为使热封好的包装袋向下送进便于剪切,采用了拉袋送进机构,如案例图 1-5 所示,其中主、从动滚轮将夹在它们之间的包装袋向下送进,单向轴承即超越离合器实现单方向旋转。

　　在案例图 1-3 所示的机构中,该包装机分别采用了蜗杆蜗轮机构、直齿圆锥齿轮机构、圆柱齿轮机构、凸轮机构等基本机构来完成工艺运动要求。

　　4) 主要部分功能

　　(1) 传输机构如案例图 1-3 所示,主轴输入的运动经直齿圆锥齿轮机构减速增距及换向,带动滚筒旋转,从而将产品通过传输带匀速运出。

　　(2) 热封与剪切机构如案例图 1-4 所示,主轴带动凸轮 1 和凸轮 2 同步旋转,实现热封钳的张开和闭合,完成封袋。同时安装在热封钳下方的剪刀,与热封钳同步运行,实现剪断。

　　(3) 拉袋送进机构如案例图 1-5 所示,主轴带动凸轮旋转,凸轮推动滚子摆动,带动单向轴承(即超越离合器)作单方向转动,此转动经圆柱齿轮机构增速,最后带动滚轮作间歇转动,将包装袋向下送进,以便于剪切。

　　(4) 计量灌装机构如案例图 1-3 中所示,原料从料斗装入,进入计量盘,主轴通过齿轮机构减速带动计量盘旋转,盘中的挡料板将料填满盘中的孔,同时通过盘下的料头的开关控制配料盘上料孔的开闭,从而保证原料准确进入料口和防止原料的泄漏。

　　(5) 电控箱用来实现机器的各种电控操作,通过控制面板设置相应的参数。

3. 计算及分析思考

　　(1) 如何计算包装机构的自由度?

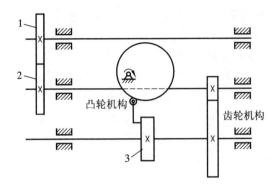

凸轮机构

齿轮机构

案例图 1-5 拉袋送进机构运动简图

1—从动滚轮；2—主动滚轮；3—单向轴承

（2）上述包装机械中，采用了齿轮机构、凸轮机构、蜗杆蜗轮机构等基本机构，这些机构各起何作用？能否由其他机构替换来完成相同任务？

（3）在包装机械中多处用到凸轮机构，它们的运动有何特点？

（4）在包装机械中多处用到齿轮机构，它们的类型有何不同？运动有何特点？

（5）各执行机构如何实现运动协调，完成装料、热封与剪切、送进、传输等功能？

（6）分析热封机构中凸轮机构的从动件运动规律，思考该凸轮轮廓的设计思路。

（7）已知电动机转速，如何求传输带的运行速度和计量盘的转速？

第二篇 通用机械零件设计篇

零件是机器的制造单元,任何一台机器都是由多个零件组成,零件的工作能力直接决定了机器的工作能力。组成机器的零件类型和结构是多种多样的,本篇主要介绍通用机械零件设计的基本知识,重点讨论一般尺寸和常用工作参数下通用零件设计的基本理论、设计计算方法及有关技术资料和标准的应用。

第8章 机械零件设计概论

8.1 机械零件设计概述

本章重点、难点

8.1.1 机械零件设计的基本要求

在对机械零件进行设计时,应满足的要求是:在满足预期功能的前提下,性能好,效率高,成本低,在预定使用期限内安全可靠,操作方便,维修简单及造型美观等。概括地说,所设计的机械零件既要工作可靠,又要成本低廉。

8.1.2 机械零件的失效、工作能力和承载能力

机械零件由于某种原因不能正常工作,称为失效。

在不发生失效的条件下,零件所能安全工作的限度,称为工作能力。通常此限度是对载荷而言的,所以常称为承载能力。

零件常见失效

零件失效可能有以下几种形式:断裂、塑性变形、过大的弹性变形、工作表面的过度磨损或损伤、发生强烈的振动、连接松弛、摩擦传动打滑等。

对于某一具体零件,可能产生的失效形式由其工作条件和受载情况而定。

8.1.3 计算准则

针对不同的失效形式而确定的判定条件称为工作能力计算准则。对于各种不同的失效形式,相应地有各种工作能力判定条件。

1. 强度计算准则

强度计算准则是指零件中的应力不得超过允许的限度。例如,对于一次断裂而言,应力不超过材料的强度极限;对于疲劳破坏而言,应力不超过零件的疲劳极限。这样就满足了强度要求,符合了强度计算的准则。其表达式为

$$\begin{cases} \sigma \leqslant [\sigma], & 而 \quad [\sigma] = \dfrac{\sigma_{\lim}}{S_\sigma} \\[3mm] \tau \leqslant [\tau], & 而 \quad [\tau] = \dfrac{\tau_{\lim}}{S_\tau} \end{cases} \tag{8-1}$$

式中:σ、τ——零件的工作正应力和切应力(MPa);

$[\sigma]$、$[\tau]$——材料的许用正应力和许用切应力(MPa);

$\sigma_{\lim}$、$\tau_{\lim}$——零件材料的极限正应力和极限切应力(MPa);

S_σ、S_τ——正应力和切应力的安全系数。

2. 刚度计算准则

刚度是指零件在一定载荷作用下,抵抗弹性变形的能力。零件刚度不够会影响机械的正常工作。例如,机床主轴或丝杠弹性变形过大,会影响加工精度;齿轮轴的弯曲挠度过大,会影响齿轮的啮合精度。

刚度计算准则为

$$y \leqslant [y], \quad \theta \leqslant [\theta], \quad \phi \leqslant [\phi]$$

式中:y、θ、ϕ——零件工作时的挠度、偏转角和扭转角;

[y]、[θ]、[ϕ]——零件的许用挠度、许用偏转角和许用扭转角。

3. 耐磨性准则

耐磨性是指作相对运动的零件工作表面抵抗磨损的能力。零件的磨损量超过允许值,将会改变其尺寸与形状,削弱其强度,降低机械的精度和效率。因此,在机械设计中,应力求提高零件的耐磨性,减少磨损。关于磨损的计算,目前尚无可靠、定量的计算方法,常采用条件性计算:一是验算压强 p 不超过许用值,以保证工作表面不致由于油膜破坏而产生过度磨损;二是对于滑动速度 v 比较大的摩擦表面,为防止胶合破坏,要考虑 p、v 及摩擦系数 f 的影响,即限制单位接触面上单位时间内产生的摩擦功,使其不至于过大。当 f 为常数时,可验算 pv 值,该值不应超过许用值,其验算式为

$$p \leqslant [p]$$
$$pv \leqslant [pv]$$

式中:p——工作表面上的压强(MPa);

[p]——材料的许用压强(MPa);

[pv]——pv 的许用值[(N/mm^2)·(m/s)]。

4. 振动稳定性准则

振动稳定性准则主要适用于检验高速机器中零件出现的振动、振动的稳定性和共振。它要求零件的振动应控制在允许的范围内,而且是稳定的,对于强迫振动,零件的固有频率应与激振频率错开。高速机械中存在着许多激振源,如齿轮的啮合、滚动轴承的运转、滑动轴承中的油膜振荡、柔性轴的偏心转动等。设计高速机械的运动零件除满足强度准则外,还要满足振动准则。对于强迫振动,振动准则的表达式为

$$f_n < 0.85f \quad 或 \quad f_n > 1.15f$$

式中:f_n——零件的激振频率;

f——零件的固有频率。

8.1.4 机械零件设计的一般步骤

在设计机械零件时,常根据零件可能发生的主要失效形式,运用相应的计算准则,确定零件的形状和主要尺寸。机械零件设计的一般步骤如下:

（1）拟订零件的计算简图；

（2）计算作用在零件上的载荷；

（3）选择合适的材料；

（4）根据零件可能出现的失效形式，选用相应的计算准则，确定零件的形状和主要尺寸，并加以标准化或圆整；

（5）根据零件的主要尺寸，考虑加工和装配等要求，进行零件的具体结构设计；

（6）绘制零件工作图并标注必要的技术条件。

以上所述为设计计算。在实际工作中，也常采用校核计算。这时先参照实物（或图样）和经验数据，初步拟订零件的结构和尺寸，然后再根据有关的设计计算准则进行验算。

8.2　许用应力与安全系数

在机械设计过程中，主要零件的基本尺寸通常都是通过强度计算、刚度计算来确定的。而进行设计计算时，应先确定该零件工作时所承受的载荷和应力的性质，并根据所选用的材料、热处理方式和使用要求，合理地确定零件的许用应力和安全系数。

8.2.1　载荷和应力

在理想的平稳工作条件下作用在零件上的载荷称为名义载荷。然而在机器运转时，零件还会受到各种附加载荷的作用。通常用引入载荷系数 K（有时只考虑工作情况的影响，则用工作情况系数 K_A）的办法来考虑这些因素的影响。在名义载荷的基础上乘上载荷系数，其值称为计算载荷。在材料力学的基础上，按照名义载荷求得的应力称为名义应力，按照计算载荷求得的应力称为计算应力。

应力按照随时间变化的情况，可分为静应力和变应力。不随时间变化的应力称为静应力（见图 8-1(a)），变化缓慢的应力可视为静应力，如锅炉的内压力所引起的应力、拧紧螺母所引起的应力等。

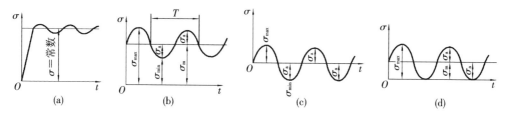

图 8-1　应力的种类

随时间变化的应力，称为变应力；具有周期性的变应力称为循环变应力。图 8-1(b)所示为一般的非对称循环变应力，图中 T 为应力循环周期。从图 8-1(b)中可知：

平均应力　　　　　　　　　$\sigma_m = \dfrac{\sigma_{max} + \sigma_{min}}{2}$　　　　　　　　　(8-2)

应力幅　　　　　　　　　$\sigma_a = \dfrac{\sigma_{max} - \sigma_{min}}{2}$　　　　　　　　　(8-3)

　　应力循环中的最小应力与最大应力之比,可用来表示变应力中应力变化的情况,通常称为变应力的循环特性,用 r 表示,即 $r = \dfrac{\sigma_{min}}{\sigma_{max}}$。

　　当 $\sigma_{max} = -\sigma_{min}$ 时,循环特性 $r = -1$,称为对称循环变应力(见图 8-1(c)),其 $\sigma_a = \sigma_{max} = -\sigma_{min}$,$\sigma_m = 0$。当 $\sigma_{max} \neq 0$、$\sigma_{min} = 0$ 时,循环特性 $r = 0$,称为脉动循环变应力(见图 8-1(d)),其 $\sigma_a = \sigma_m = \dfrac{1}{2}\sigma_{max}$。静应力可看作变应力的特例,其 $\sigma_{max} = \sigma_{min}$,循环特性 $r = +1$。

8.2.2　静应力下的许用应力

　　在静应力条件下,零件材料有两种损坏形式:断裂和塑性变形。对于塑性材料,可按不发生塑性变形的条件进行计算。这时取材料的屈服强度 σ_s 作为极限应力,故许用应力为

$$[\sigma] = \dfrac{\sigma_s}{S}$$　　　　　　　　　(8-4)

对于用脆性材料制成的零件,应取抗拉强度 σ_b 作为极限应力,故许用应力为

$$[\sigma] = \dfrac{\sigma_b}{S}$$　　　　　　　　　(8-5)

8.2.3　变应力下的许用应力

　　在变应力作用下,零件的损坏形式是疲劳断裂。疲劳断裂与一般静力断裂不同,它是损伤积累到一定程度,即裂纹扩展到一定程度后,发生的突然断裂。起初微裂纹常始于应力最大的断口周边上,在断口上明显地有两个区域:一个是在变应力重复作用下裂纹两边相互摩擦形成的表面光滑区;一个是最终发生脆性断裂的粗粒状区。所以疲劳断裂是与应力循环次数(即使用期限或寿命)有关的断裂。对疲劳断裂而言,应力应不超过零件的疲劳极限。

　　图 8-2 描述了应力 σ 与应力循环次数 N 之间的关系曲线,通常称为疲劳曲线。横坐标为循环次数 N,纵坐标为断裂时的循环应力 σ,从图中可以看出,应力越小,试件能经受的循环次数就越多。

　　由大多数钢铁金属材料的疲劳试验可知,当循环次数 N 超过某一数值 N_0 以后,疲劳曲线趋向水平。N_0 称为应力循环基数,对于钢通常取 $N_0 = 10^7 \sim 25 \times 10^7$。对应于 N_0

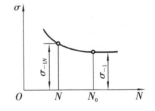

图 8-2　疲劳曲线

的应力称为材料的疲劳极限。通常用 σ_0 表示材料在脉动循环变应力下的疲劳极限，用 σ_{-1} 表示材料在对称循环变应力下的弯曲疲劳极限。

对于疲劳曲线的左半部（$N < N_0$），可近似地用下列方程式表示为

$$\sigma_{-1N}^m N = \sigma_{-1}^m N_0 = C \tag{8-6}$$

式中：σ_{-1N}——对应于循环次数 N 的疲劳极限；

　　　C——常数；

　　　m——随应力状态而不同的幂指数，例如对受弯的钢制零件，$m = 9$。

由式（8-6）可求得对应于循环次数 N 的弯曲疲劳极限：

$$\sigma_{-1N} = \sigma_{-1} \sqrt[m]{\frac{N_0}{N}} = k_N \sigma_{-1} \tag{8-7}$$

式中：k_N——寿命系数，当 $N \geqslant N_0$ 时，取 $k_N = 1$。

在变应力作用下确定材料的许用应力，应取材料的疲劳极限作为极限应力。同时还应考虑零件的切口和沟槽等截面突变、绝对尺寸和表面状态等影响因素。

当应力是对称循环变化时，许用应力为

$$[\sigma_{-1}] = \frac{\varepsilon_\sigma \beta \sigma_{-1}}{k_\sigma S} \tag{8-8}$$

当应力是脉动循环变化时，许用应力为

$$[\sigma_0] = \frac{\varepsilon_\sigma \beta \sigma_0}{k_\sigma S} \tag{8-9}$$

式（8-8）和式（8-9）中：S——安全系数，可在有关设计手册中查得；

k_σ、ε_σ、β——有效应力集中系数、绝对尺寸系数及表面状态系数，其数值可在材料力学或有关设计手册中查得。

以上求得的许用应力为"无限寿命"下零件的许用应力。如零件在整个使用期限内，其循环总次数 N 小于循环基数 N_0，可根据式（8-7）和式（8-8），求得"有限寿命"下零件的许用应力。

8.2.4　安全系数

安全系数定得正确与否对零件尺寸有很大影响。如果安全系数定得过大将使结构笨重；如果定得过小，又可能不够安全。

在设计各种机械零件时，安全系数可参考相关章节或有关的设计手册确定。

8.3　机械零件的接触强度

通常，零件受载时是在较大的体积内产生应力，这种应力状态下的零件强度称为整体强度。若两个零件在受载前是点接触或线接触，受载后，由于变形其接触处为一小面积，通常此面积甚小而表层产生的局部应力却很大，这种应力称为接触应力。这

时零件强度称为接触强度。如齿轮、滚动轴承等机械零件,都是通过很小的接触面积传递载荷的,因此它们的承载能力不仅取决于整体强度,还取决于表面的接触强度。

机械零件的接触应力通常是随着时间作周期性变化的,在载荷反复作用下,首先在表层约 $20\ \mu m$ 处产生初始疲劳裂纹,然后裂纹逐渐扩展,最终使表层金属呈片状剥落下来而在零件表面形成一些小凹坑。这种现象称为疲劳点蚀。发生疲劳点蚀后,零件承载能力降低,并会产生振动和噪声。

由弹性力学可知,当两个轴线平行的圆柱体相互接触并受压时(见图 8-3),其接触面积为一狭长的矩形,最大接触应力发生在接触区中线上,其值为

$$\sigma_H = \sqrt{\frac{F_n}{\pi b} \cdot \frac{\dfrac{1}{\rho_1} \pm \dfrac{1}{\rho_2}}{\dfrac{1-\mu_1^2}{E_1} + \dfrac{1-\mu_2^2}{E_2}}} \tag{8-10}$$

令 $\dfrac{1}{\rho_1} \pm \dfrac{1}{\rho_2} = \dfrac{1}{\rho}$ 及 $\dfrac{1}{E_1} + \dfrac{1}{E_2} = 2\dfrac{1}{E}$,对于钢和铸铁取其泊松比 $\mu_1 = \mu_2 = \mu = 0.3$,则上式可简化为

$$\sigma_H = \sqrt{\frac{1}{2\pi(1-\mu_1^2)} \cdot \frac{F_n E}{b\rho}} = 0.418\sqrt{\frac{F_n E}{b\rho}} \tag{8-11}$$

式中:F_n——作用载荷;

　　　σ_H——最大接触应力;

　　　b ——接触长度;

　　　ρ——综合曲率半径,$\rho = \dfrac{\rho_1 \rho_2}{\rho_2 \pm \rho_1}$,正号用于外接触,负号用于内接触;

　　　E——综合弹性模量,$E = \dfrac{2E_1 E_2}{E_1 + E_2}$,$E_1$、$E_2$ 分别为两圆柱体材料的弹性模量。

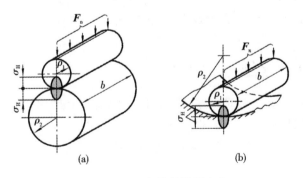

图 8-3　两圆柱体的接触应力

式(8-11)称为赫兹(H. Hertz)公式。

接触疲劳强度的判定条件为

$$\sigma_H \leqslant [\sigma_H]$$

而 $$[\sigma_{\text{H}}]=\frac{\sigma_{\text{Hlim}}}{S_{\text{H}}} \tag{8-12}$$

式中：σ_{Hlim}——材料的接触疲劳极限，通过实验测定。

8.4　机械零件的工艺性及标准化

8.4.1　工艺性

在设计机械零件时，不仅应使零件满足使用要求，即具备所要求的工作能力，同时还应当使零件满足生产要求；否则，就可能制造不出来，或虽能制造，但费工、费料，很不经济。

在具体的生产条件下，如所设计的机械零件既便于加工，又成本低廉，就称这样的零件具有良好的工艺性。有关工艺性的基本要求如下。

（1）毛坯选择合理　零件毛坯制备的方法有：直接利用型材、铸造、锻造、冲压和焊接等。单件小批量生产时，应充分利用已有的生产条件，但不宜采用铸件或模锻件，以免模具造价太高而提高零件成本。尺寸大、结构复杂且批量生产的零件，宜采用铸件。

（2）结构简单合理　设计零件的结构形状时，最好采用最简单的表面（如平面、圆柱面、螺旋面等）及其组合，同时还应当尽量使加工表面数目最少和加工面积最小。

（3）规定适当的制造精度及表面粗糙度　零件的加工费用随着精度的提高而增加，尤其在精度较高的情况下，这种增加极为显著。因此，在没有充分根据时，不应当追求高的精度。同理，对零件的表面粗糙度也应当根据配合表面的实际需要，作出适当的规定。

8.4.2　标准化

标准化是指以制定标准和贯彻标准为主要内容的全部活动过程。标准化的研究领域十分宽广，就工业产品标准化而言，它是指对产品的品种、规格、质量、检验或安全、卫生要求等制定标准并加以实施。

产品标准化本身包括三个方面的含义：① 产品品种规格的系列化——将同一类产品的主要参数、形式、尺寸、基本结构等依次分档，制成系列化产品，以较少的品种规格满足用户的广泛需要；② 零部件的通用化——将同一类或不同类型产品中用途、结构相近似的零部件（如螺栓、轴承座、联轴器和减速器等），经过统一后实现通用互换；③ 产品质量标准化——产品质量是一切企业的生命线，要保证产品质量合格和稳定就必须做好设计、加工工艺、装配检验，甚至包装储运等环节的标准化。这样，才能在激烈的市场竞争中立于不败之地。

对产品实行标准化具有重大的意义：在制造上可以实行专业化大量生产，既可提高产品质量又能降低成本;在设计方面可减少设计工作量;在管理、维修方面,可减少库存量和便于更换损坏的零件。

按照标准的层次,我国的标准分为国家标准、行业标准、地方标准和企业标准四级。按照标准实施的强制程度,标准又分为强制性(GB)和推荐性(GB/T)两种。例如《普通螺纹　基本尺寸》(GB 196—1981)(该标准已于 2003 年更新)、《渐开线圆柱齿轮模数》(GB 1357—1987)(该标准已于 2008 年更新)都是强制性标准,必须执行。而《带传动——普通 V 带传动》(GB/T 1 3575.1—1992)(该标准已于 2008 年更新)即为推荐性标准,鼓励企业自愿采用。

为了增强在国际市场的竞争能力,我国鼓励积极采用国际标准和国外先进标准。近年发布的我国国家标准,许多都采用了相应的国际标准。设计人员必须熟悉现行的有关标准。一般机械设计手册或机械工程手册中都收录摘编了常用的标准和资料,以供查阅。

8.5　机械零件常用材料

8.5.1　机械零件的常用材料

机械零件常用的材料是钢、铸铁、非铁合金、非金属材料和复合材料等。其中以钢和铸铁应用最为广泛。

1. 铸铁

铸铁和钢都是铁碳合金,它们的区别主要在于碳的质量分数的不同。碳的质量分数小于 2% 的铁碳合金称为钢,碳的质量分数大于 2% 的铁碳合金称为铸铁。铸铁具有适当的易熔性,良好的液态流动性,因而可铸成形状复杂的零件。此外,它的减振性、耐磨性、切削性(指灰铸铁)均较好且成本低廉,因此,在机械制造中应用很广。常用的铸铁有灰铸铁和球墨铸铁等。其中以灰铸铁应用最广,其次是球墨铸铁。

灰铸铁的牌号由"灰铁"二字的汉语拼音字头"HT"和试样的最低抗拉强度极限值组成。如 HT200 表示抗拉强度 $\sigma_b = 200$ MPa 的灰铸铁。灰铸铁的减振性能好,应用也最为广泛,常用来制造受力不大、冲击载荷小、需要减振或耐磨的各种零件,如机床床身、机座、箱壳、阀体等。

球墨铸铁有较高的力学性能,常用来制造一些受力复杂和强度、韧度、耐磨性要求较高的零件。球墨铸铁的牌号由"球铁"二字的汉语拼音字头"QT"与最低抗拉强度和伸长率两组数字组成,如 QT500-7,其最低抗拉强度 $\sigma_b = 500$ MPa,伸长率 $\delta = 7\%$。

2. 钢

与铸铁相比,钢具有较高的强度、韧度和塑性,并可用热处理方法改善其力学性能和加工性能。钢制零件毛坯可采用锻造、冲压、焊接或铸造等方法获得,因此,其应用极为广泛。

　　按照用途,钢可分为结构钢、工具钢和特殊钢。结构钢用于制造各种机械零件和工程结构的构件;工具钢主要用于制造各种刃具、模具和量具;特殊钢(如不锈钢、耐热钢、耐酸钢等)用于制造在特殊环境下工作的零件。按照化学成分,钢可分为碳素钢和合金钢。按材料中碳的质量分数,钢又可分为低碳钢($w_c < 0.25\%$)、中碳钢($w_c = 0.25\% \sim 0.6\%$)和高碳钢($w_c > 0.6\%$)。材料中碳的质量分数越高,钢的强度和硬度越高,但塑性和韧度越低。为了改善钢的性能,特意加入了一些合金元素的钢称为合金钢。

　　1) 碳素结构钢

　　常用的碳素结构钢有 Q215、Q235、Q255 等,牌号中的数字表示其屈服强度,因它主要保证力学性能,故一般不进行热处理,用于制造受载不大,且主要处于静应力状态下的一般零件,如螺栓、螺母、垫圈等。优质碳素结构钢常用于制造比较重要的零件,应用很广。优质碳素结构钢的牌号用两位数表示钢中碳的质量万分数。如 20钢、35 钢、45 钢分别表示碳的平均质量分数为 0.20%、0.35%、0.45%,可进行热处理。优质碳素结构钢用于制造受载较大,或承受一定的冲击载荷或变载的较重要的零件,如一般用途的齿轮、蜗杆、轴等。

　　2) 合金结构钢

　　钢中添加合金元素的作用在于改善钢的性能。例如:镍能提高钢的强度而不降低其韧度;铬能提高钢的硬度、高温强度、耐蚀性,以及高碳钢的耐磨性;锰能提高钢的耐磨性、强度和韧度;钼的作用类似于锰,其影响更大些;钒能提高钢的韧度及强度;硅可提高钢的弹性极限和耐磨性,但会降低其韧度。合金元素对钢的影响是很复杂的,特别是当为了改善钢的性能需要同时加入几种合金元素时,应当注意,合金钢的优良性能不仅取决于其化学成分,更取决于适当的热处理。

　　合金结构钢的牌号是由"两位数字 + 元素符号 + 数字"来表示的。前面的两位数字表示钢中碳的质量万分数,元素符号表示加入的合金元素,其后的数字表示该合金元素质量分数,当合金元素质量分数小于 1.5% 时,不标注其质量分数。如 12GrNi2表示碳的平均质量分数为 0.12%、铬的质量分数小于 1.5%、镍的质量分数为 2% 的合金结构钢。

　　3) 铸钢

　　铸钢的液态流动性比铸铁差,所以用普通砂型铸造时,壁厚常不小于 10 mm。铸钢件的收缩率比铸铁件大,故铸钢件的圆角和不同壁厚的过渡部分均应比铸铁件大些。铸钢的牌号用"ZG"表示。碳素铸钢后面的两组数字分别表示其屈服强度和抗拉强度。如铸造碳素钢 ZG270-500、合金铸钢 ZG42SiMn。铸钢主要用于制造尺寸较大或形状复杂的零件毛坯。

　　选择钢材时,应在满足使用要求的条件下,尽量采用价格便宜、供应充分的碳素钢,必须采用合金钢时也应优先选用我国资源丰富的硅、锰、硼、钒类合金钢。例如,我国新颁布的齿轮减速器规范中,已采用35SiMn和ZG35SiMn等代替原用的35Cr、40GrNi等材料。

常用的钢铁材料的牌号及其力学性能如表8-1所示。

表 8-1　常用的钢铁材料的牌号及其力学性能

材　料		力　学　性　能			试件尺寸 /mm
类　别	牌　号	强度极限 σ_b/MPa	屈服强度 σ_s/MPa	伸长率 δ/(%)	
碳素结构钢	Q215	335～410	215	31	$d\leqslant16$
	Q235	375～460	235	26	
	Q275	490～610	275	20	
优质碳素 结构钢	20	410	245	25	$d\leqslant25$
	35	530	315	20	
	45	600	355	16	
合金结构钢	35SiMn	883	735	15	$d\leqslant25$
	40Cr	981	785	9	$d\leqslant25$
	20CrMnTi	1079	834	10	$d\leqslant15$
	65Mn	981	785	8	$d\leqslant80$
铸钢	ZG270-500	500	270	18	$d\leqslant100$
	ZG310-570	570	310	15	
	ZG42SiMn	600	380	12	
灰铸铁	HT200	200	—	—	壁厚 10～20
	HT250	250	—	—	
	HT300	300	—	—	
球墨铸铁	QT400-15	400	250	15	壁厚 30～200
	QT500-7	500	320	7	
	QT600-3	600	370	3	

注:钢铁材料的硬度与热处理方法、试件尺寸等因素有关,其数值详见机械设计手册。

3. 铜合金

铜合金是机械零件中最常用的非铁合金材料,铜合金有青铜和黄铜之分。黄铜是铜和锌的合金,并含有少量的锰、铝、钼等,它具有很好的塑性及流动性,故可进行碾压和铸造。青铜可分为含锡青铜和不含锡青铜两类,它们的减摩性和耐蚀性均较好,也可进行碾压和铸造。铜合金是制造轴承、蜗轮的主要材料。此外,还有轴承合金(或称巴氏合金),主要用于制作滑动轴承的轴承衬。

4. 非金属材料

在机械设计中,常用的非金属材料有橡胶、塑料、皮革、陶瓷、木材等。橡胶富有弹性,能缓冲减振,广泛用于带传动、轮胎、密封垫圈和减振零件;塑料具有重量轻、绝缘、耐热、耐蚀、耐磨、注塑成形方便等优点,近年来得到了广泛的应用。

8.5.2　选择机械零件材料的原则

在机械设计中,零件材料的选择是一个值得注意的问题,选择时,主要应考虑以下三个方面。

1. 使用要求

使用要求主要包括以下四个方面。

(1) 受载及应力情况　如受拉伸载荷、冲击载荷、变载作用或受载后产生交变应力的零件应选用钢材;受压零件可选用铸铁。

(2) 零件的工作条件　如作相对运动的零件应选用减摩、耐磨材料(如锡青铜、轴承合金等);在高温环境中工作的零件应选用耐高温的材料;在腐蚀介质中工作的零件应选用耐蚀材料。

(3) 零件尺寸和重量限制　如要求体积小时,宜选用高强度材料;要求重量轻时应选用轻合金或塑料。

(4) 零件的重要程度　如危及人身和设备安全的零件,应选用性能指标高的材料。

2. 工艺要求

工艺要求应使零件的材料与制造工艺相适应,如结构复杂的箱、壳、架、盖等零件多用铸坯,宜选用铸造性能好的材料,如铸铁;当尺寸大且生产批量小时可采用焊坯,宜选用焊接性好的材料;形状简单、强度要求较高的零件可采用锻坯,应选用塑性好的材料;需要热处理的零件,应选用热处理性能好的材料,如合金钢;对精度要求高、需切削加工的零件,宜选用切削加工性能好的材料。

3. 经济性要求

在机械产品的成本中,材料成本一般占总成本的 $1/4 \sim 1/3$,应在满足使用要求的前提下,尽量选用价格低廉的材料。如用球墨铸铁代替钢材;用工程塑料代替非铁合金材料;采用热处理或表面强化处理,充分发挥材料的潜在力学性能;设计组合式零件结构以节约贵重金属。经济性还包括生产费用,铸铁虽比钢便宜,但在单件或小批量生产时,铸模加工费用相对较大,故有时用焊接件代替铸件。

习　　题

8-1　机械零件的主要失效形式是什么? 相应的计算准则是什么?

8-2　简述机械零件设计的一般步骤。

8-3　按应力随时间的变化关系,交变应力分为几种? 许用应力和极限应力有什么不同?

8-4　什么是钢? 什么是铸铁? 碳素钢的力学性能主要取决于什么? 如何划分高碳钢、中碳钢、低碳钢?

8-5　在机械设计中,常用的材料有哪些?

8-6　钢、铸铁和铜合金等材料的牌号是怎样表示的? 说明下列材料牌号的含义及材料的主要用途:Q235,45,40Cr,65Mn,20CrMnTi,ZG310-570,HT200,QT500-7,ZCuSn10P1,ZCuAl10Fe3。

第 9 章　连　　接

应用实例

机械是由若干零部件按工作要求用各种不同的连接方式组合而成的。在机械制造中,连接是指被连接件与连接件的组合。就机械零件而言,被连接件有轴与轴上零件(如齿轮、带轮等)、轮圈与轮芯、箱体与箱盖、焊接零件中的钢板与型钢等。连接件又称紧固件,如螺栓、螺母、销、铆钉等。有些连接则没有专门的紧固件,如靠被连接件本身变形组成的过盈连接、利用分子结合力组成的焊接和黏结等。实践证明,机械的损坏经常发生在连接部位,因此对设计者和使用者而言,熟悉各种连接的特点与设计方法是非常必要的。

常见的机械连接有两大类:一类是在机器工作时,被连接的各零部件之间可以有相对位置的变化,这种连接称为机械动连接,即前面已讨论过的运动副,本章不再赘述;另一类是在机器工作时,被连接的各零部件之间的相对位置固定不变,不允许有相对运动,这类连接称为机械静连接。机械静连接按拆卸的情况不同分为两种:一种是可拆卸连接,如键连接、螺纹连接、销连接、楔连接、成形连接等,这些连接装拆方便,在拆开时不需要损坏连接件中的任一零件;另一种是不可拆卸连接,如焊接、铆接、黏结等,这些连接在拆开时必须破坏或损伤连接中的零件。本章只讨论可拆卸连接。

9.1　螺纹概述

本章重点、难点

9.1.1　螺纹的形成

将一倾斜角为 ψ 的直线绕在圆柱体上便形成一条螺旋线,如图 9-1(a)所示。取一平面图形(见图 9-1(b),通常为三角形、矩形、梯形或锯齿形),使其沿着螺旋线运动,并在运动过程中始终保持此图形通过圆柱体的轴线,就得到螺纹。根据平面图形形状的不同,螺纹分为三角形螺纹、矩形螺纹、梯形螺纹和锯齿形螺纹等。三角形螺纹多用于连接,其余的多用于传动。按照螺旋线的旋向,螺纹分为左旋螺纹和右旋螺纹(见图 9-2)。机械制造中一般采用右旋螺纹,有特殊要求时,才采用左旋螺纹。按照螺旋线的数目,螺纹还可分为单线螺纹和等距排列的多线螺纹(见图9-2)。

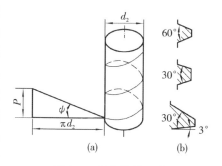

图 9-1　螺旋线的形成

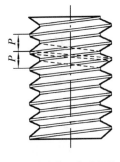
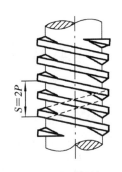

(a) 单线右旋三角形螺纹　　　　(b) 双线左旋矩形螺纹

图 9-2　螺纹的线数与旋向

为了制造方便,螺纹的线数一般不超过 4。

螺纹有外螺纹和内螺纹之分,它们共同组成螺旋副(见图 9-3)。用于连接的螺纹称为连接螺纹;用于传动的螺纹称为传动螺纹,其对应的传动称为螺旋传动。

9.1.2　螺纹的几何参数

按照母体形状,螺纹分为圆柱螺纹和圆锥螺纹。现以圆柱螺纹为例,说明螺纹的主要几何参数(见图 9-3)。

（1）大径 $d(D)$:与外螺纹牙顶(或内螺纹牙底)相重合的假想圆柱体的直径,在标准中定为公称直径。

（2）小径 $d_1(D_1)$:与外螺纹牙底(或内螺纹牙顶)相重合的假想圆柱体的直径,一般为螺杆危险剖面的直径。

（3）中径 $d_2(D_2)$:在轴向剖面内牙厚等于牙沟槽的假想圆柱的直径。

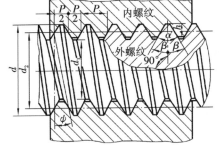

图 9-3　圆柱螺纹的主要几何参数

（4）线数 n:螺纹的螺旋线数目,一般 $n\leqslant 4$。

（5）螺距 P:相邻两牙在中径线上对应两点间的轴向距离。

（6）导程 S:同一条螺旋线上的相邻两牙在中径线上对应两点间的轴向距离,$S=nP$。

（7）螺纹升角 ψ:在中径圆柱面上,螺旋线的切线与垂直于螺纹轴线的平面间的夹角。

$$\tan\psi=\frac{nP}{\pi d_2} \tag{9-1}$$

（8）牙型角 α:轴向截面内,螺纹牙型相邻两侧边的夹角。螺纹牙型的侧边与螺纹轴线的垂线间的夹角称为牙侧角 β。对于对称牙型,$\beta=\alpha/2$。

（9）工作高度 h:内、外螺纹旋合后接触面的径向高度。

9.2 螺旋副的受力、效率与自锁

9.2.1 矩形螺纹副($\beta=0°$)

螺纹副在力矩 T 和轴向载荷 F_a 作用下的相对运动,可看成作用在中径 d_2 上的水平力 F 推动滑块沿螺纹运动,如图 9-4(a)所示。将矩形螺纹沿中径 d_2 展开可得一斜面,螺母沿螺纹上升相当于滑块沿斜面向上运动(见图 9-4(b))。

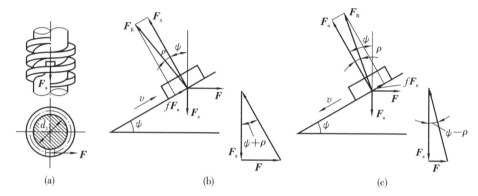

图 9-4 矩形螺纹的受力分析

当滑块沿斜面等速上升(拧紧螺母)时,F_a 为阻力,F 为驱动力。将法向反力 F_n 和摩擦力 fF_n 合成为总反力 F_R,总反力 F_R 与 F_a 的夹角为 $\psi+\rho$。由力的平衡条件可得

$$F=F_a\tan(\psi+\rho) \tag{9-2}$$

作用在螺纹副上的相应驱动力矩(拧紧力矩)为

$$T=F\frac{d_2}{2}=F_a\frac{d_2}{2}\tan(\psi+\rho) \tag{9-3}$$

式中:ψ——螺纹升角;

$\quad\quad F_a$——轴向载荷;

$\quad\quad F$——作用在中径上的水平推力;

$\quad\quad \rho$——摩擦角;

$\quad\quad d_2$——螺纹中径。

当滑块沿斜面等速下滑(松开螺母)时(见图 9-4(c)),轴向载荷 F_a 变为驱动力,而 F 变为维持滑块等速运动所需的平衡力。由力多边形可得

$$F=F_a\tan(\psi-\rho) \tag{9-4}$$

作用在螺纹副上的相应力矩为

$$T=F_a\frac{d_2}{2}\tan(\psi-\rho) \tag{9-5}$$

当斜面倾角 ψ 大于摩擦角 ρ 时,滑块在轴向载荷 F_a 的作用下有向下加速运动的

趋势。这时由式(9-4)求出的平衡力 F 为正,方向如图9-4(c)所示。它阻止滑块加速以保持等速下滑,故 F 是阻力。当斜面倾角 ψ 小于摩擦角 ρ 时,滑块不能在轴向载荷 F_a 的作用下自行下滑,即处于自锁状态,这时由式(9-4)求出的平衡力 F 为负,其方向与图9-4(c)所示相反(即 F 与运动方向成锐角),F 为驱动力。这说明当 $\psi=\rho$ 时,必须施加驱动力 F 才能使滑块等速下滑。

对于传力螺旋机构和连接螺纹,都要求螺纹具有自锁性,如螺旋式压力机、螺旋千斤顶等。

9.2.2　非矩形螺纹副($\beta\neq0°$)

非矩形螺纹指牙侧角 $\beta\neq0°$ 的三角形螺纹、梯形螺纹、锯齿形螺纹等。

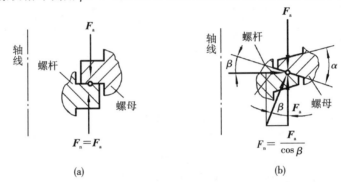

图9-5　矩形螺纹与非矩形螺纹的法向力

对比图9-5(a)与图9-5(b)可知,在略去螺纹升角影响的情况下,在轴向载荷 F_a 作用下,非矩形螺纹的法向力比矩形螺纹的大。若把法向力的增加看成摩擦系数的增加,则非矩形螺纹的摩擦阻力可写为

$$\frac{F_a}{\cos\beta}f=\frac{f}{\cos\beta}F_a=f'F_a$$

式中:f'——当量摩擦系数,即

$$f'=\frac{f}{\cos\beta}=\tan\rho' \tag{9-6}$$

式中:ρ'——当量摩擦角;

β——牙侧角。

将图9-4中的 f 换成 f'、ρ 换成 ρ',就可像对矩形螺纹那样对非矩形螺纹进行受力分析。

当螺母沿非矩形螺纹等速上升(滑块沿斜面等速上升)时,可得水平推力

$$F=F_a\tan(\psi+\rho') \tag{9-7}$$

相应的驱动力矩为

$$T=F\frac{d_2}{2}=F_a\frac{d_2}{2}\tan(\psi+\rho') \tag{9-8}$$

当螺母沿非矩形螺纹等速下降(滑块沿斜面等速下滑)时,可得

$$F=F_a \tan(\psi-\rho')$$ (9-9)

相应的驱动力矩为

$$T=F_a \frac{d_2}{2} \tan(\psi-\rho')$$ (9-10)

与矩形螺纹分析相同,若螺纹升角 ψ 小于当量摩擦角 ρ',则螺纹副具有自锁特性,如不施加驱动力矩,无论轴向驱动力 F_a 多大,都不能使螺纹副发生相对运动。考虑到极限情况,非矩形螺纹的自锁条件可表示为

$$\psi \leqslant \rho'$$ (9-11)

以上分析适用于各种螺旋传动和螺纹连接。当轴向载荷为阻力,阻止螺纹副相对运动时(如用螺旋千斤顶顶举重物时,重力阻止螺杆上升),相当于滑块沿斜面等速上升,此时应使用式(9-3)或式(9-8)。当轴向力为驱动力,与螺纹副相对运动方向一致时(如用螺旋千斤顶降落重物时,重力与下降方向一致),相当于滑块沿斜面等速下滑,此时应使用式(9-5)或式(9-10)。

9.2.3　螺旋副效率

螺旋副的效率是指有效功与输入功之比。当螺母转动一周时,输入功为 $2\pi T$,有效功为 $F_a S$,故螺旋副的效率为

$$\eta=\frac{F_a S}{2\pi T}=\frac{\tan\psi}{\tan(\psi+\rho')}$$ (9-12)

由式(9-12)可知:ψ 越大,η 值越大;ρ' 越大,η 值越小。但由于过大的螺纹升角 ψ 会使螺纹加工困难,且由反映螺旋副效率的图 9-6 可知,升角过大,效率提高也不显著,因此一般 $\psi \leqslant 25°$。

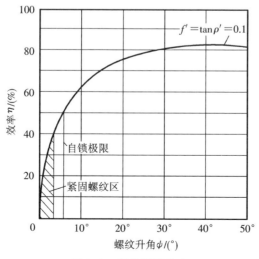

图 9-6　螺旋副的效率

因三角形螺纹 $\beta=30°$,梯形螺纹 $\beta=15°$,锯齿形螺纹 $\beta=3°$,矩形螺纹 $\beta=0°$,故由式(9-6)可知三角形螺纹当量摩擦系数(当量摩擦角)最大,因此其自锁性最好,且牙根强度高,故常用于连接。为了防止螺母在轴向力作用下自动松开,用于连接的紧固螺纹都要求满足自锁条件。而梯形、锯齿形及矩形螺纹因其效率高,多用于传动。

9.3　常用螺纹的基本类型和特点

9.3.1　三角形螺纹

在机械设备中常用的螺纹有三角形、梯形、矩形和锯齿形。为了减少摩擦和提高效率,梯形螺纹($\beta=15°$)、锯齿形螺纹($\beta=3°$)、矩形螺纹($\beta=0°$)的牙侧角都比三角形螺纹($\beta=30°$)的小得多,而且有较大的间隙以便储存润滑油,故用于传动。

三角形螺纹主要有普通螺纹和管螺纹两类,前者多用于紧固连接,后者用于各种管道的紧密连接。普通螺纹是牙形角 $\alpha=60°$ 的三角形螺纹,以大径 d 为公称直径。同一公称直径可以有多种螺距的螺纹,其中螺距最大的螺纹称为粗牙螺纹,其余都称为细牙螺纹。粗牙螺纹应用最为广泛。公称直径相同时,细牙螺纹的升角小、小径大,因而强度高、自锁性能好,适用于薄壁零件和受冲击载荷作用的场合。但细牙螺纹不耐磨、易滑扣,故多用于薄壁或细小零件,以及受冲击、振动和变载荷的连接中,也可用作微调机构的调整螺纹。粗牙普通螺纹的基本尺寸如表 9-1 所示。细牙普通螺纹的基本尺寸如表 9-2 所示。

管螺纹用于管道的紧密连接,有牙型角分别为 $\alpha=55°$ 和 $\alpha=60°$ 的两种管螺纹,并且分别有圆柱管螺纹和圆锥管螺纹两类。多数管螺纹的公称直径是管子的内径。圆柱管螺纹广泛应用于水、煤气、润滑管路系统中;圆锥管螺纹不用填料即能保证紧密性而且旋合迅速,适用于密封要求较高的管路连接中。

管螺纹连接最常用的是英制细牙三角形螺纹,牙型角 $\alpha=55°$,如图 9-7(b)(c)所示。它是用于管件连接的紧密螺纹,牙顶与牙底有较大的圆角,内、外螺纹旋合后牙型间无径向间隙,公称直径近似为管子内径。管螺纹分为非螺纹密封的管螺纹(见图 9-7(b))和螺纹密封的管螺纹(见图 9-7(c))。前者本身不具备密封性,如果连接有密封要求,需在密封面间加上密封措施。后者的螺纹分布在锥度为 1∶16 的圆锥管壁上,不用另加密封措施即可保证连接的密封性。

表 9-1 粗牙普通螺纹基本尺寸(摘自 GB/T 196—2003) 单位:mm

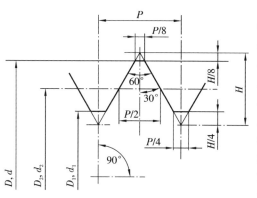

$H=0.866P$

$d_2=d-0.6495P$

$d_1=d-1.0825P$

D、d 为内、外螺纹大径;

D_2、d_2 为内、外螺纹中径;

D_1、d_1 为内、外螺纹小径;

P 为螺距。

标记示例:

M24(粗牙普通螺纹,直径为 24,螺距为 3)

M24×1.5(细牙普通螺纹,直径为 24,螺距为 1.5)

公称直径 (大径)	粗 牙			细 牙
	螺距 P	中径 D_2、d_2	小径 D_1、d_1	螺距 P
3	0.5	2.675	2.459	0.35
4	0.7	3.545	3.242	0.5
5	0.8	4.480	4.134	0.5
6	1	5.350	4.918	0.75
8	1.25	7.188	6.647	1,0.75
10	1.5	9.026	8.376	1.25,1,0.75
12	1.75	10.863	10.106	1.25,1
(14)	2	12.701	11.835	1.5,1.25,1
16	2	14.701	13.835	1.5,1
(18)	2.5	16.376	15.294	2,1.5,1
20	2.5	18.376	17.294	
(22)	2.5	20.376	19.294	
24	3	22.052	20.752	
(27)	3	25.052	23.752	
30	3.5	27.727	26.211	

注:括号内的公称尺寸为第二系列。

表 9-2　细牙普通螺纹基本尺寸　　　　　　　　　单位:mm

螺距 P	中径 D_2、d_2	小径 D_1、d_1	螺距 P	中径 D_2、d_2	小径 D_1、d_1	螺距 P	中径 D_2、d_2	小径 D_1、d_1
0.35	$d-1+0.773$	$d-1+0.621$	1	$d-1+0.350$	$d-2+0.918$	2	$d-2+0.701$	$d-3+0.835$
0.5	$d-1+0.675$	$d-1+0.459$	1.25	$d-1+0.188$	$d-2+0.647$	3	$d-2+0.052$	$d-4+0.752$
0.75	$d-1+0.513$	$d-1+0.188$	1.5	$d-1+0.026$	$d-2+0.376$	—	—	—

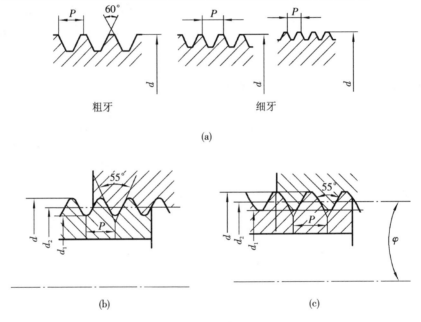

粗牙　　　　　　　　　细牙

(a)

(b)　　　　　　　　　　　(c)

图 9-7　三角形螺纹

9.3.2　矩形螺纹

矩形螺纹的牙型为正方形,牙型角 $\alpha=0°$,传动效率高,常用于传力或传导螺旋,但牙根强度弱,精加工困难,对中精度低,螺纹副磨损后的间隙难以补偿或修复,故工程上已逐渐被梯形螺纹所替代。

9.3.3　梯形螺纹

梯形螺纹牙型为等腰梯形,牙型角 $\alpha=30°$(见图 9-8(a)),其传动效率略低于矩形螺纹,但牙根强度高、工艺性好、螺纹对中性好,可以精加工,还可以通过采用剖分螺母消除螺纹副磨损后的间隙,应用较广,常用于传动,尤其多用于机床丝杠等。

9.3.4　锯齿形螺纹

锯齿形螺纹的牙型角 $\alpha=33°$，工作面的牙侧角为 3°（见图 9-8(b)），非工作面的牙侧角为 30°，综合了矩形螺纹传动效率高和梯形螺纹牙根强度高的特点，且对中性好，多用于单向受力的传力螺旋。

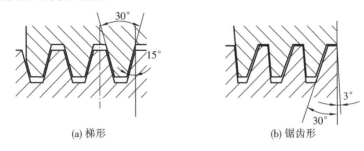

(a) 梯形　　　　　　　　　　(b) 锯齿形

图 9-8　梯形螺纹和锯齿形螺纹

9.4　螺纹连接的基本类型和螺纹连接件

9.4.1　螺纹连接的基本类型

螺纹连接主要有四种类型：螺栓连接、双头螺柱连接、螺钉连接及紧定螺钉连接。

螺栓连接实例

1. 螺栓连接

螺栓连接分普通螺栓连接和铰制孔用螺栓连接两种。采用普通螺栓连接（见图 9-9(a)）时，被连接件的通孔与螺栓杆间有一定间隙，无论连接传递的载荷是何种形式的，螺栓杆都受拉。这种连接由于通孔所需加工精度低、结构简单、装拆方便，因此应用较广泛。用铰制孔用螺栓连接（见图 9-9(b)）时，螺栓的光杆和被连接件的孔多采用基孔制过渡配合，采用这种连接的螺栓杆工作时受剪切和挤压作用，主要用来承受横向载荷。它用于载荷大、冲击严重、要求良好对中的场合。

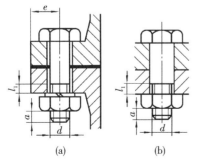

(a)　　　　(b)

螺纹余留长度 l_1：

　　静载荷　　$l_1 \geqslant (0.3 \sim 0.5)d$；

　　变载荷　　$l_1 \geqslant 0.75d$；

　　冲击载荷或弯曲载荷　　$l_1 \geqslant d$；

　　铰制孔用螺栓　　$l_1 \approx 0$。

螺纹伸出长度　$a=(0.2 \sim 0.3)d$。

螺栓轴线到边缘的距离　$e=d+(3 \sim 6)$ mm。

通孔直径　$d_0 \approx 1.1d$。

图 9-9　螺栓连接

2. 双头螺柱连接

双头螺柱连接如图 9-10(a)所示,当被连接件之一较厚而不宜加工成通孔且需要经常拆卸时,可用双头螺柱连接。

3. 螺钉连接

螺钉连接如图 9-10(b)所示,这种连接不需要用螺母,其用途和双头螺柱相似,多用于受力不大且不需要经常拆卸的场合。

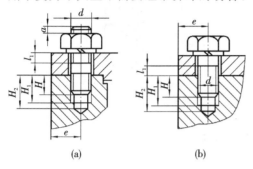

座端拧入深度 H,根据螺孔材料确定:

钢或青铜 $H \approx d$;

铸铁 $H = (1.25 \sim 1.5)d$;

铝合金 $H = (1.5 \sim 2.5)d$。

螺纹孔深度 $H_1 = H + (2 \sim 2.5)P$。

钻孔深度 $H_2 = H_1 + (0.5 \sim 1)d$。

d_0、l_1、a、e 值同图 9-9。

图 9-10 双头螺柱连接和螺钉连接

4. 紧定螺钉连接

紧定螺钉连接如图 9-11 所示,将紧定螺钉旋入一零件的螺纹孔中,并以其末端顶住另一零件的表面或嵌入相应的凹坑中,以固定两个零件的相对位置,并传递不大的力或转矩。

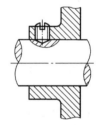

9.4.2 螺纹连接件

图 9-11 紧定螺钉连接

由于使用的场合及要求各不相同,螺纹连接件的结构形式也有多种类型。常用的有螺栓(见图 9-12)、双头螺柱(见图 9-13)、螺钉(见图 9-10(b))、地脚螺栓(见图 9-14(a))、吊环螺栓(见图 9-14(b))、螺母(见图 9-14(c))、垫圈(见图 9-14(d))等。螺栓的头部结构(见

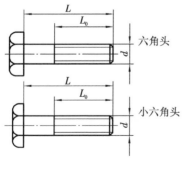

图 9-12 螺栓

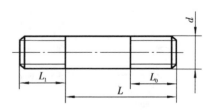

图 9-13 双头螺柱

L_1—座端长度;L_0—螺母端长度

图 9-15(a))、螺钉的头部结构(见图 9-15(b))和螺钉的尾部结构(见图 9-15(c)),也因使用场合不同而具有多样性。螺纹连接件大多已标准化,对螺纹连接件进行结构设计时应结合实际,根据有关标准合理选用。

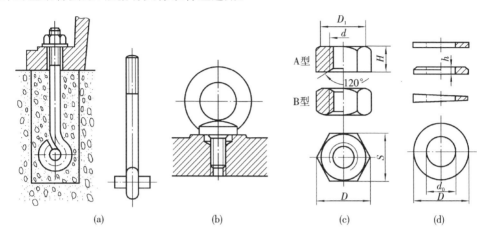

图 9-14　地脚螺栓、吊环螺栓和螺母

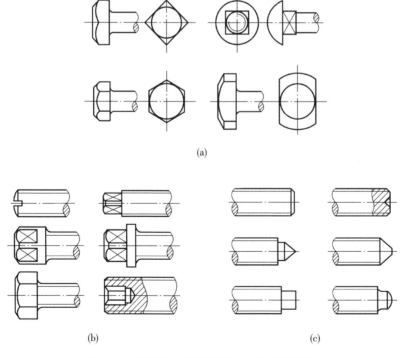

图 9-15　螺栓的头部和螺钉的头部、尾部结构

9.5　螺纹连接的预紧和防松

9.5.1　螺纹连接的预紧

大多数螺纹连接在装配时需要拧紧,使连接在承受工作载荷之前预先受到力的作用,此即为预紧,这个预加的作用力称为预紧力。对于重要的螺纹连接,应控制其预紧力,因为预紧力的大小对螺纹连接的可靠性、强度和密封性均有很大的影响。预紧力的大小根据连接工作的需要而确定。

装配时预紧力的大小是通过拧紧力矩来控制的。如图 9-16 所示,在拧紧螺母时,拧紧力矩 T 需要克服螺纹副的阻力矩 T_1 和螺母环形支承面上摩擦力矩 T_2,即 $T=T_1+T_2$。对于 M10～M68 的粗牙普通钢制螺栓,拧紧时采用标准扳手,在无润滑的情况下,可导出拧紧力矩的近似计算式为

$$T\approx0.2F_0d \tag{9-13}$$

式中:T——拧紧力矩(N·mm);

　　　F_0——预紧力(N);

　　　d——螺纹公称直径(mm)。

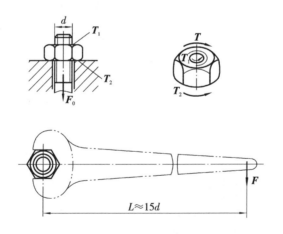

图 9-16　拧紧力矩

对小直径的螺栓装配时应施加较小的拧紧力矩,否则就可能将螺栓杆拉断。对于有强度要求的螺栓连接,如无控制拧紧力矩的措施,不宜采用尺寸小于 M12 的螺栓。对于重要的螺栓连接,在装配时预紧力的大小要严格控制。生产中常用测力矩扳手(见图 9-17(a))或定力矩扳手(见图 9-17(b))来控制拧紧力矩,从而控制预紧力。此外,还可通过测量拧紧螺母后螺栓的伸长量等方法来控制预紧力。

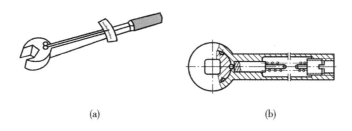

(a) (b)

图 9-17 控制拧紧力矩的扳手

9.5.2 螺纹连接的防松

连接螺纹一般都具有自锁性,即螺纹连接不会自行松脱。但在冲击、振动及变载荷作用下,或温度变化较大时,螺纹副中的摩擦力可能减小或瞬时消失,从而失去自锁能力,经多次重复后,会使连接松动。因此,在机械设计中必须考虑螺纹的防松问题。

螺纹连接防松的根本问题在于防止螺纹副的相对转动。防松的方法很多,按其工作原理,可将其分为摩擦防松、机械防松和永久防松三大类。螺纹常用的防松方法如表 9-3 所示。

表 9-3 常用的防松方法

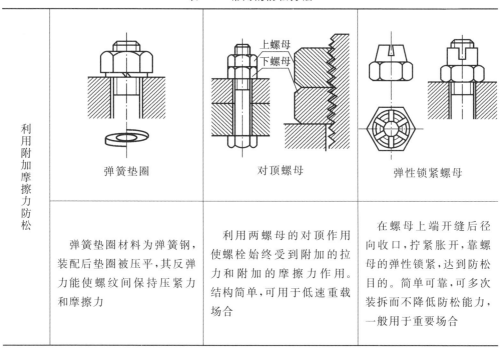

利用附加摩擦力防松	弹簧垫圈	对顶螺母	弹性锁紧螺母
	弹簧垫圈材料为弹簧钢,装配后垫圈被压平,其反弹力能使螺纹间保持压紧力和摩擦力	利用两螺母的对顶作用使螺栓始终受到附加的拉力和附加的摩擦力作用。结构简单,可用于低速重载场合	在螺母上端开缝后径向收口,拧紧胀开,靠螺母的弹性锁紧,达到防松目的。简单可靠,可多次装拆而不降低防松能力,一般用于重要场合

续表

采用专门防松元件防松	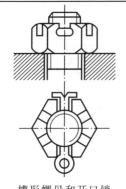槽形螺母和开口销	圆螺母用带翅垫片	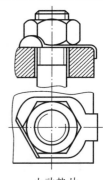止动垫片
	槽形螺母拧紧后,用开口销穿过螺栓尾部小孔和螺母的槽,也可以用普通螺母拧紧后再配钻开口销孔	使垫片内翅嵌入螺栓(轴)的槽内,拧紧螺母后将垫片外翅之一折嵌于螺母的一个槽内	将垫片折边分别向螺母和被连接件的侧面折弯贴紧,即可将螺母锁住
其他方法防松	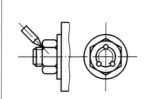冲点法防松　用冲头冲2～3点	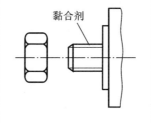黏合法防松	将黏合剂涂于螺纹旋合表面,拧紧螺母后黏合剂能自行固化,防松效果良好

例 9-1　已知 M12 螺栓用碳素结构钢制成,其屈服强度为 240 MPa,螺纹间的摩擦系数 $f=0.1$,验算其能否自锁。欲使螺母拧紧后螺杆的拉应力达到材料屈服强度的 50%,求应施加的拧紧力矩。

解　(1) 求当量摩擦系数及当量摩擦角。

$$f'=\frac{f}{\cos\beta}=\frac{0.1}{\cos30°}=0.115\ 4$$

$$\rho'=\arctan f'=6.59°$$

(2) 求螺纹升角 ψ。

由表 9-1 查 M12 螺栓,知 $P=1.75$ mm,$d_2=10.863$ mm,$d_1=10.106$ mm。故

$$\psi=\arctan\frac{nP}{\pi d_2}=\arctan\frac{1.75}{10.863\pi}=2.94°$$

因为 $\psi<\rho'$,故具有自锁性。

（3）求螺杆总拉力（预紧力）F_a。

$$F_a = \frac{\pi d_1^2}{4} \times \frac{\sigma_s}{2} = \frac{10.106^2 \times 240\pi}{4 \times 2} = 9\ 626\ \text{N}$$

（4）求拧紧力矩 T。

由式（9-13），得

$$T \approx 0.2 F_a d = 0.2 \times 9\ 626 \times 12 \times 10^{-3}\ \text{N} \cdot \text{m} = 23.1\ \text{N} \cdot \text{m}$$

9.6　螺纹连接的强度计算

　　普通螺栓连接的主要失效形式有：① 螺栓杆断裂；② 螺纹的压溃或剪断；③ 因经常拆卸使螺纹牙间相互磨损而发生滑扣等现象。据螺栓失效统计分析，普通螺栓在轴向变载荷作用下，其失效形式多为螺栓杆部分的疲劳断裂。因此，普通螺栓连接的设计准则是保证螺栓杆有足够的拉伸强度。铰制孔用螺栓主要承受横向剪力，其可能的失效形式是螺栓杆被剪断、螺栓杆或孔壁被压溃，其设计准则是保证连接有足够的挤压强度和抗剪强度。由于螺纹各部分尺寸基本上根据等强度原则确定，因此，螺栓连接的计算主要是确定螺纹小径 d_1，再根据 d_1 查标准选定螺纹的大径（公称直径）d 及螺距 P。

9.6.1　松螺栓连接

　　螺栓连接装配时，不需要把螺母拧紧，因此在工作载荷未作用以前，除有关零件的自重外，连接件并不受力，这种连接称为松螺栓连接。松螺栓连接一般只承受轴向拉力。

　　图 9-18 所示为起重吊钩的松螺栓连接，装配时不拧紧，无载荷时，螺栓不受力，工作时受轴向拉力 F_a 的作用。螺栓的抗拉强度条件为

$$\sigma = \frac{F_a}{A} = \frac{F_a}{\pi d_1^2 / 4} \leqslant [\sigma] \qquad (9\text{-}14)$$

式中：F_a——轴向拉力（N）；

　　A——螺栓危险剖面的面积（mm）；

　　d_1——螺纹的小径（mm）；

　　$[\sigma]$——连接螺栓的许用拉应力（MPa）。

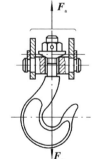

图 9-18　起重吊钩的松螺栓连接

9.6.2　紧螺栓连接

　　在未受工作载荷前，螺栓及被连接件之间就受到预紧力的作用，这种螺栓连接称为紧螺栓连接。紧螺栓连接的受力情况较为复杂，需分别进行分析和讨论。

1. 受横向载荷的螺栓连接

(1) 普通螺栓连接　图 9-19 所示为普通螺栓连接,被连接件承受垂直于轴线的横向载荷 F。因螺栓杆与螺栓孔间有间隙,故螺栓不承受横向载荷 F,而是预先拧紧螺栓,使被连接件表面间产生压力,从而使被连接件接合面间产生摩擦力来承受横向载荷。因此所需的螺栓轴向压紧力(即预紧力)应为

$$F_a = F_0 \geqslant \frac{KF}{mf} \tag{9-15}$$

式中:F——横向载荷(N);

F_0——每个螺栓的预紧力;

f——被连接件表面的摩擦系数,对于钢或铸铁的被连接件,可取 $f = 0.1 \sim 0.15$;

m——接合面数;

K——可靠性系数,通常取 $K = 1.1 \sim 1.3$。

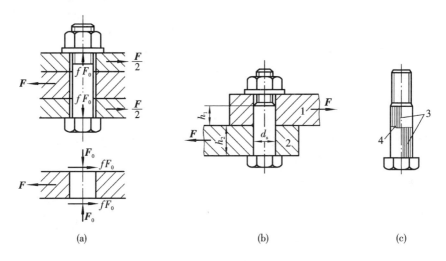

(a)　　　　　　　　　　　　(b)　　　　　　　　　　　　(c)

图 9-19　受横向外载荷的紧螺栓连接

如给定值 F,则可由式(9-15)求出预紧力 F_0。F_0 对于被连接件是压力,而对于螺栓则是拉力,因此,在螺栓的危险截面上产生拉伸应力,其值为

$$\sigma = \frac{F_0}{\pi d_1^2 / 4}$$

在螺栓的危险截面上,不仅有由 F_0 引起的拉伸应力 σ,还有在预紧螺栓时由螺纹力矩 T 产生的扭转切应力 τ 的作用,对于常用的 M10~M68 普通钢制螺栓,取 d_2/d_1 和 ψ 的平均值,并取 $\tan\rho' = 0.15$,由计算可得 $\tau \approx 0.5\sigma$,按第四强度理论,当量应力 σ_e 为

$$\sigma_e = \sqrt{\sigma^2 + 3\tau^2} = \sqrt{\sigma^2 + 3(0.5\sigma)^2} \approx 1.3\sigma$$

由此可见,紧螺栓连接在预紧时虽同时承受拉伸与扭转的复合作用,但在计算时,可以按只受拉伸的作用来计算,不过要将所受的拉力增大 30% 来考虑扭转切应力的影响。因此,螺栓螺纹部分的强度条件为

$$\sigma_e = \frac{1.3F_0}{\pi d_1^2/4} \leqslant [\sigma] \tag{9-16}$$

设计公式为

$$d_1 \geqslant \sqrt{\frac{4 \times 1.3F_0}{\pi[\sigma]}} \tag{9-17}$$

式中:$[\sigma]$——紧螺栓连接的许用应力(MPa),其值可查表 9-4。

表 9-4　螺栓连接的许用应力和安全系数

螺纹连接受载情况			许 用 应 力	
松螺栓连接				$S=1.2\sim1.7$
紧螺栓连接	受轴向、横向载荷		$[\sigma]=\sigma_s/S$	控制预紧力时,$S=1.2\sim$ 1.5;不控制预紧力时,S 查表 9-5
	铰制孔用螺栓受横向载荷	静载荷	$[\tau]=\sigma_s/2.5$ $[\sigma_p]=\sigma_s/1.25$(被连接件为钢) $[\sigma_p]=\sigma_{bp}/(2\sim2.5)$(被连接件为铸铁)	
		变载荷	$[\tau]=\sigma_s/(3.5\sim5)$ $[\sigma_p]$按静载荷的$[\sigma_p]$值降低 20%~30%	

(2) 铰制孔用螺栓连接　承受横向载荷时,除了采用普通螺栓连接,还可采用铰制孔用螺栓连接。此时螺栓孔为铰制孔,与螺栓杆直径 d_s 为过渡配合,螺栓杆直接承受剪切与挤压作用,如图 9-19(b)(c)所示。

如横向载荷为 F,则强度条件为

$$\tau = \frac{F}{m\dfrac{\pi d_s^2}{4}} \leqslant [\tau] \tag{9-18}$$

式中:m——螺栓受剪面数;

$[\tau]$——许用剪切应力(MPa),查表 9-4。

由于螺栓杆与孔壁无间隙,其接触表面承受挤压,因此由式(9-18)求出 d_s 值,并查机械设计手册得到标准值后,还应校核挤压强度,其强度条件为

$$\sigma_p = \frac{F}{d_s L_{min}} \leqslant [\sigma_p] \tag{9-19}$$

式中:$[\sigma_p]$——螺栓或孔壁材料的许用挤压应力(MPa),选两者中较小值,查表 9-4;

L_{min}——螺栓杆与孔壁接触表面的最小长度(mm),设计时应取 $L_{min}=1.25d_s$。

铰制孔用螺栓连接由于螺栓杆直接承受横向载荷,因此在同样大小横向载荷的作用下,比采用普通螺栓所需的直径小,从而具有省材料及质量轻等优点。但螺栓杆和螺栓孔都需要精加工,在制造及装配时不如采用普通螺栓连接方便。

2. 受轴向载荷的螺栓连接

在工程实际中,外载荷与螺栓轴线平行的情况很多。如图 9-20 所示的气缸盖螺栓连接,设流体压强为 p,螺栓数为 z[①],则缸体周围每个螺栓的轴向工作载荷为 F_E。但在受轴向载荷的螺栓连接中,螺栓实际承受的总拉伸载荷 F_a 并不等于预紧力 F_0 和工作载荷 F_E 之和。

图 9-21(a)所示为螺母刚与被连接件接触但还没拧紧的情况。螺栓拧紧后,螺栓受到拉力 F_0 作用而伸长了 δ_{b0};被连接件受到压缩力 F_0 作用而缩短了 δ_{c0},如图 9-21(b)所示。

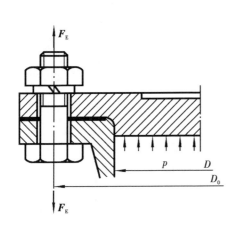

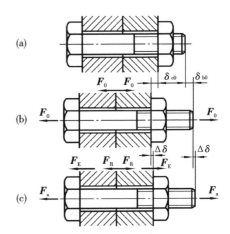

图 9-20　气缸盖螺栓连接　　　　图 9-21　载荷与变形的示意图

在连接承受轴向工作载荷 F_E 时,螺栓的伸长量再增加 $\Delta\delta$,此时螺栓的伸长量为 $\delta_{b0}+\Delta\delta$,相应的拉力就是螺栓的总拉伸载荷 F_a,如图 9-21(c)所示。与此同时,被连接件则随着螺栓的伸长其厚度回弹,其压缩量减少了 $\Delta\delta$,则实际压缩量为 $\delta_{c0}-\Delta\delta$,而此时被连接件受到的压力就是残余预紧力 F_R。

工作载荷 F_E 和残余预紧力 F_R 一起作用在螺栓上(见图 9-21(c)),所以螺栓的总拉伸载荷为

$$F_a = F_E + F_R \tag{9-20}$$

---

① 为保证容器接合面密封可靠,允许的螺栓最大间距 $l\left(l=\dfrac{\pi D_0}{z}\right)$ 为:$l=7d$(当 $p=1.6$ MPa 时);$l=4.5d$(当 $p=1.6\sim10$ MPa 时);$l=(4\sim3)d$(当 $p=10\sim30$ MPa 时)。d 为螺栓公称直径。确定螺栓数 z 时,应使其满足上述条件。

式中：F_R 与螺栓刚度、被连接件刚度、预紧力 F_0 及工作载荷 F_E 有关。

紧螺栓连接应保证被连接件的结合面不出现间隙，因此残余预紧力 F_R 应大于零。当工作载荷 F_E 没有变化时，可取 $F_R=(0.2\sim0.6)F_E$；当 F_E 有变化时，$F_R=(0.6\sim1.0)F_E$；对于有紧密性要求的连接（如压力容器的螺栓连接），$F_R=(1.5\sim1.8)F_E$。

在一般计算中，可先根据连接的工作要求规定残余预紧力 F_R，然后由式（9-20）求出总的拉伸载荷 F_a，然后按式（9-16）计算螺栓强度。

若工作载荷 F_E 在 $0\sim F_E$ 内周期性变化，则螺栓所受的总拉伸载荷 F_a 应在 $F_0\sim F_a$ 内变化。受变载荷作用的螺栓的受力计算可粗略按总拉伸载荷 F_a 进行，其强度条件仍为式（9-16），所不同的是许用应力应按表 9-4 和表 9-5 在变载荷项内查取。

表 9-5　不控制预紧力时螺纹连接的安全系数 S

材　　料	静　载　荷		变　载　荷	
	M6～M16	M16～M30	M6～M16	M16～M30
碳素钢	4～3	3～2	10～6.5	6.5
合金钢	5～4	4～2.5	7.6～5	5

9.7　螺纹的材料和许用应力

螺栓常用的材料有 Q215、Q235、10、35、45 钢等，重要和特殊用途的螺纹连接件可采用力学性能较高的合金钢。国家标准规定，螺纹连接件按材料的力学性能按等级划分。这些材料的力学性能分级如表 9-6 所示。

表 9-6　螺纹连接件的力学性能等级和推荐材料
（摘自 GB/T 3098.1—2010 和 GB/T 3098.2—2015）

			力学性能级别									
			4.6	4.8	5.6	5.8	6.8	8.8 ≤M16	8.8 >M16	9.8	10.9	12.9
螺栓、螺钉、螺柱	抗拉强度 σ_b/MPa	公称值	400		500		600	800		900	1000	1200
	屈服强度 σ_s/MPa	公称值	240	320	300	400	480	640	640	720	900	1080
	布氏硬度 HBS		114	124	147	152	181	245	250	286	316	380
	推荐材料		低碳钢或中碳钢				低碳合金钢或中碳钢			40Cr 15MnVB		30CrMnSi 15MnVB

		力学性能级别									
		4.6	4.8	5.6	5.8	6.8	8.8 ≤M16	8.8 >M16	9.8	10.9	12.9
相配合螺母	性能级别	4 或 5		5		6	8 或 9		9	10	12
	推荐材料	低碳钢					低碳合金钢 或中碳钢		40Cr 15MnVB		30CrMnSi 15MnVB

注:① 9.8级仅适用于螺纹大径 $d \leq 16$ mm 的螺栓、螺钉和螺柱;

② 规定性能的螺纹连接件在图样中只标注力学性能等级,不应再标出材料。

表9-6中共有9个等级,从4.6到12.9。小数点前的数字代表材料抗拉强度 σ_b 的 1/100,小数点后的数字代表材料的屈服强度 σ_s 与抗拉强度 σ_b 比值的 10 倍。

螺纹连接的许用应力和安全系数参见表9-4和表9-5。

例 9-2 一钢制液压缸,油压 $p = 1.6$ MPa, $D = 160$ mm, $D_0 = 220$ mm,螺栓数目 $z = 8$,试计算其连接螺栓的直径并验算螺栓间距是否满足要求(见图9-20)。

解 (1)计算每个螺栓承受的平均轴向工作载荷 F_E。

$$F_E = \frac{p\pi D^2/4}{z} = \frac{1.6 \times \pi \times 160^2}{4 \times 8} = 4.02 \text{ kN}$$

(2)决定螺栓所受的总拉伸载荷 F_a。

根据前面所述,对于压力容器取残余预紧力 $F_R = 1.7 F_E$,则由式(9-20)可得

$$F_a = F_E + 1.7 F_E = 2.7 \times 4.02 \text{ kN} = 10.9 \text{ kN}$$

(3)求螺栓直径 d。

按表9-6选取螺栓材料性能等级为4.8级, $\sigma_s = 320$ MPa,装配时不要求严格控制预紧力,按表9-5暂取安全系数 $S = 3$,螺栓许用应力为

$$[\sigma] = \frac{\sigma_s}{S} = \frac{320}{3} \text{ MPa} = 107 \text{ MPa}$$

由式(9-17)得螺栓的小径为

$$d_1 \geq \sqrt{\frac{4 \times 1.3 F_a}{\pi [\sigma]}} = \sqrt{\frac{4 \times 1.3 \times 10.9 \times 10^3}{\pi \times 107 \times 10^6}} \text{ m} = 12.99 \text{ mm}$$

查表9-1,取 M16 螺栓(小径 $d_1 = 13.835$ mm)。由表9-5可知,所取安全系数 $S = 3$ 是合理的。

(4)验算螺栓间距。

$$l = \frac{\pi D_0}{z} = \frac{\pi \times 220}{8} \text{ mm} = 86.4 \text{ mm}$$

由第135页脚注可知,当 $p = 1.6$ MPa 时, $l = 86.4$ mm $< 7 \times 16$ mm $= 112$ mm,所以螺栓间距满足紧密性要求。

在例9-2中,求螺栓直径时要用到许用应力 $[\sigma]$,而 $[\sigma]$ 又与螺栓直径有关,所以

常采用试算法。这种方法在其他零件设计计算中也经常用到。

9.8 提高螺纹连接强度的措施

螺栓连接承受轴向变载荷时,其损坏形式多为螺栓杆部分的疲劳断裂,通常都发生在应力集中较严重之处,即螺栓头部、螺纹收尾部和螺母支承平面所在的螺纹处(见图 9-22)。以下简要说明影响螺栓连接强度的因素和提高螺栓连接强度的措施。

9.8.1 降低螺栓总拉伸载荷 F_a 的变化范围

螺栓所受的轴向工作载荷 F_E 在 $0\sim F_E$ 内变化时,螺栓所承受的总载荷 F_a 也作相应的变化。减小螺栓刚度 k_b 或增大被连接件刚度 k_c 都可以减小 F_a 的变化幅度。这对防止螺栓的疲劳损坏是十分有利的。

为了减小螺栓刚度,可减小螺栓光杆部分直径(见图 9-23(a))或采用空心螺杆(见图 9-23(b)),有时也可增加螺栓杆的长度。

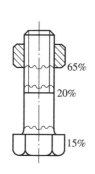

图 9-22 螺栓疲劳断裂的部位

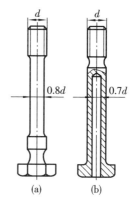

图 9-23 减小螺栓刚度的结构

被连接件本身的刚度是较大的,但被连接件的接合面因需要密封而采用软垫片时(见图 9-24)将降低其刚度。若采用金属薄垫片或采用 O 形密封圈作为密封元件(见图 9-25),则仍可保持被连接件原来的刚度值。

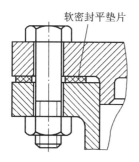

图 9-24 用软密封平垫片密封

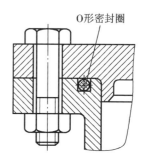

图 9-25 用 O 形密封圈密封

9.8.2　改善螺纹牙间的载荷分布

采用普通螺母时,轴向载荷在螺纹各旋合圈间的分布是不均匀的,如图 9-26(a)所示,从螺母支承面算起,第一圈受载最大,以后各圈递减。理论分析和实验证明,旋合圈数越多,载荷分布不均的程度也就越显著,到第 8～10 圈以后,螺纹几乎不受载荷。所以,采用圈数多的厚螺母,并不能提高连接强度。若采用如图 9-26(b)所示的悬置(受拉)螺母,则螺母锥形悬置段与螺栓杆均为拉伸变形,有助于减少螺母与螺栓杆的螺距变化差,从而使载荷分布比较均匀。图 9-26(c)所示为环槽螺母,其作用和悬置螺母相似。

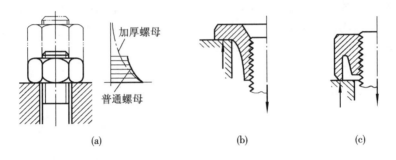

图 9-26　改善螺纹牙的载荷分布

9.8.3　减小应力集中

如图 9-27 所示,增大过渡处圆角(见图 9-27(a))、切制卸载槽(见图 9-27(b)(c))都是使螺栓截面变化均匀、减小应力集中的有效方法。

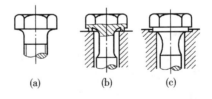

图 9-27　减小螺栓应力集中的方法

9.8.4　避免或减小附加应力

还应注意,设计、制造或安装上的疏忽,有可能使螺栓受到附加弯曲应力(见图 9-28),这对螺栓疲劳强度的影响很大,应设法避免。例如,在铸件或锻件等未加工表面上安装螺栓时,常采用凸台(见图 9-29(a))或沉头座(见图 9-29(b))等结构,经切削加工后可获得平整的支承面。

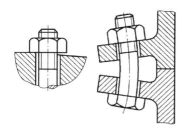 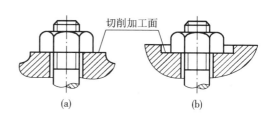

图 9-28　螺栓受到附加弯曲
　　　　　应力的原因

图 9-29　避免附加应力的方法

除上述方法外,在制造工艺上采取冷镦头部和辗压螺纹的螺栓,其疲劳强度比车制螺栓约高 30%。另外,液体碳氮共渗、渗氮等表面硬化处理也能提高螺栓的疲劳强度。

9.9　键连接和销连接

9.9.1　键连接的类型、特点及应用

键主要用来实现轴和轴上零件之间的周向固定并传递转矩。有些类型的键还可实现轴上零件的轴向固定或轴向移动。

键连接是一种可拆连接,其结构简单、工作可靠、装拆方便、应用广泛。键是标准件,分为平键、半圆键、楔键和切向键等。设计时应根据各类键的结构和应用特点进行选择。

1. 平键连接

平键的两侧面是工作面,上表面与轮毂槽底之间留有间隙,工作时靠键与键槽相互挤压和键受剪切传递扭矩,如图 9-30 所示。平键连接结构简单,对中性能好,装拆方便,应用广泛。

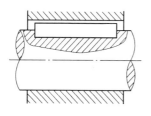 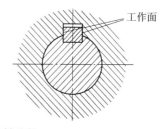

图 9-30　平键连接

常用的平键有普通平键、导向平键和滑键三种。

(1)普通平键　普通平键应用最广,其端部形状可制成圆头(A 型,见图 9-31(a))、方头(B 型,见图 9-31(b))或单圆头(C 型,见图 9-31(c))。采用 A 型平键时,轴上的键槽用指状铣刀加工,键在键槽中固定良好,但键槽端部的应力集中较大;采用 B 型平键时,轴上的键槽用盘状铣刀加工,轴的应力集中较小,但键在键槽中的轴向固

定不好,当键的尺寸较大时,可用紧定螺钉将键压紧在键槽中;C 型平键常用于轴端连接。

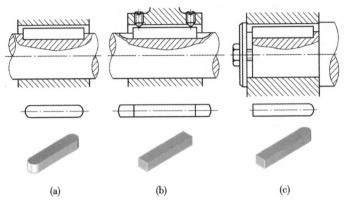

图 9-31　普通平键的类型

　　(2)导向平键　导向平键较长,需用螺钉固定在轴上的键槽中,为了便于装拆,键的中部应制有起键螺纹孔,如图 9-32 所示。

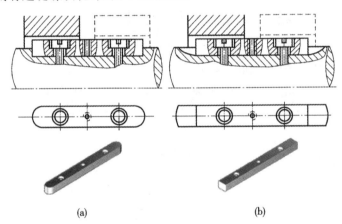

图 9-32　导向平键

　　导向平键有 A 型、B 型两种,能实现轴上零件的轴向移动,构成动连接。如变速箱中的滑移齿轮可采用导向平键连接。

　　(3)滑键　当轴上零件移动的距离较长时,若采用导向平键,则导向平键太长,不易加工。此时,可采用长度较短的滑键连接,如图 9-33 所示。

　　滑键固定在轴的轮毂上,与轮毂一起沿轴上键槽作轴向移动。

2. 半圆键连接

　　半圆键以两侧面为工作面,键在轴上键槽中能绕槽底圆弧曲率中心摆动,如图 9-34 所示。半圆键制造简单,安装方便,对中性能好,可以自动地适应毂槽底面的斜度,但缺点是轴上键槽较深,对轴的强度削弱大。因此,半圆键只适用于轻载、轮毂宽度小的连接和轴端的连接,特别适用于锥形轴端的连接,如图 9-35 所示。

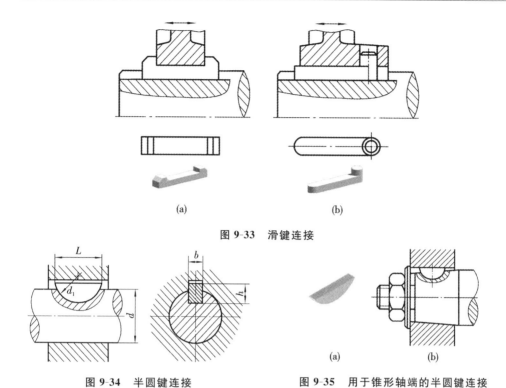

(a)　　　　　　　　　　　　　(b)

图 9-33　滑键连接

图 9-34　半圆键连接　　　　　　　　图 9-35　用于锥形轴端的半圆键连接

3. 楔键连接

楔键的上、下表面是工作面,键的上表面和与之配合的轮毂键槽的底面均有 1：100 的斜度,如图 9-36 所示。把楔键打入轴与轮毂槽内时,键的上、下表面会产生很大的挤压力。工作时,主要靠挤压力在工作面上产生的摩擦力来传递动力,并可承受单方向的轴向力。

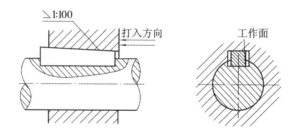

图 9-36　楔键连接

楔键有 A 型、B 型和 C 型三种,如图 9-37 所示。

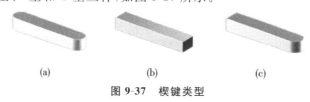

(a)　　　　　　　　(b)　　　　　　　(c)

图 9-37　楔键类型

　　带有钩头的楔键便于拆卸,如图 9-38 所示。使用钩头楔键时应当加防护装置,以免发生人身事故。

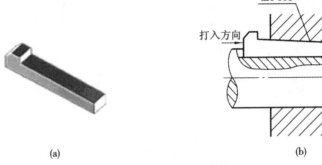

(a)　　　　　　　　　　　　　(b)

图 9-38　钩头楔键

　　楔键打入时,会使轴与轴上零件的轴线不重合,产生偏心,如图 9-39 所示。另外,在受到冲击载荷作用时,楔键连接容易松动。因此,楔键连接仅适用于精度要求不高、转速较低的场合,如建筑机械、农业机械等。目前这种连接已较少使用。

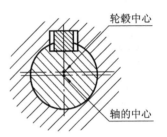

图 9-39　楔键连接引起的
偏心

4. 切向键连接

　　切向键是由一对楔键沿斜面贴合而成的,如图9-40所示。装配时将两键楔紧,键的上、下表面是工作面,工作面上的压力沿轴的切线方向作用,因此,切向键能传递很大的转矩。

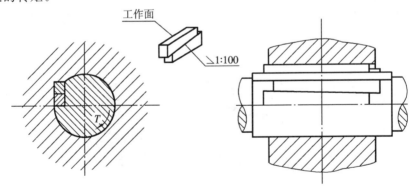

图 9-40　切向键连接

　　一副切向键只能传递一个方向的转矩,当需双向传递转矩时,应采用两副切向键呈 120°～130°角布置,以避免轴上零件相对于轴的中心线偏心过大,如图 9-41 所示。

　　切向键由于键槽对轴的削弱较大,常用于载荷大、对中性要求不严、直径大于100 mm 的轴上,如大型带轮及飞轮、矿用大型绞车的卷筒及齿轮等与轴的连接。

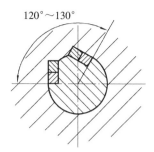

图 9-41　两副切向键的布置方式

9.9.2　平键连接的设计计算

平键连接的设计,通常是根据工作条件和使用要求选定键的类型,然后根据轴的直径从标准中确定键的横截面尺寸,根据轮毂宽度确定键的长度,并对键进行强度验算。

1. 平键的材料及尺寸确定

平键的材料采用抗拉强度不小于 $500\sim600$ MPa 的碳素钢,通常用 45 钢。当轮毂用非铁金属或非金属材料时,键可用 20 或 Q235 钢。

平键的截面尺寸 $b\times h$ 按轴径 d 从表 9-7 中选取,键的长度 L 参照轮毂长度从表 9-7 中选取。

表 9-7　普通平键和键槽的尺寸(摘自 GB/T 1095—2003,GB/T 1096—2003)　　　单位:mm

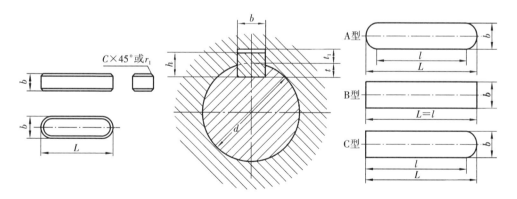

标记示例:

圆头普通平键(A 型),$b=16$、$h=10$、$L=100$ 的标记为:键 16×100　　GB/T 1096—2003

平头普通平键(B 型),$b=16$、$h=10$、$L=100$ 的标记为:键 B16×100　　GB/T 1096—2003

单圆头普通平键(C 型),$b=16$、$h=10$、$L=100$ 的标记为:键 C16×100　　GB/T 1096—2003

轴的直径 d	键 的 尺 寸				键槽的尺寸		
	b	h	C 或 r_1	L	t	t_1	半径 r
自 6~8	2	2		6~20	1.2	1.0	
>8~10	3	3	0.16~0.25	6~36	1.8	1.4	0.08~0.16
>10~12	4	4		8~45	2.5	1.8	
>12~17	5	5		10~56	3.0	2.3	
>17~22	6	6	0.25~0.4	14~70	3.5	2.8	0.16~0.25
>22~30	8	7		18~90	4.0	3.3	
>30~38	10	8		22~110	5.0	3.3	
>38~44	12	8		28~140	5.0	3.3	
>44~50	14	9	0.4~0.6	36~160	5.5	3.8	0.25~0.4
>50~58	16	10		45~180	6.0	4.3	
>58~65	18	11		50~200	7.0	4.4	
>65~75	20	12	0.5~0.8	56~220	7.5	4.9	0.4~0.6
>75~85	22	14		63~250	9.0	5.4	

注:L 系列 6,8,10,12,14,16,18,20,22,25,28,32,36,40,45,50,56,63,70,80,90,100,110,125,140,160,180,200,220,250。

2. 平键连接的失效形式

普通平键连接为静连接,其主要失效形式是工作面的压溃。

导向平键连接和滑键连接为动连接,其主要失效形式是工作面的磨损。

除非有严重过载,一般情况下,键不会被剪断。

3. 平键连接的强度计算

平键连接的受力情况如图 9-42 所示。

对于静连接,应校核挤压强度:

$$\sigma_{\mathrm{p}} = \frac{4T}{dhl} \leqslant [\sigma_{\mathrm{p}}] \qquad (9\text{-}21)$$

对于动连接,应校核压强:

$$p=\frac{4T}{dhl}\leqslant[p] \qquad (9-22)$$

式(9-21)和式(9-22)中:T——键所传递的转矩(N·mm);

d——轴径(mm);

h——键的高度(mm);

l——键的工作长度(mm)(其中,A 型键 $l=L-b$,B 型键 $l=L$,C 型键 $l=L-b/2$,b 为键的宽度);

$[\sigma_p]$——许用挤压应力(MPa)(见表 9-8);

$[p]$——许用压强(MPa)(见表 9-8)。

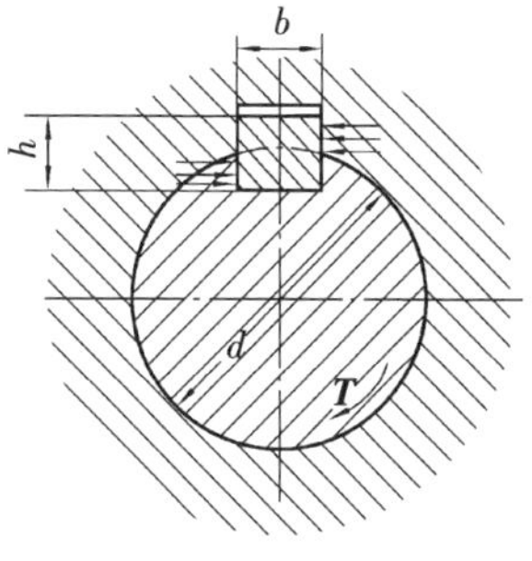

图 9-42 平键连接的受力情况

表 9-8 键的许用挤压应力$[\sigma_p]$和许用压强$[p]$　　　　单位:MPa

许 用 值	轮 毂 材 料	载 荷 性 质		
		静载荷	轻微冲击	冲击
$[\sigma_p]$	钢	125~150	100~120	60~90
	铸铁	70~80	50~60	30~45
$[p]$	钢	50	40	30

注:① $[\sigma_p]$、$[p]$应按连接中材料力学性能最弱的零件选取;

② 如与键有相对滑动的被连接件表面经过淬火,则动连接的许用压强$[p]$可提高 2~3 倍。

如果一个键的强度不足,可采用两个键相隔 180°布置,考虑到载荷分布的不均匀性,进行强度校核时按 1.5 个键长计算;如两个键强度不足,可采用三个键相隔 120°布置,进行强度校核时按两个键长计算。

9.9.3 花键连接

在花键连接中,花键轴上均匀分布有外花键齿,花键孔内均匀分布有与外花键齿齿数相同的内花键齿,通过外花键齿与内花键齿相互啮合来传递转矩。由于是多齿传递载荷,因此花键连接比平键连接具有更高的承载能力。此外,花键连接的齿槽浅,应力集中小,对轴的强度削弱小,定心性好,且导向性好。其缺点是制造比较复杂,需要专门的加工设备来加工,成本较高。花键连接通常用于载荷大、定心精度要求高的固定连接或可动连接,如汽车、拖拉机、机床等设备中的轴毂连接。

1. 花键连接的分类

按齿形的不同,花键可分为矩形花键(见图 9-43(a))和渐开线花键(见图 9-43(b))两种。矩形花键加工方便,定心精度高,承载能力大,应用最广。渐开线花键工艺性好,齿根应力集中小、强度高、精度高,当传递的转矩较大且轴径较大时,宜采用渐开线花键连接。

矩形花键的定心方式为小径定心,如图 9-43(a)所示;渐开线花键的定心方式为齿形定心,如图 9-43(b)所示。

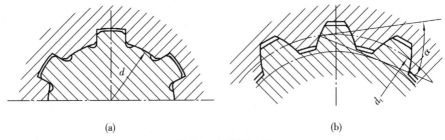

(a)　　　　　　　　　　　　　　　　　　(b)

图 9-43　花键连接

渐开线花键的齿廓为渐开线,分度圆压力角 α 有 30°和 45°两种,齿顶高分别为 $0.5m$ 和 $0.4m$(此处 m 为模数)。压力角为 30°的渐开线花键,齿的工作高度大,承载能力高;压力角为 45°的渐开线花键,齿的工作高度小,承载能力小,常用于直径小、载荷轻的静连接,特别适用于薄壁零件的轴毂连接。

2. 花键连接的设计计算

花键是标准件,其尺寸按轴径由标准选取。花键的工作表面是齿的侧面,侧面受挤压(静连接)或磨损(动连接),根部受剪切和弯曲,如图 9-44 所示。对于实际应用的花键连接来说,由于根部剪切应力与弯曲应力较小,因此,一般只校核挤压强度或耐磨性。

花键连接通常采用抗拉强度不小于 500 MPa 的碳素钢或合金钢制成。

对于静连接

$$\sigma_p = \frac{T}{Kzhlr_m} \leqslant [\sigma_p] \qquad (9\text{-}23)$$

对于动连接

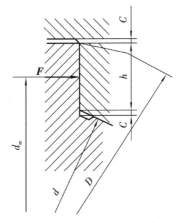

图 9-44　花键连接的受力情况

$$p = \frac{T}{Kzhlr_m} \leqslant [p] \qquad (9\text{-}24)$$

式(9-23)中和式(9-24)中:T——花键所传递的转矩(N·mm);

K——各齿间载荷分布不均匀系数,通常 $K = 0.7 \sim 0.8$;

z——花键齿数;

l——齿的工作长度(mm);

h——齿的工作高度(mm)(矩形花键 $h = \dfrac{D-d}{2} - 2C$,此处,D、d 分别为外花键大径和内花键小径,C 为倒角尺寸;渐开线花键 $\alpha = 30°$,$h = m$,矩形花键 $\alpha = 45°$,$h = 0.8m$,这里 m 为模数(mm));

r_m——平均直径(mm)(矩形花键 $r_m = (D+d)/2$,渐开线花键 $r_m = r$,这里 r 为分度圆直径(mm));

$[\sigma_p]$——花键连接的许用挤压应力(MPa)(见表 9-9);

$[p]$——花键连接的许用压强(MPa)(见表 9-9)。

表 9-9　花键连接的许用挤压应力$[\sigma_p]$和许用压强$[p]$　　　　　　　单位：MPa

连接工作方式	使用和制造情况	$[\sigma_p]$或$[p]$	
		齿面未经热处理	齿面经过热处理
静连接$[\sigma_p]$	不良	35～50	40～70
	中等	60～100	100～140
	良好	80～120	120～200
动连接$[p]$ （不在载荷下移动）	不良	15～20	20～35
	中等	20～30	30～60
	良好	25～40	40～70
动连接$[p]$ （在载荷下移动）	不良	—	3～10
	中等	—	5～15
	良好	—	10～20

注：① 相同情况时，$[\sigma_p]$的较小值适用于工作时间长和重要的场合；

② 表中所列的使用和制造情况是指受载、润滑状况、材料硬度、制造精度等，如"不良"，是指受变载荷作用、双向冲击、振动频率高、振幅大、材料硬度低、精度低、润滑不良（对动连接）等情况。

9.9.4　销连接

销是标准件，其主要功用有定位、连接、过载保护。定位销（见图 9-45(a)）用来固定零件之间的相互位置；连接销（见图 9-45(b)）用来实现零件之间的连接，并可传递不大的载荷；安全销（见图 9-45(c)）在安全装置中作过载剪断元件。按外形分，销可分为圆柱销、圆锥销、槽销、开口销等。

圆柱销靠微量的过盈配合固定在铰制销孔中，如图 9-45(a)所示。圆柱销不宜多次装拆，否则会降低其定位精度和连接的可靠性。

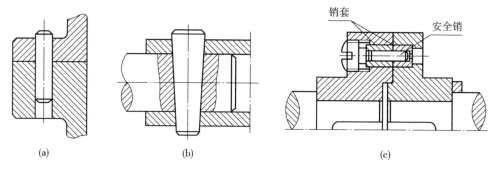

(a)　　　　　　　　　　(b)　　　　　　　　　　(c)

图 9-45　销的功用

圆锥销具有 1∶50 的锥度，如图 9-45(b)所示。圆锥销的小头直径为标准值。圆锥销安装方便，定位精度高，可多次装拆而不会影响其定位精度。大端带有螺纹的圆锥销（见图 9-46）便于拆卸，可用于盲孔或拆装困难之处；小端带外螺纹的圆锥销可用螺母锁紧，适用于有冲击的场合，如图 9-47 所示。

开尾圆锥销（见图 9-48）用于有振动冲击的场合。

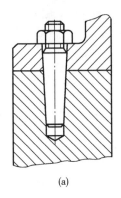
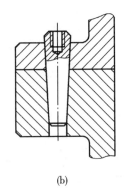

(a) 　　　　　　　　　　　　　(b)

图 9-46　大端带螺纹的圆锥销

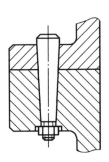
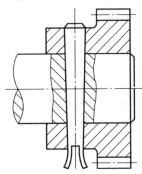

图 9-47　小端带外螺纹的圆锥销　　　　　**图 9-48　开尾圆锥销**

槽销上有三条纵向沟槽,如图 9-49 所示。将槽销打入销孔后,由于销材料的弹性变形,可使销与孔壁压紧,不易松脱,因此可承受振动、冲击和变载荷。槽销孔不需铰制,加工方便,且可多次装拆。

开口销(见图 9-50(a))装配时,需用钳子将尾部分开,以防脱落(见图 9-50(b))。开口销常用于有冲击、振动的场合,或与槽形螺母相配用于螺纹连接的防松(见图 9-50(b))。

销的常用材料为 35 钢、45 钢。

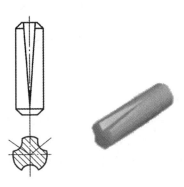
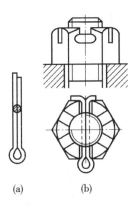

　　　　　　　　　　　　　　　　　　　(a)　　　　(b)

图 9-49　槽销　　　　　　　　　**图 9-50　开口销与槽形螺母**

习　　题

9-1　试计算 M20、M20×1.5 螺纹的升角,并通过计算指出哪种螺纹的自锁性较好。

9-2　题 9-2 图所示为一拉杆螺纹连接,已知拉杆所受载荷为 $F=21$ kN,拉杆材料为 Q235 钢,试设计拉杆螺纹的直径。

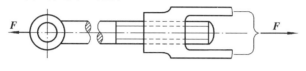

题 9-2 图

9-3　承受横向载荷的普通螺栓连接和铰制孔用螺栓连接各有何特点? 如何进行强度计算?

9-4　题 9-4 图所示为一组由 4 个 M16 螺栓组成的承受横向载荷的螺栓组连接。螺栓许用应力$[\sigma]=160$ MPa,接合面的摩擦系数 $f=0.15$,求该螺栓组所能承受横向载荷 F_R 的大小。

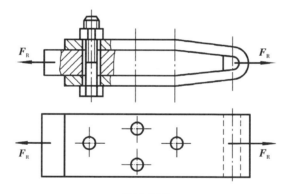

题 9-4 图

9-5　如题 9-5 图所示螺栓连接中有两个 M16 的螺栓,材料为 35 钢。若 $f=0.15$,$K=1.2$,试计算允许承受的最大载荷。

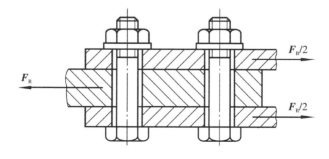

题 9-5 图

9-6 如题 9-6 图所示的凸缘联轴器,允许传递的最大转矩 $T = 630$ N·m(静载荷),材料为 HT250。联轴器用 4 个 M12 的铰制孔用螺栓连成一体,取螺栓材料的力学性能等级为 8.8 级。要求:

(1) 试查有关手册决定该螺栓的合适长度,并写出其标记(已选定配用螺母为带尼龙圈的防松螺母,其厚度不超过 10.23 mm);

(2) 校核其剪切强度和挤压强度。

9-7 一钢制液压油缸(见题 9-7 图),油压 $p = 3$ MPa,油缸内径 $D = 160$ mm。为保证气密性要求,螺柱间距 $l \leqslant 4.5d$(d 为螺柱大径),若取螺柱材料的力学性能等级为 5.8 级。试设计此油缸的螺柱连接和螺柱分布圆的直径 D_0。

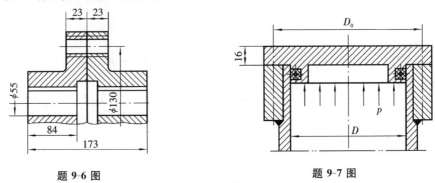

题 9-6 图   题 9-7 图

9-8 某机械输出轴端装有一带轮。已知带轮的材料为铸铁,轮毂宽度 $L_1 = 70$ mm,与其相配的轴径 $d = 52$ mm,皮带轮所传递的最大转矩 $T = 400$ N·m。试选择带轮与轴之间的平键连接的类型及其尺寸,并校核该平键连接的强度。

9-9 若题 9-8 中的普通平键连接改为矩形花键连接,试选择花键的尺寸,并校核花键连接的强度。

9-10 轴与轴上滑移齿轮之间采用导向平键连接。已知轴的直径 $d = 84$ mm,滑移齿轮的轮毂宽度 $L = 100$ mm,滑移距离为 $s = 35$ mm,轴和轮毂的材料均为碳素钢。试选择导向平键的尺寸,并计算该导向平键所能传递的最大转矩。

第10章 齿轮传动

应用实例

在第 5 章中介绍了齿轮机构的工作原理、主要几何参数、各参数间的关系及其计算等内容,使大家对齿轮机构的原理及运动学特性有了一个基本的了解。然而,对于一台具体机器中的齿轮机构或工作于某一具体工况下的齿轮机构来说,为了保证其能在使用寿命期内安全可靠地工作,尚有许多其他问题需要考虑,如:齿轮选择何种材料合适? 齿轮主要性能参数的确定以什么为依据、如何确定? 齿轮结构如何确定?结构参数如何确定? 等等。本章中将针对这些问题进行介绍。

第 5 章中根据两轴的相对位置及齿形介绍了齿轮的分类。

此外,还有两种分类方式应予介绍。其一,从齿轮装置的封闭情况分,可分为开式齿轮传动、半开式齿轮传动和闭式齿轮传动。开式齿轮传动是指齿轮装置完全暴露在外,没有防尘罩或机壳,因而润滑条件差、外界杂质容易侵入啮合区,从而使齿轮可能产生快速磨损。因此,这类齿轮通常用在低速及要求不高的场合,如建筑机械、农业机械及一些简易机械设备中。半开式齿轮传动通常有简易的安全防护罩,有时还把大齿轮浸入油池中,因而其润滑条件有所改善,但仍不能很好地防止外界杂质的侵入。闭式齿轮传动则是指齿轮装置安装在严密封闭的箱体中,能防止外界杂质侵入,并具有良好的润滑条件,在汽车、机床、航空等工程领域具有广泛的应用。其二,根据齿轮的齿面硬度分,又可以把齿轮分为软齿面齿轮和硬齿面齿轮:当齿面硬度小于等于 350 HBS(或 38 HRC)时,称为软齿面齿轮;齿面硬度大于 350 HBS(或 38 HRC)时,则称为硬齿面齿轮。

10.1 齿轮传动的失效形式及设计准则

10.1.1 齿轮传动的失效形式

当齿轮工作中承受的各种负荷超过其工作能力的许用值时,齿轮将产生失效。通常情况下,齿轮的失效主要发生在轮齿部分,因齿 本章重点、难点轮本身的特性及工况的不同,失效形式也有所不同。工程中轮齿的失效形式主要有五类:轮齿折断、齿面点蚀、齿面胶合、齿面磨损和塑性变形。

1. 轮齿折断

从失效的起因上分,轮齿折断通常分为两种情况:过载折断和弯曲疲劳折断。过载折断是由于瞬时载荷或冲击载荷过大而引起的;而弯曲疲劳折断是由于循环变化的弯曲应力及其循环次数超过一定值时而引起的。工程中最常见的是轮齿弯曲疲劳折断。

从轮齿折断的形式上分,可分为轮齿的整体折断和局部折断,如图 10-1 所示。整体折断通常发生在齿宽较小的直齿轮上,局部折断通常发生在斜齿轮及齿宽较大的直齿轮上。

适当加大齿根过渡圆角半径、消除加工刀痕、对齿根进行强化处理等均可有效提高轮齿的抗折断能力。

(a) 整体折断　　　　　　　　　　　(b) 局部折断

图 10-1　轮齿折断示意图

2. 齿面点蚀

齿面点蚀也称齿面接触疲劳磨损。齿轮工作时,齿面承受循环变化接触应力的作用,当接触应力及其循环次数超过一定值时,齿面表层会产生微裂纹,并进一步扩展、剥落而形成许多非规律散布的微小凹坑,如图 10-2 所示,因而俗称这种失效为齿面点蚀。由于节线附近的接触应力较大,因此点蚀通常首先出现在节线附近(靠近齿根一侧)。齿面点蚀失效不像轮齿折断那么严重,许多

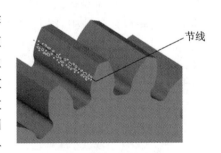

节线

图 10-2　齿面点蚀示意图

情况下允许齿面出现一定程度的点蚀,但点蚀面积大,动载荷、振动、噪声等也会增大,齿轮传动性能会降低。

提高齿面硬度和适当采用黏度高的润滑油均有利于提高齿轮的抗点蚀能力。

3. 齿面胶合

齿面胶合主要发生在高速重载齿轮传动中。齿面间压力大、相对滑动速度高,使齿面间摩擦发热严重、啮合区温度高,进而引起润滑油黏度下降、承载能力下降,使齿面金属直接接触而粘连,而随后的齿面相对运动又使得较软的轮齿表面沿滑动方向被撕脱,形成相应的沟痕,此现象即称为齿面胶合,如图 10-3 所示。在低速重载的工况下,由于齿面间不易形成润滑油膜,也容易产生胶合失效,这时通常称为冷胶合。

提高齿面硬度、减小表面粗糙度及采用含抗胶合添加剂的润滑油等均能有效提高齿轮的抗胶合能力。

4. 齿面磨损

齿面磨损失效主要发生在开式和半开式齿轮传动中。外界杂质进入啮合面之间,且润滑不良,造成齿面材料的快速磨损。齿面过度磨损后,齿廓会产生显著变形,如图 10-4 所示,从而影响正常啮合,导致严重的振动、噪声和动载荷。

图 10-3　齿面胶合示意图

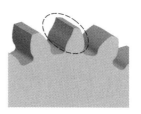

图 10-4　齿面磨损示意图

5. 塑性变形

轮齿的塑性变形分为两种情况:齿面塑性变形和齿体塑性变形。在重载传动工况下,齿面相对滑动的摩擦力产生的应力可能超过材料的屈服强度,从而使得齿面表层材料沿着摩擦力方向流动,形成凹槽(主动轮上)或突脊(从动轮上),如图 10-5 所示,这种失效称为齿面塑性变形。当齿轮受到较大短期过载或冲击载荷时,用较软材料制成的齿轮可能发生轮齿整体的歪斜变形,这种失效称为齿体塑性变形。

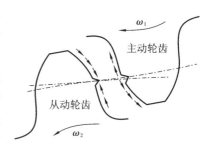

图 10-5　齿面塑性变形示意图

除了上述主要的失效形式之外,齿轮传动还可能出现过热、侵蚀、电蚀及其他不同原因产生的多种腐蚀或裂纹等失效。

10.1.2　设 计 准 则

齿轮传动承载能力计算的主要目的是保证齿轮安全可靠工作,即在预定寿命期内不发生各种形式的失效。不同工况下工作的齿轮失效形式各不相同,因而相应的设计准则也有所不同。

一般工况下工作的齿轮传动,弯曲疲劳折断和齿面点蚀是主要的可能失效形式,因此,应该进行齿根弯曲疲劳强度计算和齿面接触疲劳强度计算。对于闭式软齿面齿轮传动来说,齿面点蚀是主要矛盾,因而通常先按齿面接触疲劳强度进行设计计算,初步确定主要性能参数,再按齿根弯曲疲劳强度进行校核计算;对于闭式硬齿面齿轮传动来说,其齿轮抗点蚀能力较强,弯曲疲劳折断是主要矛盾,因而通常先按齿根弯曲疲劳强度进行设计计算,初步确定主要性能参数,再按齿面接触疲劳强度进行校核计算;对于开式齿轮传动,由于目前尚未建立起关于磨损失效的广为工程实际使用且行之有效的计算方法和基础数据,并考虑到磨损失效使齿厚严重变薄而可能导致轮齿折断,因此,通常只按齿根弯曲疲劳强度进行设计计算,并将模数加大 10%～15%后取标准值。

对于重载工况下工作的齿轮,由于还可能产生齿面胶合失效,因此还需要进行抗胶合能力计算(可参见 GB/T 3480.5—2008)。

10.2 齿轮常用材料、热处理及许用应力

10.2.1 常用材料及热处理

由 10.1 节齿轮的失效形式可知,齿轮材料既要有较好的抗点蚀、胶合、磨损及塑性变形能力,又要有较好的抗折断能力。因此,对齿轮材料的基本要求通常为齿面要硬、齿芯要韧,此外,还应具有良好的冷、热加工工艺性。

最常用的齿轮材料为钢,此外,在某些要求不高的场合下,也可用铸铁或非金属材料。表 10-1 所列为常用齿轮材料、热处理方式及力学性能。

表 10-1 常用齿轮材料、热处理方式及力学性能

材料牌号	热处理方式	硬　　度	接触疲劳极限 $\sigma_{H\,lim}$/MPa	弯曲疲劳极限 σ_{FE}/MPa
45	正火	156～217 HBS	350～400	280～340
	调质	197～286 HBS	550～620	410～480
	表面淬火	40～50 HRC	1 120～1 150	680～700
40Cr	调质	217～286 HBS	650～750	560～620
	表面淬火	48～55 HRC	1 150～1 210	700～740
40CrMnMo	调质	229～363 HBS	680～710	580～690
	表面淬火	45～50 HRC	1 130～1 150	690～700
35SiMn	调质	207～286 HBS	650～760	550～610
	表面淬火	45～50 HRC	1 130～1 150	690～700
40MnB	调质	241～286 HBS	680～760	580～610
	表面淬火	45～55 HRC	1 130～1 210	690～720
38SiMnMo	调质	241～286 HBS	680～760	580～610
	表面淬火	45～55 HRC	1 130～1 210	690～720
	氮碳共渗	57～63 HRC	880～950	790
38CrMnAlA	调质	255～321 HBS	710～790	600～640
	表面淬火	45～55 HRC	1 130～1 210	690～720

续表

材料牌号	热处理方式	硬　　度	接触疲劳极限 $\sigma_{H\,lim}$/MPa	弯曲疲劳极限 σ_{FE}/MPa
20CrMnTi	渗氮	>850 HV	1 000	715
	渗氮淬火回火	56~62 HRC	1 500	850
20Cr	渗氮淬火回火	56~62 HRC	1 500	850
ZG310-570	正火	163~197 HBS	280~330	210~250
ZG340-640	正火	179~207 HBS	31~340	240~270
ZG35SiMn	调质	241~269 HBS	590~640	500~520
	表面淬火	45~53 HRC	1 130~1 190	690~720
HT300	时效	187~255 HBS	330~390	100~150
QT500-7	正火	170~230 HBS	450~540	260~300
QT600-3	正火	190~270 HBS	490~580	280~310

注:表中的 $\sigma_{H\,lim}$、σ_{FE}数值是根据 GB/T 3480.5—2008 提供的线图,按材料的硬度值所查得,适用于材质和热处理质量达到中等要求的场合。

　　表 10-2 所示为常用齿轮材料的应用范围。进行齿轮材料选择时可参考此表。需要注意的是:当相互啮合的两个齿轮均为软齿面时,由于小齿轮齿根较薄,且同时间内所经历的应力循环次数较多,为保持大、小齿轮强度和寿命尽量均衡,在选择材料及热处理方式时,一般应使小齿轮齿面硬度较大齿轮齿面硬度高 20~50 HBS 为宜。

表 10-2　齿轮常用材料应用范围

材料牌号		应　用　范　围
45	正火	低中速、中载的非重要齿轮
	调质	低中速、中载的重要齿轮
	表面淬火	高速、中载而冲击较小的齿轮
40Cr	调质	低中速、中载的重要齿轮
	表面淬火	高速、中载、无剧烈冲击的齿轮
38SiMnMo	调质	低中速、中载的重要齿轮
	表面淬火	高速、中载、无剧烈冲击的齿轮
20Cr	渗碳淬火	高速、中载、并承受冲击的重要齿轮
20CrMnTi		
16MnCr5		
17CrNiMo6		

续表

材料牌号		应 用 范 围
38CrMoAlA	调质	耐磨性强、载荷平稳、润滑良好的传动
	表面淬火	
ZG310-570	正火	低中速、中载的大直径齿轮
ZG340-640		
HT300	时效	低中速、轻载、冲击较小的齿轮
QT500-7	正火	低中速、轻载、有冲击的齿轮
QT600-3		
布基酚醛层压板	—	高速、轻载、要求噪声小的齿轮
MC 尼龙		

10.2.2　许用应力

齿轮的许用应力是指在保证齿轮不发生失效的前提下,相应工作应力允许的上限值。对应于齿面接触疲劳强度计算和齿根弯曲疲劳强度计算,分别有许用接触疲劳应力$[\sigma_H]$和许用弯曲疲劳应力$[\sigma_F]$。

许用接触疲劳应力

$$[\sigma_H] = \frac{\sigma_{H\,lim}}{S_H} \tag{10-1}$$

许用弯曲疲劳应力

$$[\sigma_F] = \frac{\sigma_{FE}}{S_F} \tag{10-2}$$

式(10-1)和式(10-2)中：$\sigma_{H\,lim}$、σ_{FE}——失效概率为 1‰时试验齿轮的接触疲劳极限和弯曲疲劳极限,可由表 10-1 查得,若实际齿轮工作时为双向运转或承受对称循环弯曲应力,则应将表中查得的 σ_{FE} 乘以 0.7；

S_H、S_F——接触疲劳强度计算和弯曲疲劳强度计算的安全系数,可由表 10-3 查得。

表 10-3　最小安全系数 S_H、S_F 参考值

使 用 要 求	$S_{H\,min}$	$S_{F\,min}$
高可靠度(失效率≤1/10 000)	1.5	2.0
较高可靠度(失效率≤1/1 000)	1.25	1.6
一般可靠度(失效率≤1/100)	1.0	1.25

注:对于一般工业用齿轮传动,可选用一般可靠度的情况。

10.3　标准直齿圆柱齿轮传动设计计算

10.3.1　受力分析

为了进行齿轮的强度计算及对其支承轴与轴承进行设计计算,必须计算齿轮工作中所受的载荷。

图 10-6 所示为一对以标准中心距安装的标准直齿圆柱齿轮传动受力图,啮合点为节点 C。从满足工程应用的角度考虑,忽略齿面间的摩擦力,并将作用线变化的实际分布载荷简化为沿齿廓法向的集中力,记为法向力 $\boldsymbol{F}_{\mathrm{n}}$,作用点为 C。进一步将其分解为在点 C 沿分度圆切线方向和径向方向的两个分力,分别记为圆周力 $\boldsymbol{F}_{\mathrm{t}}$ 和径向力 $\boldsymbol{F}_{\mathrm{r}}$,如图所示。各力计算公式为

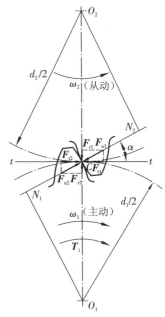

$$\begin{cases} F_{\mathrm{t}} = F_{\mathrm{t1}} = F_{\mathrm{t2}} = \dfrac{2T_1}{d_1} \\[2mm] F_{\mathrm{r}} = F_{\mathrm{r1}} = F_{\mathrm{r2}} = F_{\mathrm{t}}\tan\alpha \quad (10\text{-}3) \\[2mm] F_{\mathrm{n}} = F_{\mathrm{n1}} = F_{\mathrm{n2}} = \dfrac{F_{\mathrm{t}}}{\cos\alpha} \end{cases}$$

式中:T_1——主动轮上的转矩,设输入功率为 $P(\mathrm{kW})$,主动轮转速为 $n_1(\mathrm{r/min})$,则有

$$T_1 = 9.55 \times 10^6 \frac{P}{n_1} (\mathrm{N \cdot mm}) \quad (10\text{-}4)$$

式中:d_1——主动轮分度圆直径(mm);

图 10-6　直齿圆柱齿轮传动的作用力

α——分度圆压力角,对于标准齿轮,$\alpha = 20°$。

10.3.2　计算载荷

按式(10-3)计算所得载荷为简化模型上、理想情况下的载荷,称为名义载荷。实际上,由于原动机和工作机的特性、齿轮的制造和安装误差、轴系的变形等因素的影响,会产生附加动载荷及载荷分布不均匀现象,从而使得实际载荷大于名义载荷。因此,在进行齿轮强度计算时,需要对名义载荷进行修正,使之更接近实际载荷。修正后的载荷称为计算载荷。对于法向力 $\boldsymbol{F}_{\mathrm{n}}$,其计算载荷为

$$F_{\mathrm{nca}} = KF_{\mathrm{n}} \quad (10\text{-}5)$$

式中:K——载荷系数,其值可由表 10-4 查得。

表 10-4　载荷系数 K

原　动　机	工作机载荷特性		
	均　　匀	中 等 冲 击	严 重 冲 击
电动机	1~1.2	1.2~1.6	1.6~1.8
多缸内燃机	1.2~1.6	1.6~1.8	1.9~2.1
单缸内燃机	1.6~1.8	1.8~2.0	2.2~2.4

注:对斜齿、圆周速度低、精度高、齿宽系数小的齿轮,应取偏小值;对直齿、圆周速度高、精度低、齿宽系数大的齿轮,应取偏大值;当齿轮相对于两端轴承对称布置时,宜取偏小值;当非对称布置或单支承悬臂布置时,宜取偏大值。

10.3.3　齿面接触疲劳强度计算

齿面接触疲劳强度计算是为了防止齿面点蚀失效而进行的齿轮工作能力计算。除开式齿轮传动之外,各种工况下的齿轮传动均有可能产生齿面点蚀,因此,齿面接触疲劳强度计算是最重要的齿轮工作能力计算内容之一。

由 8.3 节内容可知,点蚀是由于高副接触中表面的变接触应力引起的。因此,强度计算公式可表示为

$$\sigma_H \leqslant [\sigma_H] \tag{10-6}$$

式中:σ_H——整个啮合过程中齿面的最大工作接触应力。

一对轮齿在任一瞬间的啮合,可等效看作两个圆柱体的啮合(这两个圆柱体的曲率分别与两齿廓在啮合点的曲率相等),因此,在任一啮合位置上最大接触应力可按式(8-10)计算,即

$$\sigma_{H\ max} = \sqrt{\frac{F_n}{\pi b} \cdot \frac{\frac{1}{\rho_1} \pm \frac{1}{\rho_2}}{\frac{1-\mu_1^2}{E_1} + \frac{1-\mu_2^2}{E_2}}}$$

式中:各符号的意义见 8.3 节。

由于轮齿啮合位置是变化的,因此,$\sigma_{H\ max}$也是变化的。根据强度计算的一般原则,理论上来说,式(10-6)中的 σ_H 应取为整个啮合过程中最大的 $\sigma_{H\ max}$。综合考虑曲率半径及同时啮合的齿对数可知,最大的 $\sigma_{H\ max}$ 发生在齿根部分靠近节线处(即单齿对啮合的下界点)。但进一步考虑工程上误差容许及计算的简便性,通常以节点处啮合时的 $\sigma_{H\ max}$ 作为 σ_H 的计算依据。对标准直齿圆柱齿轮,将节点处的相应参数代入式(8-10),并进行参数合并和形式上的简化,可得

$$\sigma_H = Z_E Z_H \sqrt{\frac{F_t}{bd_1} \frac{u \pm 1}{u}} \tag{10-7}$$

式中:Z_E——弹性(影响)系数,其值取决于两齿轮的材料,可查表 10-5;

Z_H——区域系数,$Z_H = \sqrt{2/(\sin\alpha \cdot \cos\alpha)}$,对标准齿轮来说,$\alpha = 20°$,$Z_H = 2.5$;

b——啮合宽度；

u——齿数比，定义为大齿轮齿数（设为 z_2）与小齿轮齿数（设为 z_1）之比，即 $u = z_2/z_1$；

符号"＋"用于外啮合传动，"－"用于内啮合传动，下同。

考虑载荷系数 K，并结合式（10-3）和式（10-7），代入式（10-6）后，可得直齿圆柱齿轮齿面接触疲劳强度计算公式为

$$\sigma_H = Z_E Z_H \sqrt{\frac{2KT_1}{bd_1^2}\frac{u\pm1}{u}} \leqslant [\sigma_H] \qquad (10\text{-}8)$$

式（10-8）为齿面接触疲劳强度计算的校核形式。引入齿宽系数的概念，定义为 $\phi_d = b/d_1$，即 $b = \phi_d d_1$，代入式（10-8）并作形式变换，可得齿面接触疲劳强度计算的设计公式：

$$d_1 \geqslant \sqrt[3]{\frac{2KT_1}{\phi_d}\frac{u\pm1}{u}\left(\frac{Z_E Z_H}{[\sigma_H]}\right)^2} \quad (\text{mm}) \qquad (10\text{-}9)$$

需要注意的是，式中的许用应力 $[\sigma_H]$ 应取两齿轮中的较小者。

表 10-5　弹性（影响）系数 Z_E

小齿轮	大齿轮				
	灰 铸 铁	球墨铸铁	铸　　钢	锻　　钢	夹布胶木
锻钢	162.0	181.4	188.9	189.8	56.4
铸钢	161.4	180.5	188.0	—	—
球墨铸铁	156.6	173.9	—	—	—
灰铸铁	143.7				

10.3.4　轮齿弯曲疲劳强度计算

弯曲疲劳强度计算是为了防止轮齿弯曲疲劳折断而进行的齿轮工作能力计算。弯曲疲劳折断是各种工况下的齿轮传动均有可能产生的失效形式，因此，弯曲疲劳强度计算也是最重要的齿轮工作能力计算内容之一。

弯曲疲劳折断是由循环变化的弯曲应力引起的。因此，强度计算公式可表示为

$$\sigma_F \leqslant [\sigma_F] \qquad (10\text{-}10)$$

式中：σ_F——整个啮合过程中轮齿危险截面的最大弯曲应力，其值取决于轮齿上的弯矩和抗弯截面系数。

图 10-7 所示为一轮齿受力的简化模型。由于齿轮芯部刚度远大于轮齿刚度，因此可将轮齿受力模型简化为悬臂梁模型。危险截面通常可按 30°切线法确定，即作与轮齿对称线成 30°夹角且与齿根过渡曲线相切的直线，

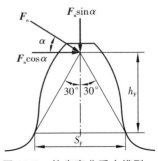

图 10-7　轮齿弯曲受力模型

将两侧的切点相连,所得平面被视为危险截面。由此可求得该截面的抗弯截面系数。由图可直观地看出,当轮齿在齿顶啮合时,弯曲力臂最大,但由于此时有多对齿啮合,故载荷 F_n 并非最大,因此仍然不是理论上的最大弯矩啮合时刻。但考虑到齿轮的加工与安装误差、安全性及简便性,通常取齿顶啮合处时刻,并假设所有载荷由单对齿承担来进行弯矩的计算。

基于上述原则,根据材料力学中的相应知识与公式、考虑载荷系数 K、并进行相关参数合并与形式简化,可得轮齿危险截面处的最大弯曲应力,即

$$\sigma_F = \frac{2KT_1 Y_{Fa} Y_{Sa}}{bd_1 m} \tag{10-11}$$

式中:m——齿轮模数;

　　Y_{Fa}——齿形系数,只与齿数和变位系数有关(对于标准齿轮,只与齿数有关),而与模数无关;

　　Y_{Sa}——考虑载荷作用于齿顶时的应力校正系数,同样也只与齿数和变位系数有关;

其余符号意义同前。对标准齿轮来说,Y_{Fa} 和 Y_{Sa} 可由表 10-6 查取。

表 10-6　齿形系数 Y_{Fa} 与应力校正系数 Y_{Sa}

$z(z_v)$	17	18	19	20	21	22	23	24	25	26	27	28	29
Y_{Fa}	2.97	2.91	2.85	2.80	2.76	2.72	2.69	2.65	2.62	2.60	2.57	2.55	2.53
Y_{Sa}	1.52	1.53	1.54	1.55	1.56	1.57	1.575	1.58	1.59	1.595	1.60	1.61	1.62
$z(z_v)$	30	35	40	45	50	60	70	80	90	100	150	200	∞
Y_{Fa}	2.52	2.45	2.40	2.35	2.32	2.28	2.24	2.22	2.20	2.18	2.14	2.12	2.06
Y_{Sa}	1.625	1.65	1.67	1.68	1.70	1.73	1.75	1.77	1.78	1.79	1.83	1.865	1.97

注:① 基准齿形的参数为 $\alpha = 20°$、$h_a^* = 1$、$c^* = 0.25$、$\rho = 0.38\, m$;

　　② 对于内齿轮,当 $\alpha = 20°$、$h_a^* = 1$、$c^* = 0.25$、$\rho = 0.15\, m$ 时,$Y_{Fa} = 2.053$、$Y_{Sa} = 2.65$。

将式(10-11)代入式(10-10)可得直齿圆柱齿轮弯曲疲劳强度计算公式为

$$\sigma_F = \frac{2KT_1 Y_{Fa} Y_{Sa}}{bd_1 m} = \frac{2KT_1 Y_{Fa} Y_{Sa}}{bm^2 z_1} \leqslant [\sigma_F] \tag{10-12}$$

式(10-12)为弯曲疲劳强度计算的校核形式。以 $b = \phi_d d_1$ 代入式(10-12)并进行形式变换,可得弯曲疲劳强度计算的设计公式为

$$m \geqslant \sqrt[3]{\frac{2KT_1}{\phi_d z_1^2} \frac{Y_{Fa} Y_{Sa}}{[\sigma_F]}} \quad (mm) \tag{10-13}$$

使用式(10-13)时,应该注意:

(1) 对于一对相互啮合的齿轮,应将 $Y_{Fa1} Y_{Sa1}/[\sigma_{F1}]$ 和 $Y_{Fa2} Y_{Sa2}/[\sigma_{F2}]$ 中的较大者代入;

(2) 按此式计算出模数值后,应向大值方向取接近的标准模数,对于传递动力的齿轮来说,还需保证 $m \geqslant 1.5$ mm。

10.3.5　齿轮传动参数选择

在进行齿轮强度的设计计算时,有些参数并非通过计算所得,而是根据具体工况及对齿轮传动性能的定性综合考虑来合理确定的,如齿轮精度、齿轮的齿数及齿宽系数等。

1. 齿轮精度选择

齿轮制造和安装过程中,不可避免存在误差,误差不同,齿轮的精度等级也不同。国标 GB/T 10095.1—2008 中对圆柱齿轮及齿轮副规定了 0～12 共 13 个精度等级,其中 0 级精度最高(公差最小),12 级精度最低(公差最大)。

显然,精度越高,齿轮传动性能越好,但成本也越高;反之亦然。工程中常用的齿轮精度及其应用场合可参考表 10-7。

表 10-7　常用齿轮精度及其应用场合

精度等级	圆周速度 v/(m/s)			应　　用
	直齿圆柱齿轮	斜齿圆柱齿轮	直齿圆锥齿轮	
6 级	≤15	≤30	≤12	高速重载的齿轮传动,如飞机、汽车和机床中的重要齿轮,分度机构中的齿轮等
7 级	≤10	≤15	≤8	高速中载或中速重载的齿轮传动,如标准系列减速器中的齿轮,汽车和机床中的齿轮等
8 级	≤6	≤10	≤4	机械制造中对精度无特殊要求的齿轮
9 级	≤2	≤4	≤1.5	低速及精度要求低的齿轮

2. 齿数选择

齿轮齿数的选择首先必须满足不产生根切的要求,即对于标准直齿圆柱齿轮,必须不小于 17 齿。在此前提下,加大齿数将具有如下优点:

(1) 有利于增大重合度系数,提高传动平稳性;

(2) 分度圆直径不变的前提下,模数将减小,从而使齿高减小,齿面滑动速度减小;

(3) 由于齿高减小,还可减少金属切削量,节约制造费用。

然而,由于齿数加大,模数减小,齿厚会变薄,导致轮齿的弯曲疲劳强度降低。因此,对于闭式软齿面齿轮传动来说,在弯曲疲劳强度满足的前提下,宜选择较大齿数,通常可选小齿轮齿数为 $z_1=20\sim40$;对于闭式硬齿面齿轮传动和开式齿轮传动,应该着重保证弯曲疲劳强度,因此,齿数可适当取小些,通常可取 $z_1 = 17 \sim 20$。在小齿轮齿数确定后,大齿轮齿数可通过齿数比定义求得($z_2 = uz_1$)。为使得各轮齿磨损均匀,相互啮合的两齿轮齿数最好为互质,或一奇一偶。

3. 齿宽系数选择及轮齿宽度确定

由齿宽系数 ϕ_d 的定义可知,在分度圆直径一定时,ϕ_d 越大,则啮合宽度越大,齿轮的承载能力越强;在载荷一定时,ϕ_d 越大,则计算所得的齿轮直径越小,结构越紧凑。可见,仅从承载能力和强度方面考虑,ϕ_d 越大越好。但另一方面,ϕ_d 越大,由于制造误差、安装误差及轴系弹性变形等原因,载荷沿齿宽方向分布的不均匀性将越严重。因此,ϕ_d 的取值应该适当,具体可参考表 10-8。

表 10-8 圆柱齿轮齿宽系数 ϕ_d

齿轮布置　　　齿面硬度	对称布置	非对称布置	悬臂布置
软齿面	0.8～1.4	0.2～1.2	0.3～0.4
硬齿面	0.4～0.9	0.3～1.6	0.2～0.25

注:轴及其支承刚性较大时取偏大值,反之取偏小值。

实际轮齿宽度必须保证啮合宽度,并取整数为宜。为此,齿宽可按式(10-14)计算。式中,⌈ ⌉为向上取整符号。

$$\begin{cases} \text{大齿轮齿宽}: B_2 = \lceil \phi_d d_1 \rceil \\ \text{小齿轮齿宽}: B_1 = B_2 + (5 \sim 10) \text{ mm} \end{cases} \tag{10-14}$$

10.3.6 设计案例

例 10-1 设计某带式运输机用单级减速器中的标准直齿圆柱齿轮传动。已知:原动力为电动机,工作中单向运转,工作机存在中等振动;输入功率 $P = 9.5$ kW,小齿轮转速 $n_1 = 730$ r/min,传动比 $i = 3.8$。

解 设计步骤如表 10-9 所示。

表 10-9 标准直齿圆柱齿轮传动设计步骤

设计计算项目	设计计算内容	设计计算结果
(1)材料选择及许用应力确定	参考表 10-2 和表 10-1,小齿轮材料选用 45 钢,调质处理,齿面硬度为 197～286 HBS,$\sigma_{H\,lim1} = 550 \sim 620$ MPa,$\sigma_{FE1} = 410 \sim 480$ MPa。 大齿轮材料选用 45 钢,正火处理,齿面硬度为 156～217 HBS,$\sigma_{H\,lim2} = 350 \sim 400$ MPa,$\sigma_{FE2} = 280 \sim 340$ MPa。	

续表

设计计算项目	设计计算内容	设计计算结果
（2）按齿面接触疲劳强度设计计算	小齿轮硬度取近中值 240 HBS，大齿轮硬度取近中值 190 HBS，均为软齿面，硬度差为50 HBS，满足要求。 　　查表 10-3，按一般可靠度要求，取安全系数 $S_H = 1.0$，$S_F = 1.25$，则许用应力为 $[\sigma_{H1}] = \dfrac{\sigma_{H\,lim1}}{S_H} = 585$ MPa，$[\sigma_{F1}] = \dfrac{\sigma_{FE1}}{S_F} = 356$ MPa $[\sigma_{H2}] = \dfrac{\sigma_{H\,lim2}}{S_H} = 375$ MPa，$[\sigma_{F2}] = \dfrac{\sigma_{FE2}}{S_F} = 248$ MPa 　　因属于闭式软齿面齿轮传动，根据设计准则，应按齿面接触疲劳强度进行设计计算，即采用式（10-9）。式中各参数求取如下。 　　① 参考表 10-7，选择 8 级精度齿轮；参考表 10-4，取载荷系数 $K = 1.5$。 　　② 小齿轮上的转矩为 $T_1 = 9.55 \times 10^6 \dfrac{P}{n_1} = 9.55 \times 10^6 \times \dfrac{9.5}{730}$ N·mm 　　　$= 124\,280.8$ N·mm 　　③ 齿宽系数选取。由于为单级减速器，因此，齿轮通常为对称布置，参考表 10-8，取 $\phi_d = 1.0$。 　　④ 齿数比　因属于减速传动，齿数比与传动比相等，即 $u = 3.8$。 　　⑤ 弹性（影响）系数　两齿轮均为锻钢，查表 10-5 得 $Z_E = 189.8$。 　　⑥ 区域系数　因是标准齿轮，故 $Z_H = 2.5$。 　　⑦ 许用应力 $[\sigma_H]$　取两齿轮中的较小者，即 $[\sigma_H] = [\sigma_{H2}] = 375$ MPa。 　　⑧ 将各参数代入式（10-9）可得 $d_1 \geqslant \sqrt[3]{\dfrac{2 \times 1.5 \times 124\,280.8}{1.0} \times \dfrac{3.8+1}{3.8} \times \left(\dfrac{189.8 \times 2.5}{375}\right)^2}$ mm 　　　$= 91$ mm	小齿轮材料：45 钢，调质；大齿轮材料：45 钢，正火。 　　疲劳极限取中值： $\sigma_{H\,lim1} = 585$ MPa $\sigma_{FE1} = 445$ MPa $\sigma_{H\,lim2} = 375$ MPa $\sigma_{FE2} = 310$ MPa $[\sigma_{H1}] = 585$ MPa $[\sigma_{F1}] = 356$ MPa $[\sigma_{H2}] = 375$ MPa $[\sigma_{F2}] = 248$ MPa $d_1 \geqslant 91$ mm

设计计算项目	设计计算内容	设计计算结果
(3) 几何参数的选择与调整	通过接触疲劳强度计算确定小齿轮分度圆直径下限后,可以此为基础,选择、计算、调整、确定齿轮传动的其他几何参数。 ① 齿数选择 因属于闭式软齿面齿轮传动,故初选 $z_1=37$;因此,$z_2=uz_1=3.8\times37=140.6$,取整为 $z_2=140$。 ② 确定模数 $m=d_1/z_1=91/37$ mm$=2.46$ mm 取标准模数 $m=2.5$ mm。 ③ 计算中心距 标准中心距为 $$a=\frac{m(z_1+z_2)}{2}=\frac{2.5\times(37+140)}{2} \text{ mm}$$ $$=221.25 \text{ mm}$$ ④ 调整参数 齿轮中心距通常需要取整数,为此,调整大齿轮齿数为 $z_2=143$,此时,标准中心距变为 $$a=\frac{m(z_1+z_2)}{2}=\frac{2.5\times(37+143)}{2} \text{ mm}=225 \text{ mm}$$ 需要注意的是,齿数调整后,齿数比(或传动比)会有偏差,但一般工程中允许其相对误差在 $\pm5\%$ 之内,现校核如下。 $$\Delta_u=\frac{|143/37-3.8|}{3.8}\times100\%=1.7\%<5\%$$ 因此,满足要求。 此时,两齿轮的分度圆直径分别为 $d_1=mz_1=2.5\times37$ mm$=92.5$ mm $d_2=mz_2=2.5\times143$ mm$=357.5$ mm	$z_1=37$ $z_2=143$ $m=2.5$ mm $d_1=92.5$ mm $d_2=357.5$ mm $a=225$ mm

设计计算项目	设计计算内容	设计计算结果
（4）校核轮齿弯曲疲劳强度	基于上述参数,按式(10-12)进行弯曲疲劳强度校核。 　① 齿形系数与应力校正系数查取 　由表 10-6 查得 $z=35$ 和 $z=40$ 时,分别对应 $Y_{\mathrm{Fa}}=2.45$ 和 $Y_{\mathrm{Fa}}=2.40$,采用线性插值法,可求出 $z_1=37$ 时的齿形系数 Y_{Fa1}。 $$Y_{\mathrm{Fa1}}=2.40+\frac{40-37}{40-35}\times(2.45-2.40)=2.43$$ 　同理可求得 $Y_{\mathrm{Sa1}}=1.658$,$Y_{\mathrm{Fa2}}=2.146$,$Y_{\mathrm{Sa2}}=1.824$。 　② 啮合宽度计算 $$b=\phi_\mathrm{d}d_1=1.0\times92.5\ \mathrm{mm}=92.5\ \mathrm{mm}$$ 　弯曲强度比较 $$\frac{Y_{\mathrm{Fa1}}Y_{\mathrm{Sa1}}}{[\sigma_{\mathrm{F1}}]}=\frac{2.43\times1.658}{356}=0.011\ 32<\frac{Y_{\mathrm{Fa2}}Y_{\mathrm{Sa2}}}{[\sigma_{\mathrm{F2}}]}$$ $$=\frac{2.146\times1.824}{248}=0.015\ 78$$ 　因此,大齿轮的弯曲强度弱于小齿轮的弯曲强度,应按大齿轮进行弯曲疲劳强度校核。 　弯曲疲劳强度校核 $$\sigma_{\mathrm{F2}}=\frac{2\times1.5\times124\ 280.8\times2.146\times1.824}{92.5\times92.5\times2.5}\ \mathrm{MPa}$$ $$=68.2\ \mathrm{MPa}\leqslant[\sigma_{\mathrm{F2}}]=248\ \mathrm{MPa}$$ 　故弯曲疲劳强度满足要求。	
（5）精度验算	按表 10-7,根据分度圆圆周速度验算精度选择是否合适。齿轮分度圆圆周速度为 $$v=\frac{\pi d_1 n_1}{60\times1\ 000}=\frac{\pi\times92.5\times730}{60\times1\ 000}=3.5\ \mathrm{m/s}\leqslant6\ \mathrm{m/s}$$ 　因此,采用 8 级精度是适宜的。	
（6）计算与确定齿宽	由式(10-14),可得 大齿轮齿宽 $B_2=\lceil\phi_\mathrm{d}d_1\rceil=\lceil1.0\times92.5\rceil\ \mathrm{mm}=$ 93 mm 小齿轮齿宽 $B_1=B_2+(5\sim10)\mathrm{mm}=100\ \mathrm{mm}$	$B_1=100$ mm $B_2=93$ mm
（7）齿轮结构设计	参考 10.6 节(略)。	

10.4　标准斜齿圆柱齿轮传动设计计算

10.4.1　受力分析

图 10-8 所示为一对以标准中心距安装的标准斜齿圆柱齿轮传动受力图,C 为齿宽中间平面上的节点。同理将实际载荷简化为作用点为 C、沿齿廓法向的集中力 F_n。由于存在螺旋角,F_n 可分解为三个方向的分力:圆周力 F_t、径向力 F_r 和轴向力 F_a,如图 10-8 所示。各力计算公式为

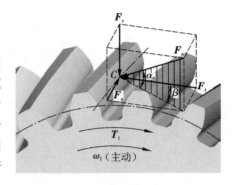

图 10-8　斜齿圆柱齿轮传动作用力

$$
\begin{cases}
F_t = F_{t1} = F_{t2} = \dfrac{2T_1}{d_1} \\[2mm]
F_r = F_{r1} = F_{r2} = \dfrac{F_t \tan \alpha_n}{\cos \beta} \\[2mm]
F_a = F_{a1} = F_{a2} = F_t \tan \beta \\[2mm]
F_n = F_{n1} = F_{n2} = \dfrac{F_t}{\cos \alpha_n \cos \beta}
\end{cases}
\tag{10-15}
$$

式中:β——节圆上的螺旋角,对于标准齿轮,也即分度圆上的螺旋角;

α_n——节圆上的法面压力角,对于标准齿轮,$\alpha_n = 20°$。

10.4.2　强度计算及参数选择

1. 斜齿圆柱齿轮传动的强度计算

斜齿圆柱齿轮传动的强度计算是按照轮齿的法面进行的,即等效于对其法面的当量直齿圆柱齿轮进行计算。由于斜齿圆柱齿轮传动重合度较大,同时啮合的齿对数较多,当量齿轮的分度圆直径也较大,且斜齿轮是逐渐啮入和退出的;因此,斜齿轮的工作应力小于同等尺寸直齿轮的工作应力。

根据斜齿轮法面当量直齿圆柱齿轮的相关参数,以直齿圆柱齿轮传动相同的原理,可推导出相应的齿面接触疲劳强度与轮齿弯曲疲劳强度计算公式,如式(10-16)至式(10-19)所示。

$$
\sigma_H = Z_E Z_H Z_\beta \sqrt{\frac{2KT_1}{bd_1^2} \frac{u \pm 1}{u}} \leqslant [\sigma_H]
\tag{10-16}
$$

$$
d_1 \geqslant \sqrt[3]{\frac{2KT_1}{\phi_d} \frac{u \pm 1}{u} \left(\frac{Z_E Z_H Z_\beta}{[\sigma_H]} \right)^2} \; (\text{mm})
\tag{10-17}
$$

$$\sigma_F = \frac{2KT_1 Y_{Fa} Y_{Sa}}{bd_1 m_n} \leqslant [\sigma_F] \qquad (10\text{-}18)$$

$$m_n \geqslant \sqrt[3]{\frac{2KT_1}{\phi_d z_1^2} \frac{Y_{Fa} Y_{Sa}}{[\sigma_F]} \cos^2\beta}\ (\text{mm}) \qquad (10\text{-}19)$$

式(10-16)至式(10-19)中:区域系数 Z_H 按图 10-9 查取;

螺旋角系数 $Z_\beta = \sqrt{\cos\beta}$;

许用接触应力$[\sigma_H]$取值与直齿圆柱齿轮传动不同,应取为$[\sigma_H] = \min\{([\sigma_{H1}] + [\sigma_{H2}])/2, 1.23[\sigma_{H2}]\}$,其中假设$[\sigma_{H2}]$为较软齿面齿轮的许用接触应力;

法向模数 m_n 应取为标准模数,对于传递动力的齿轮来说,应保证 $m_n \geqslant 1.5$ mm;

Y_{Fa} 和 Y_{Sa} 按当量齿数 z_v($z_v = z/\cos^3\beta$)查表 10-6;

其余符号意义及取值方法同前。

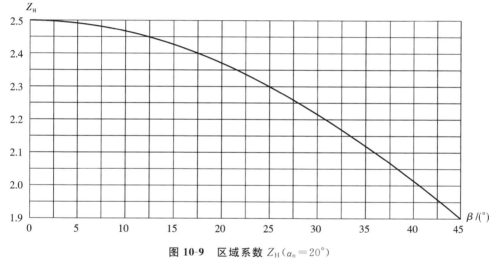

图 10-9 区域系数 Z_H($\alpha_n = 20°$)

2. 参数选择

在进行斜齿圆柱齿轮传动设计时,同样需要合理选取精度、齿数和齿宽系数等齿轮参数,选择方法与直齿圆柱齿轮传动的基本相同。齿数选择时,由于存在螺旋角,因此最小根切齿数小于 17。

除上述参数外,还需要合理选择分度圆螺旋角。螺旋角越大,齿轮的承载能力越高,传动平稳性越好;然而,另一方面,由式(10-15)可知,齿轮间的轴向力 F_a 也越大,将使其支承轴及轴承负荷加大。为此,工程中一般选取 $\beta = 8° \sim 20°$ 为宜。

10.4.3 设计案例

例 10-2 设计某带式运输机用单级减速器中的标准斜齿圆柱齿轮传动。工况与参数与例 10-1 完全相同。

解 设计步骤如表 10-10 所示。

表 10-10　标准斜齿圆柱齿轮传动设计步骤

设计计算项目	设计计算内容	设计计算结果
(1) 材料选择及许用应力确定	采用与例 10-1 中完全相同的材料及热处理方式:小齿轮材料选用 45 钢,调质处理;大齿轮材料选用 45 钢,正火处理。 各疲劳极限及许用应力也与例 10-1 中取完全相同值。	
(2) 按齿面接触疲劳强度设计计算	因属闭式软齿面齿轮传动,根据设计准则,按齿面接触疲劳强度进行设计计算,即采用式(10-17)。式中各参数求取如下。 ① 参考表 10-7,选择 8 级精度齿轮;参考表 10-4,取载荷系数 $K=1.5$。 ② 小齿轮上的转矩 $T_1 = 9.55 \times 10^6 \dfrac{P}{n_1} = 9.55 \times 10^6 \times \dfrac{9.5}{730}$ N·mm $\qquad = 124\ 280.8$ N·mm ③ 齿宽系数选取 齿轮为对称布置,参考表 10-8,取 $\phi_d = 1.0$。 ④ 齿数比 因属减速传动,齿数比与传动比相等,即 $u=3.8$。 ⑤ 弹性(影响)系数 两齿轮均为锻钢,查表 10-5 得 $Z_E = 189.8$。 ⑥ 初选螺旋角,计算螺旋角系数 取分度圆螺旋角为 $\beta = 15°$,则螺旋角系数为 $Z_\beta = \sqrt{\cos 15°} = 0.983$。 ⑦ 区域系数 查图 10-9 得 $Z_H = 2.425$。 ⑧ 许用应力 $[\sigma_H]$ $[\sigma_H] = \min\{(585+375)/2, 1.23 \times 375\} = 461.25$ MPa。 将各参数代入式(10-17)可得 $d_1 \geqslant \sqrt[3]{\dfrac{2 \times 1.5 \times 124\ 280.8}{1.0} \times \dfrac{3.8+1}{3.8} \times \left(\dfrac{189.8 \times 2.425 \times 0.983}{461.25}\right)^2}$ mm $\qquad = 76.81$ mm	$[\sigma_{H1}] = 585$ MPa $[\sigma_{F1}] = 356$ MPa $[\sigma_{H2}] = 375$ MPa $[\sigma_{F2}] = 248$ MPa
(3) 几何参数的选择与调整	通过接触疲劳强度计算确定小齿轮分度圆直径下限后,可以此为基础,选择、计算、调整、确定齿轮传动的其他几何参数。 ① 齿数选择 因属闭式软齿面齿轮传动,故初选 $z_1 = 32$;因此,$z_2 = uz_1 = 3.8 \times 32 = 121.6$,取整为 $z_2 = 121$。 ② 确定模数 $m_n = d_1 \cos\beta/z_1 = 76.81 \times \cos 15°/32$ mm $= 2.319$ mm 取标准模数 $m_n = 2.5$ mm。	$z_1 = 32$ $z_2 = 121$ $m_n = 2.5$ mm

续表

设计计算项目	设计计算内容	设计计算结果
	③ 计算中心距 标准中心距为 $$a=\frac{m_{\mathrm{n}}(z_1+z_2)}{2\cos\beta}=\frac{2.5\times(32+121)}{2\times\cos15°}\text{ mm}=197.99\text{ mm}$$ ④ 调整参数 齿轮中心距通常需要取整数,对于斜齿轮,可通过微调螺旋角来实现。将中心距取为 $a=198$ mm,则调整后的螺旋角应为 $$\beta=\arccos\frac{2.5\times(32+121)}{2\times198}=15.004°$$ 此时,两齿轮的分度圆直径分别为 $d_1=m_{\mathrm{n}}z_1/\cos\beta=2.5\times32/\cos15.004°\text{ mm}=82.82\text{ mm}$ $d_2=m_{\mathrm{n}}z_2/\cos\beta=2.5\times121/\cos15.004°\text{ mm}=313.18\text{ mm}$	$\beta=15.004°$ $d_1=82.82$ mm $d_2=313.18$ mm $a=198$ mm
(4) 校核轮齿弯曲疲劳强度	基于上述参数,按式(10-18)进行弯曲疲劳强度校核。 ① 齿形系数与应力校正系数查取 $z_{\mathrm{v}1}=z_1/\cos^3\beta=35.5,z_{\mathrm{v}2}=z_2/\cos^3\beta=134.3$,查表 10-6 并采用线性插值法,可得 $Y_{\mathrm{Fa1}}=2.445,Y_{\mathrm{Sa1}}=1.652,Y_{\mathrm{Fa2}}=2.163,Y_{\mathrm{Sa2}}=1.807$。 ② 啮合宽度计算 $b=\phi_{\mathrm{d}}d_1=1.0\times82.82\text{ mm}=82.82\text{ mm}$ ③ 弯曲强度比较 $$\frac{Y_{\mathrm{Fa1}}Y_{\mathrm{Sa1}}}{[\sigma_{\mathrm{F1}}]}=\frac{2.445\times1.652}{356}=0.011\,34$$ $$\frac{Y_{\mathrm{Fa2}}Y_{\mathrm{Sa2}}}{[\sigma_{\mathrm{F2}}]}=\frac{2.163\times1.807}{248}=0.015\,76$$ 由于 $0.011\,34<0.015\,76$,因此,大齿轮的弯曲强度弱于小齿轮的弯曲强度,应按大齿轮进行弯曲疲劳强度校核。 ④ 弯曲疲劳强度校核 $$\sigma_{\mathrm{F2}}=\frac{2\times1.5\times124\,280.8\times2.163\times1.807}{82.82\times82.82\times2.5}\text{ MPa}=85\text{ MPa}$$ $$\leqslant[\sigma_{\mathrm{F2}}]=248\text{ MPa}$$ 弯曲疲劳强度满足要求。	
(5) 精度验算	按表10-7,根据分度圆圆周速度验算精度选择是否合适。齿轮分度圆圆周速度为 $$v=\frac{\pi d_1 n_1}{60\times1\,000}=\frac{\pi\times82.82\times730}{60\times1\,000}=3.17\text{ m/s}\leqslant10\text{ m/s}$$ 因此,采用 8 级精度是适宜的。	
(6) 计算与确定齿宽	由式(10-14),可得 大齿轮齿宽 $B_2=\lceil\phi_{\mathrm{d}}d_1\rceil=\lceil1.0\times82.82\rceil\text{ mm}=83\text{ mm}$ 小齿轮齿宽 $B_1=B_2+(5\sim10)\text{ mm}=90\text{ mm}$	$B_1=90$ mm $B_2=83$ mm
(7) 齿轮结构设计	参考 10.6 节(略)。	

10.5　直齿圆锥齿轮传动设计计算

10.5.1　受力分析

图 10-10 所示为直齿圆锥齿轮传动简化后的受力图。法向力 F_n 可分解为三个方向的分力:圆周力 F_t、径向力 F_r 和轴向力 F_a。各力计算公式为

$$\begin{cases} F_t = F_{t1} = F_{t2} = \dfrac{2T_1}{d_{m1}} \\[2mm] F_{r1} = F_t \tan\alpha\cos\delta_1 = F_{a2} \\[2mm] F_{a1} = F_t \tan\alpha\sin\delta_1 = F_{r2} \\[2mm] F_n = F_{n1} = F_{n2} = \dfrac{F_t}{\cos\alpha} \end{cases} \tag{10-20}$$

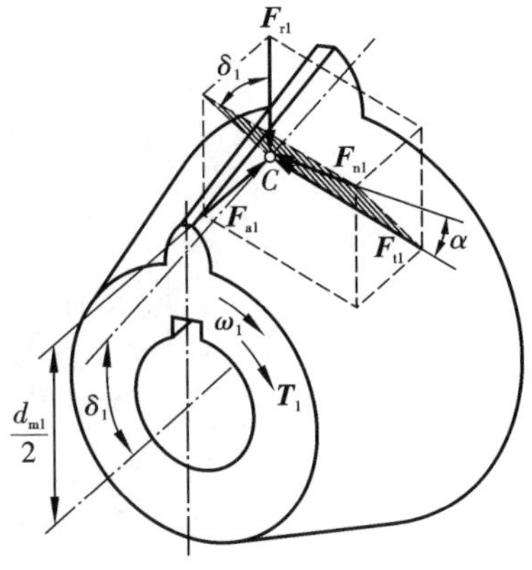

图 10-10　直齿圆锥齿轮传动作用力

式中:d_{m1}——主动锥齿轮 1 的平均分度圆直径;

　　　α——齿宽中点的分度圆压力角;

　　　δ_1、δ_2——两锥齿轮的分度圆锥角。

与圆柱齿轮传动不同的是,由于一对相互啮合的直齿圆锥齿轮传动两轴通常成 90°交角,因此其中一齿轮的径向力与另一齿轮的轴向力互为作用力与反作用力;轴向力则总是指向轮齿大端的。

10.5.2　强度计算

直齿圆锥齿轮传动强度计算通常是按照齿宽中点的当量直齿圆柱齿轮传动进行的。以齿宽中点当量直齿圆柱齿轮的各相关参数代入直齿圆柱齿轮传动的强度计算公式中,简化后可得其齿面接触疲劳强度与轮齿弯曲疲劳强度计算公式,即式(10-21)至式(10-24)。

$$\sigma_H = Z_E Z_H \sqrt{\frac{4KT_1}{\phi_R u(1-0.5\phi_R)^2 d_1^3}} \leqslant [\sigma_H] \tag{10-21}$$

$$d_1 \geqslant \sqrt[3]{\frac{4KT_1}{\phi_R u(1-0.5\phi_R)^2}\left(\frac{Z_E Z_H}{[\sigma_H]}\right)^2} \;(\text{mm}) \tag{10-22}$$

$$\sigma_F = \frac{KF_t Y_{Fa} Y_{Sa}}{bm(1-0.5\phi_R)} \leqslant [\sigma_F] \tag{10-23}$$

$$m \geqslant \sqrt[3]{\frac{4KT_1}{\phi_R z_1^2(1-0.5\phi_R)^2 \sqrt{u^2+1}} \cdot \frac{Y_{Fa} Y_{Sa}}{[\sigma_F]}} \;(\text{mm}) \tag{10-24}$$

式(10-21)至式(10-24)中:区域系数 $Z_H = 2.5$;

　　　d_1——圆锥齿轮小齿轮的大端分度圆直径;

　　　m——大端模数,应取为圆锥齿轮的标准模数;

ϕ_R——锥齿轮传动的齿宽系数,定义为 $\phi_R = b/R_e$(b 为齿宽,R_e 为外锥距),通常取 $\phi_R = 0.25 \sim 0.35$;

Y_{Fa} 和 Y_{Sa} 按当量齿数 z_v($z_v = z/\cos\delta$)查表 10-6;

其余符号意义及取值方法同前。

10.6　齿轮的结构形式及选择

通过齿轮的承载能力计算,可以确定齿轮传动的主要性能参数,如齿数、模数、螺旋角等基本参数及分度圆直径、中心距、齿宽等参数,而轮缘、腹板(或轮辐)和轮毂的结构形状及结构尺寸则需要通过齿轮的结构设计来确定。作为通用零件,齿轮的结构设计一般包括两方面内容:结构形式的选择及结构尺寸的计算。

10.6.1　齿轮常用结构形式

齿轮的结构形式通常包括四种:齿轮轴、实心式齿轮、腹板式(或孔板式)齿轮和轮辐式齿轮,如图 10-11 至图 10-15 所示。

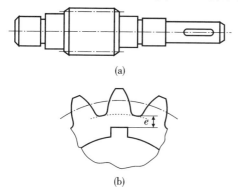

图 10-11　齿轮轴结构图

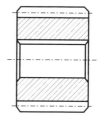

图 10-12　实心式齿轮结构图

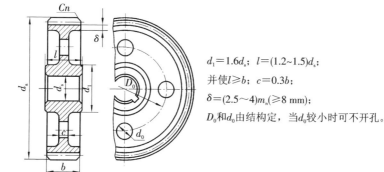

$d_1 = 1.6d_s$; $l = (1.2 \sim 1.5)d_s$;
并使$l \geq b$; $c = 0.3b$;
$\delta = (2.5 \sim 4)m_n(\geq 8\ \text{mm})$;
D_0 和 d_0 由结构定,当d_0较小时可不开孔。

图 10-13　腹板式圆柱齿轮结构图

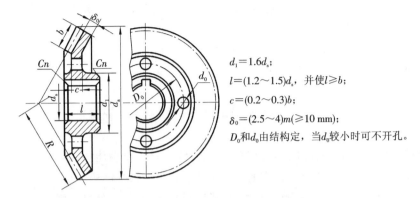

$d_1 = 1.6d_s$；

$l = (1.2 \sim 1.5)d_s$，并使$l \geq b$；

$c = (0.2 \sim 0.3)b$；

$\delta_0 = (2.5 \sim 4)m(\geq 10 \text{ mm})$；

D_0和d_0由结构定，当d_0较小时可不开孔。

图 10-14　腹板式圆锥齿轮结构图

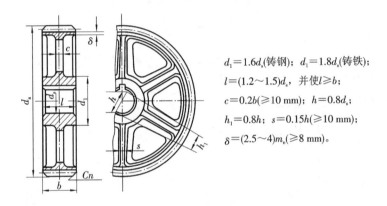

$d_1 = 1.6d_s$(铸钢)；$d_1 = 1.8d_s$(铸铁)；

$l = (1.2 \sim 1.5)d_s$，并使$l \geq b$；

$c = 0.2b(\geq 10 \text{ mm})$；$h = 0.8d_s$；

$h_1 = 0.8h$；$s = 0.15h(\geq 10 \text{ mm})$；

$\delta = (2.5 \sim 4)m_n(\geq 8 \text{ mm})$。

图 10-15　轮辐式圆柱齿轮结构图

10.6.2　齿轮结构形式的选择

齿轮的结构形式主要根据齿轮直径选择,结构形式选定后,再根据相应经验公式计算,即可得相应结构尺寸。

对于直径很小(与轴直径较接近)的钢制齿轮,当为圆柱齿轮时,若齿根与键槽底部的距离$e \leq 2.5m_t$(m_t为端面模数),应做成齿轮轴结构,如图 10-11 所示;当为锥齿轮,且按齿轮小端尺寸计算而得的齿根与键槽底部的距离$e \leq 1.6m$(m为模数)时,应做成齿轮轴结构。若e值超过上述尺寸,则齿轮与轴以分开制造较为合理。

当齿轮顶圆直径$d_a \geq 160 \text{ mm}$时,可做成实心结构的齿轮,如图 10-12 所示。当齿轮顶圆直径满足 160 mm$< d_a <$500 mm 时,可做成腹板结构的齿轮,如图 10-13 和图 10-14 所示,腹板上开孔的数目按结构尺寸大小及需要而定。当齿顶直径满足 400 mm$< d_a <$1 000 mm时,可做成轮辐截面为"十"字形的轮辐式结构齿轮,如图 10-15 所示。

此外,为了节约贵重金属,对于尺寸较大的圆柱齿轮,可做成组装齿圈式的结构。

其齿圈用钢制成,而轮芯则用铸铁或铸钢制成。

10.7　齿轮传动的效率及润滑

齿轮传动是目前传动效率最高的一种机械传动类型。然而,由于齿面间的相对滑动及其他原因,摩擦、磨损及功率损失仍不可避免。为更好地发挥齿轮的传动性能,延长齿轮传动的工作寿命,必须对齿轮传动的润滑进行合理设计。

10.7.1　齿轮传动的效率

闭式齿轮传动的功率损失主要包括三个方面:啮合过程中的摩擦损失、润滑油的油阻损失和支承轴承的摩擦损失。分别记其对应效率为 η_1、η_2 和 η_3,则闭式齿轮传动总效率可表示为

$$\eta = \eta_1 \eta_2 \eta_3$$

当采用滚动轴承支承时,常用精度齿轮传动总效率的平均值可参考表 10-11。

表 10-11　常用精度齿轮传动的平均效率

传动类型	精度等级及传动形式			
	6、7 级精度闭式传动	8 级精度闭式传动	9 级精度闭式传动	开式传动
圆柱齿轮传动	0.98	0.97	0.96	0.94~0.96
圆锥齿轮传动	0.97	0.96	—	0.92~0.95

10.7.2　齿轮传动的润滑

齿轮传动的润滑包括两方面问题:润滑方式的选择和润滑剂的选择。

1. 齿轮传动的润滑方式

开式齿轮传动通常采用人工定期添加润滑剂的方式润滑。润滑剂可为润滑脂或润滑油。

闭式齿轮传动的润滑方式通常依据齿轮节圆圆周速度 v 进行选择。当 $v \leqslant 12$ m/s 时,一般采用油池润滑,如图 10-16 所示。对圆柱齿轮,大齿轮浸入油池深度通常不宜超过一个齿高,但一般不应小于 10 mm;对圆锥齿轮,应该浸入全齿宽,至少应浸入齿宽一半。在多级齿轮传动中,若大齿轮直径相差较大,为保证较小大齿轮足够的浸油深度且较大大齿轮不至于浸油过深,通常附加一带油惰轮与较小大齿轮啮合,以间接将润滑油带至啮合区,如图 10-17 所示。

当 $v > 12$ m/s 时,不宜采用油池润滑方式,其主要原因是:① 圆周速度过大,齿轮

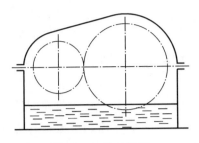

图 10-16　油池润滑

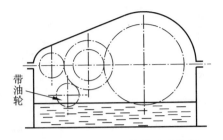

图 10-17　采用带油轮的油池润滑

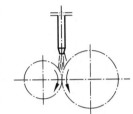

图 10-18　喷油润滑

上的润滑油容易在离心力作用下甩出去而不能进入啮合区;②速度过大则搅油激烈,油阻力损失大,影响效率,且油温升高快,从而降低润滑油性能;③激烈的搅油容易搅起箱底沉淀的杂质,从而造成齿轮的加速磨损。为此,在 $v>12$ m/s 时多采用喷油润滑的方式,即将润滑油通过油泵加压后由喷嘴直接喷至啮合区,如图 10-18 所示。

2. 齿轮传动润滑剂的选择

齿轮传动的润滑剂通常为润滑油或润滑脂。可根据齿轮材料、屈服强度及节圆圆周速度,由表 10-12 选择润滑油的运动黏度,再根据黏度及工况参考表 10-13 选择相应的润滑油牌号。

表 10-12　齿轮传动润滑油黏度的推荐值

齿 轮 材 料	屈服强度 σ_b/MPa	圆周速度 v/(m/s)						
		<0.5	0.5~1	1~2.5	2.5~5	5~12.5	12.5~25	>25
		运动黏度 ν/cSt(50 ℃)						
塑料、铸铁、青铜	—	177	118	81.5	59	44	32.4	—
钢	450~1 000	266	177	118	81.5	59	44	32.4
	1 000~1 250	266	266	177	118	81.5	59	44
渗碳或表面淬火钢	1 205~1 580	444	266	266	177	118	81.5	59

注:① 多级齿轮传动时,根据各级传动圆周速度的平均值来选择润滑油黏度;
　　② 对于 $\sigma_b>800$ MPa 的镍铬钢制齿轮(不渗透),润滑油黏度应取高一档数值。

表 10-13　齿轮传动常用润滑剂

名　　　称	牌　　号	运动黏度 ν/cSt(40 ℃)	应　　用
重负荷工业齿轮油 (GB 5903—2011)	L-CKD100	90~110	齿面接触应力 $\sigma_m \geqslant 1100$ MPa。适用于工业设备齿轮的润滑
	L-CKD150	135~165	
	L-CKD220	198~242	
	L-CKD320	288~352	
	L-CKD460	414~506	

续表

名　称	牌　号	运动黏度 $\nu/cSt(40\ ℃)$	应　用
中负荷工业齿轮油 （GB 5903—2011）	L-CKD68	$61.2\sim74.8$	齿面接触应力 500 MPa$\leqslant\sigma_H<$1100 MPa。 适用于煤炭、水泥和冶金等工业部门的大型闭式齿轮传动装置的润滑
	L-CKD100	$90\sim110$	
	L-CKD150	$135\sim165$	
	L-CKD220	$198\sim242$	
	L-CKD320	$288\sim352$	
普通开式齿轮油 （SH/T 0363—1992）		100 ℃	主要用于开式齿轮、链条和钢丝绳的润滑
	68	$60\sim75$	
	100	$90\sim110$	
	150	$135\sim165$	
Pinnacle 极压齿轮油	150	150	齿面接触应力 $\sigma_H>1100$ MPa。 用于润滑采用极压润滑剂的各种车用及工业用设备的齿轮
	220	216	
	320	316	
	460	451	
	680	652	
钙钠基润滑脂 （SH/T 0368—1992）	1 号	—	适用于 $80\sim100$ ℃，有水分或较潮湿的环境中工作的齿轮，但不适于低温工况
	2 号		

注：① 表中所列仅为部分齿轮油，必要时可参阅有关资料；

　　② 1cSt＝1×10^{-6} m²/s。

习　题

典型例题

10-1　齿轮传动的失效形式主要有哪些？开式齿轮传动和闭式齿轮传动的失效形式有什么不同？

10-2　在进行软齿面齿轮传动设计时，两相互啮合的齿轮材料和热处理方式可否均相同？为什么？应如何选择为宜？

10-3　为使得载荷沿齿向分布尽量均匀些,对于非对称布置的齿轮来说,动力的输入(或输出)端应该取为远离齿轮端还是接近齿轮端? 为什么?

10-4　在一对相互啮合的齿轮中,若材料及热处理方式不尽相同,大、小齿轮的工作接触应力是否相等? 许用接触应力是否相等?

10-5　在一对相互啮合的齿轮中,若材料及热处理方式不尽相同,两齿轮的齿数不同,大、小齿轮的工作弯曲应力是否相等? 许用弯曲应力是否相等?

10-6　若一个二级齿轮传动系统中包括一级直齿圆柱齿轮和一级斜齿圆柱齿轮,则斜齿圆柱齿轮传动应该布置在高速级还是低速级,为什么?

10-7　进行齿轮传动设计时,若接触强度不足而弯曲强度满足,应如何调整齿轮几何参数? 若接触强度满足而弯曲强度不足,应如何调整齿轮几何参数?

10-8　题 10-8 图所示为二级斜齿圆柱齿轮减速器,已知主动轴的转速和斜齿轮 4 的螺旋线方向(图示)。为使得Ⅱ轴所受的轴向力较小,试分析确定:

(1) 其余斜齿轮的合理螺旋线方向;

(2) 各齿轮在啮合点处所受各分力的方向。

10-9　一直齿圆锥齿轮-斜齿圆柱齿轮传动系统如题 10-9 图所示。已知主动轴的转速,为使得Ⅱ轴所受的轴向力较小,试分析确定:

(1) 斜齿轮的合理螺旋线方向;

(2) 各齿轮在啮合点处所受各分力的方向。

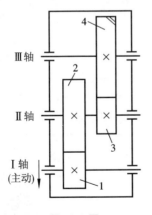

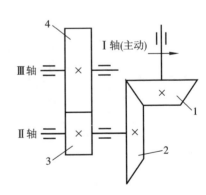

题 10-8 图　　　　　　　　　　　　　　题 10-9 图

10-10　设计一卷扬机用闭式两级开式直齿圆柱齿轮减速器中的高速级齿轮传动。已知:传动功率 $P_1 = 7.5$ kW,小齿轮转速 $n_1 = 960$ r/min,高速级传动比为 $i = 3.5$,要求使用寿命为 10 年,每年按 300 工作日计,每日工作 8 h。卷扬机工作时有轻微冲击。

10-11　设计一用于带式运输机上的单级齿轮减速器中的斜齿圆柱齿轮传动。

已知:传动功率 $P_1 = 10$ kW,转速 $n_1 = 1\,450$ r/min,$n_2 = 340$ r/min,允许转速误差为 $\pm 3\%$,电动机驱动,单向旋转,载荷存在中等冲击。

10-12　设计一机床进给系统中的直齿圆锥齿轮传动。已知:传动功率 $P_1 = 0.75$ kW,转速 $n_1 = 320$ r/min,小齿轮悬臂布置;使用寿命为 12 000 h;已选定齿数为 $z_1 = 20, z_2 = 45$。

第11章 蜗杆传动

11.1 蜗杆传动的类型和特点

蜗杆传动用于传递空间交错两轴之间的运动和动力,通常两轴夹角为$90°$,如图11-1所示。通常将蜗杆设为主动件,将蜗轮设为从动件。蜗杆传动广泛应用于各种机器和仪器中。

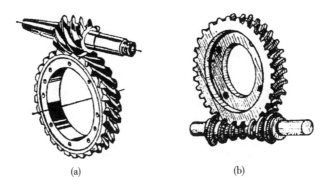

(a)   (b)

图 11-1 蜗杆传动

蜗杆传动的最大特点是传动比大。这是因为蜗杆的齿数z_1很少,而蜗轮的齿数z_2可以较多,因此其传动比$i_{12}=\omega_1/\omega_2=z_2/z_1$可以很大,一般$i_{12}=10\sim100$。

蜗杆传动的另一特点是具有自锁性。当蜗杆的螺旋线升角λ小于蜗轮蜗杆啮合齿间的当量摩擦角ρ'时,传动就具有了自锁性。具有自锁性的蜗杆传动,只能由蜗杆带动蜗轮,而不能由蜗轮带动蜗杆。具有自锁性的蜗轮蜗杆传动装置常常用于起重机械中,以增加机械的安全性。

蜗杆传动还有结构紧凑、传动平稳和噪声小的特点。

蜗杆传动的主要缺点是机械效率较低,具有自锁性的蜗杆蜗轮传动效率更低。另外,由于啮合轮齿之间的相对滑动速度大,所以磨损也大,因此蜗轮常用耐磨材料(如锡青铜)制造,所以成本也较高。

蜗杆传动的类型很多,按形状不同,蜗杆可分为:圆柱蜗杆(见图11-1(a))和环面蜗杆(见图11-1(b))。圆柱蜗杆按其齿廓曲线的形状不同可以分为阿基米德蜗杆和渐开线蜗杆等。其中又以阿基米德蜗杆工艺性能较好,应用最为广泛,故本章只讨论这种蜗杆传动。

蜗杆有左旋右旋之分,通常用右旋蜗杆。根据其上螺旋线的多少,蜗杆又分为单头蜗杆和多头蜗杆。蜗杆上只有一条螺旋线,即在其端面上只有一个轮齿时,称为单头蜗杆;有两条螺旋线者则称为双头蜗杆,依此类推。蜗杆的头数即为蜗杆的齿数 z_1,通常 $z_1 = 1 \sim 4$;蜗轮的齿数为 z_2。一般采用单头蜗杆传动。

车削阿基米德蜗杆与车削梯形螺纹相似,是用梯形车刀在车床上加工的。两切削刃的夹角 $2\alpha = 40°$,加工时将车刀的切削刃放于水平位置,并与蜗杆轴线在同一水平面内,如图 11-2 所示。这样加工出来的蜗杆,在轴剖面 I—I 内的齿形为直线;在法向剖面 $n - n$ 内的齿形为曲线;在垂直轴线的端面上,其齿形为阿基米德螺线,故称为阿基米德蜗杆。

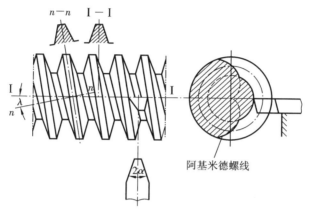

阿基米德螺线

图 11-2　蜗杆加工示意图

对于一般动力传动,蜗杆传动常用的精度等级是 7 级精度(适用于蜗杆圆周速度 $v_1 < 7.5$ m/s)、8 级精度($v_1 < 3$ m/s)和 9 级精度($v_1 < 1.5$ m/s)。

11.2　蜗杆传动的主要参数与几何尺寸计算

11.2.1　普通圆柱蜗杆传动的主要参数

1. 模数 m 和压力角 α

图 11-3 所示为阿基米德蜗杆与蜗轮啮合的情况。通过蜗杆轴线并垂直于蜗轮轴线的平面,称为蜗杆传动的主截面(或称中间平面)。在此主截面内(蜗杆的齿形为直线,蜗轮的齿形为渐开线),蜗轮与蜗杆的啮合就相当于齿轮与齿条的啮合。因此蜗轮蜗杆正确啮合的条件为:主截面内蜗杆与蜗轮的模数和压力角彼此相等。蜗轮的端面模数 m_{t2} 应等于蜗杆轴面的模数 m_{a1},且为标准值;蜗轮的端面压力角 α_{t2} 应等于蜗杆轴面的压力角 α_{a1},且为标准值,即

$$\begin{cases} m_{a1} = m_{t2} = m \\ \alpha_{a1} = \alpha_{t2} = \alpha \end{cases} \tag{11-1}$$

由于蜗轮蜗杆两轴交错,其两轴夹角为 $90°$,蜗杆分度圆柱上的导程角 γ 应等于

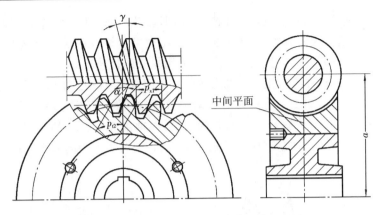

图 11-3 蜗杆传动的几何参数

蜗轮分度圆柱上的螺旋角 β，即 $\gamma=\beta$，而且蜗轮与蜗杆螺旋线方向必须相同。

　　蜗杆的齿厚与齿槽宽相等的圆柱称为蜗杆分度圆柱(或称为中圆柱)。由于在加工蜗轮时是用相当于蜗杆的滚刀来切制的，因此为了限制蜗轮滚刀的数量，对于同一模数的蜗杆，其直径应加以限制。为此，将蜗杆分度圆(中圆)直径 d_1 规定为标准值。蜗杆传动的模数和分度圆直径如表 11-1 所示。

表 11-1 蜗杆传动的模数和分度圆直径

模数 m/mm	分度圆直径 d_1/mm	蜗杆头数 z_1	直径系数 q	m^3q	模数 m/mm	分度圆直径 d_1/mm	蜗杆头数 z_1	直径系数 q	m^3q
1	18	1	18.000	18	6.3	(80)	1,2,4	12.698	3 175
1.25	20	1	16.000	31		112	1	17.798	4 445
	22.4	1	17.920	35	8	(63)	1,2,4	7.875	4 032
1.6	20	1,2,4	12.500	51		80	1,2,4,6	10.000	5 120
	28	1	17.500	72		(100)	1,2,4	12.500	6 400
2	(18)	1,2,4	9.000	72		140	1	17.500	8 960
	22.4	1,2,4,6	11.200	90	10	(71)	1,2,4	7.100	7 100
	(28)	1,2,4	14.000	112		90	1,2,4,6	9.000	9 000
	35.5	1	17.750	142		(112)	1	11.200	11 200
2.5	(22.4)	1,2,4	8.960	140		160	1	16.000	16 000
	28	1,2,4,6	11.200	175	12.5	(90)	1,2,4	7.200	14 062
	(35.5)	1,2,4	14.200	222		112	1,2,4	8.960	17 500
	45	1	18.000	281		(140)	1,2,4	11.200	21 875

续表

模数 m/mm	分度圆直径 d_1/mm	蜗杆头数 z_1	直径系数 q	$m^3 q$	模数 m/mm	分度圆直径 d_1/mm	蜗杆头数 z_1	直径系数 q	$m^3 q$
3.15	(28)	1,2,4	8.889	278	16	200	1	16.000	31 250
	35.5	1,2,4,6	11.270	352		(112)	1,2,4	7.000	28 672
	(45)	1,2,4	14.286	447		140	1,2,4	8.750	35 840
	56	1	17.778	556		(180)	1,2,4	11.250	46 080
4	(31.5)	1,2,4	7.875	504	20	250	1	15.625	64 000
	40	1,2,4,6	10.000	640		(140)	1,2,4	7.000	56 000
	(50)	1,2,4	12.500	800		160	1,2,4	8.000	64 000
	71	1	17.750	1 136		(224)	1,2,4	11.200	89 600
5	(40)	1,2,4	8.000	1 000	25	315	1	15.750	126 000
	50	1,2,4,6	10.000	1 250		(180)	1,2,4	7.200	112 500
	(63)	1,2,4	12.600	1 575		200	1,2,4	8.000	125 000
	90	1	18.000	2 2500		(280)	1,2,4	11.200	175 000
6.3	(50)	1,2,4	7.936	1 984		400	1	16.000	250 000
	63	1,2,4,6	10.000	2 500					

注：① 本表摘录于 GB/T 10085—2018，所列 d_1 值为国标规定的优先使用值；

② 表中同一模数有两个 d_1 值，较大的 d_1 值对应的蜗杆导程角 $\gamma < 3°30'$，这样的蜗杆有较好的自锁性能。

2. 传动比 i、蜗杆齿数 z_1 和蜗轮齿数 z_2

设蜗杆齿数（即螺旋线数目）为 z_1，蜗轮齿数为 z_2，当蜗杆转一周时，蜗轮将转过 z_1 个齿（z_1/z_2 周）。因此传动比为

$$i = \frac{n_1}{n_2} = \frac{z_2}{z_1} \tag{11-2}$$

式中：n_1——蜗杆的转速（r/min）；

　　　 n_2——蜗轮的转速（r/min）。

通常蜗杆 $z_1 = 1、2、4$，若要得到大传动比，可取 $z_1 = 1$，但这种情况下传动效率较低；传递功率较大时，为提高效率可采用多头蜗杆，取 $z_1 = 2$ 或 4。

为了避免蜗轮轮齿发生根切，z_2 不应少于 26，但也不宜大于 80。若 z_2 过多，会使蜗轮结构尺寸太大，蜗杆长度也随之增加，致使蜗杆刚度下降、啮合精度降低。z_1、z_2 的推荐值如表 11-2 所示。

表 11-2　蜗杆头数 z_1 和蜗轮齿数 z_2 的推荐值

传动比 i	7~13	14~27	28~40	>40
蜗杆头数 z_1	4	2	2,1	1
蜗轮齿数 z_2	28~52	28~54	28~80	>40

3. 蜗杆直径系数 q 和导程角 γ

切制蜗轮的滚刀,其直径和齿形参数(如模数 m、螺旋线数 z_1 和导程角 γ 等)必须与相应的蜗杆相同。为了减少刀具数量并便于标准化,国家标准制定了蜗杆分度圆直径的标准系列。GB/T 10085—2018 中,每一个模数只与一个或几个分度圆直径的标准值相对应,如表 11-1 所示。如图 11-4 所示,蜗杆螺旋面与分度圆柱的交线是螺旋线。设 γ 为蜗杆分度圆柱上的螺旋线导程角,p_{x1} 为轴向齿距,则有

$$\tan\gamma=\frac{z_1 p_{x1}}{\pi d_1}=\frac{z_1 m}{d_1}=\frac{z_1}{q} \tag{11-3}$$

式中:q——蜗杆分度圆直径与模数的比值,$q=\dfrac{d_1}{m}$,称为蜗杆直径系数。

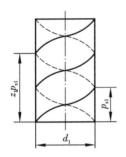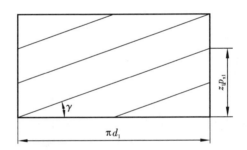

图 11-4　蜗杆导程角

由式(11-3)可知,d_1 越小(或 q 越小),导程角 γ 越大,传动效率也越高,但蜗杆的刚度和强度越小。通常,转速高的蜗杆可取较小的 q 值,蜗轮齿数 z_2 较多时可取较大的 q 值。

4. 齿面间滑动速度 v_s

即使在节点 C 处啮合,蜗杆蜗轮的齿廓之间也有较大的相对滑动,滑动速度沿蜗杆螺旋线方向。设蜗杆圆周速度为 v_1、蜗轮圆周速度为 v_2,且 $v_s=\dfrac{v_1}{\cos\gamma}$,滑动速度的大小,对齿面的润滑情况、齿面失效形式、发热及传动效率等都有很大影响。

5. 中心距 a

当蜗杆节圆与分度圆重合时称为标准传动,其中心距为

$$a=\frac{1}{2}(d_1+d_2)=\frac{1}{2}(q+z_2)m \tag{11-4}$$

11.2.2　圆柱蜗杆传动的几何尺寸计算

设计蜗杆传动时，一般是先根据传动的功用和传动比的要求，选择蜗杆头数 z_1 和蜗轮齿数 z_2，然后再按强度计算确定模数 m 和蜗杆分度圆直径 d_1（或 q）。上述参数确定后，即可根据表 11-3 计算出蜗杆、蜗轮的几何尺寸（两轴交错角为 90°、标准传动）。

表 11-3　圆柱蜗杆传动的几何尺寸计算

名　称	计　算　公　式	
	蜗　杆	蜗　轮
分度圆直径	$d_1 = mq$	$d_2 = mz_2$
齿顶高	$h_a = m$	$h_a = m$
齿根高	$h_f = 1.2m$	$h_f = 1.2m$
顶圆直径	$d_{a1} = m(q+2)$	$d_{a1} = m(z_2+2)$
根圆直径	$d_{f1} = m(q-2.4)$	$d_{f1} = m(z_2-2.4)$
径向间隙	$c = 0.2m$	
中心距	$a = 0.5m(q+z_2)$	
蜗杆轴向齿距，蜗轮端面齿距	$p_{a1} = p_{t2} = \pi m$	

注：蜗杆传动中心距标准系列为 40、50、63、80、100、125、160、（180）、200、（225）、250、（280）、315、（355）、400、（450）、500。

例 11-1　在带传动和蜗杆传动组成的传动系统中，初步计算后取模数 $m = 4$ mm、蜗杆头数 $z_1 = 2$、分度圆直径 $d_1 = 40$ mm，蜗轮齿数 $z_2 = 40$。试计算蜗杆直径系数 q、导程角 γ 和蜗杆传动中心距 a。

解　（1）计算蜗杆直径系数。

$$q = \frac{d_1}{m} = \frac{40}{4} = 10$$

（2）计算导程角 γ。

$$\tan\gamma = \frac{z_1}{q} = \frac{2}{10} = 0.2$$

$$\gamma = 11.309\ 9° \quad （即\ \gamma = 11°18'36''）$$

（3）计算蜗杆传动中心距 a。

$$a = 0.5m(q+z_2) = 0.5 \times 4 \times (10+40)\ \text{mm} = 100\ \text{mm}$$

11.3 蜗杆传动的失效形式、材料和结构

11.3.1 蜗杆传动的失效形式及材料选择

蜗杆传动的主要失效形式有胶合、点蚀和磨损等。蜗杆传动在齿面间有较大的相对滑动,产生热量,使润滑油因温度升高而变稀,润滑条件变差,从而增大了胶合的可能性。在闭式传动中,如果不及时散热,往往因胶合而影响蜗杆传动的承载能力。在开式传动或润滑密封不良的闭式传动中,蜗杆轮齿的磨损就显得突出。

由于蜗杆传动的特点,蜗杆蜗轮副的材料组合不仅要求有足够的强度,而更重要的是要有良好的减摩、耐磨性能和抗胶合的能力。因此常采用钢制蜗杆与青铜齿圈的蜗轮配对。

蜗杆一般采用碳素钢或合金钢制造,要求齿面光滑并具有较高的硬度。一般情况下,蜗杆可采用40、45等碳素钢调质处理(硬度为220~250 HBS)。但在高速重载情况下,蜗杆常用20Cr、20CrMnTi(渗碳淬火到58~63 HRC);或40Cr、42SiMn、45钢(表面淬火到45~55 HRC)等,并应磨削。在低速或人力传动中,蜗杆可不经热处理,甚至可采用铸铁。

在重要的高速蜗杆传动中,蜗轮常用锡青铜(ZCuSn10P1)制造,它的抗胶合性能、减摩性能都很好,允许滑动速度 v_s 可达 25 m/s,而且便于切削加工,其缺点是价格较贵。在滑动速度 $v_s<12$ m/s 的蜗杆传动中,可采用含锡量低的锡锌铅青铜(ZCuSn5Pb5Zn5)。铝铁青铜(ZCuAl10Fe3)强度较高、铸造性能好、耐冲击、价廉,但切削性能差,减摩性和抗胶合性都不如含锡青铜,一般用于 $v_s\leqslant6$ m/s 的传动。在速度较低(如 $v_s<2$ m/s)的传动中,可用球墨铸铁或灰铸铁。在一些特殊情况下,蜗轮也可用尼龙或增强尼龙材料制成。

11.3.2 蜗杆和蜗轮的结构

蜗杆通常与轴做成一体,称为蜗杆轴,如图 11-5 所示。

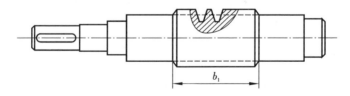

图 11-5 蜗杆的结构形式

蜗轮的结构有整体式和组合式两类。图 11-6(a)所示为齿圈式蜗轮,图 11-6(b)为螺栓连接式蜗轮,图 11-6(c)为整体浇铸式蜗轮,图 11-6(d)为拼铸式蜗轮。

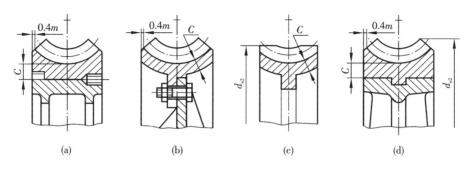

图 11-6　蜗轮的结构形式

$a \approx 1.6m + 1.5$ mm$, c \approx 1.5m, B = (1.2 \sim 1.8)d, b = a,$

$d_3 = (1.6 \sim 1.8)d, d_4 = (1.2 \sim 1.5)m, l_1 = 3d_4$($m$ 为蜗轮模数)

11.4　蜗杆传动的受力分析

蜗杆传动的受力分析与斜齿圆柱齿轮的受力分析相似,齿面上的法向力 F_n 分解为三个相互垂直的分力,即圆周力 F_t、轴向力 F_a、径向力 F_r,如图 11-7 所示。

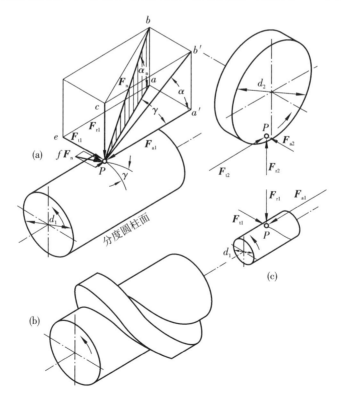

图 11-7　蜗杆传动的受力分析

蜗杆受力方向:轴向力F_{a1}的方向由左、右手定则确定，图 11-7 所示为右旋蜗杆，则用右手握住蜗杆,四指所指方向为蜗杆转向,拇指所指方向为轴向力F_{a1}的方向;圆周力F_{t1}的方向与主动蜗杆的转向相反;径向力F_{r1}指向蜗杆中心。

蜗轮受力方向:因为F_{a1}与F_{t2}、F_{t1}与F_{a2}、F_{r1}与F_{r2}分别是作用力与反作用力关系,所以蜗轮上的三个分力方向如图 11-7 所示。F_{a1}的反作用力F_{t2}是驱使蜗轮转动的力,所以通过对蜗轮、蜗杆的受力分析也可判断它们的转向。径向力F_{r2}指向轮心,圆周力F_{t2}驱使蜗轮转动,轴向力F_{a2}与轮轴平行。

力的大小可按下式计算:

$$\begin{cases} F_{t1} = F_{a2} = \dfrac{2T_1}{d_1} \\[2mm] F_{a1} = F_{t2} = \dfrac{2T_2}{d_2} \\[2mm] F_{r1} = F_{r2} = F_{t2}\tan\alpha \end{cases} \tag{11-5}$$

式中:T_1、T_2——作用在蜗杆和蜗轮上的转矩;

$T_2 = T_1 i\eta$,η——蜗杆传动的效率。

11.5　蜗杆传动的设计

11.5.1　蜗杆传动的强度计算

在中间平面内,蜗杆与蜗轮的啮合相当于齿条与斜齿轮啮合,因此蜗杆传动的强度计算方法与齿轮传动相似。

1. 蜗轮齿根弯曲疲劳强度计算

在蜗杆传动中,蜗杆传动强度计算即为蜗轮轮齿的强度计算。因蜗轮的齿形比较复杂,精确计算比较困难,故常把蜗轮近似地看成斜齿圆柱齿轮来计算,其齿根弯曲疲劳强度计算公式为

$$\sigma_F = \frac{1.53 K_A T_2}{d_1 d_2 m \cos\gamma} Y_{Fa2} \leqslant [\sigma_F] \tag{11-6}$$

设计公式为

$$m^2 d_1 \geqslant \frac{1.53 K_A T_2}{z_2 \cos\gamma [\sigma_F]} Y_{Fa2} \tag{11-7}$$

式(11-6)和式(11-7)中:T_2——蜗轮的转矩;

K_A——使用系数,$K_A = 1.1 \sim 1.4$;

Y_{Fa2}——蜗轮齿形系数;

$[\sigma_F]$——蜗轮许用弯曲应力(MPa),查表 11-4;

γ——蜗杆导程角。

由求得的$m^2 d_1$值查表 11-1 可确定蜗轮的主要尺寸。

表 11-4　锡青铜蜗轮的许用弯曲应力[σ_F]　　　　　　　　单位：MPa

蜗轮材料	ZCuSn10P1		ZCuSn5Pb5Zn5		ZCuAl10Fe3		HT150	HT200
铸造方法	砂模	金属模	砂模	金属模	砂模	金属模	砂模	
单侧工作	50	70	32	40	80	90	40	47
双侧工作	30	40	24	28	63	80	25	30

2. 蜗轮齿面接触疲劳强度计算

蜗轮齿面接触强度计算也和斜齿圆柱齿轮相似，其公式为

$$\sigma_H = Z_E Z_\rho \sqrt{K_A T_2 / a^3} \leqslant [\sigma_H] \tag{11-8}$$

$$a \geqslant \sqrt[3]{K_A T_2 \left(\frac{Z_E Z_\rho}{[\sigma_H]} \right)^2} \tag{11-9}$$

式中：a——中心距（mm）；

Z_E——材料的综合弹性系数，钢与铸锡青铜配对时取 $Z_E = 150$，钢与铝青铜或灰铸铁配对时取 $Z_E = 160$；

Z_ρ——接触系数，用以考虑当量曲率半径对接触强度的影响，其值由 d_1/a 确定；

$[\sigma_H]$——蜗轮许用接触应力，查表 11-5、表 11-6。

表 11-5　锡青铜蜗轮的许用接触应力[σ_H]　　　　　　　　单位：MPa

蜗轮材料	铸造方法	适用的滑动速度 $v_s/(m/s)$	蜗杆齿面硬度	
			≤350 HBS	>45 HRC
ZCuSn10P1	砂　型	≤12	180	200
	金属型	≤25	200	220
ZCuSn6Zn6Pb3	砂　型	≤10	110	125
	金属型	≤12	135	150

表 11-6　铝铁青铜及铸铁蜗轮的许用接触应力[σ_H]　　　　　　　　单位：MPa

蜗轮材料	蜗杆材料	滑动速度 $v_s/(m/s)$						
		0.5	1	2	3	4	6	8
ZCuAl10Fe3	淬火钢	250	230	210	180	160	120	90
HT150 HT200	渗碳钢	130	115	90	—	—	—	—
HT150	调质钢	110	90	70	—	—	—	—

注：蜗杆未经淬火时，需将表中许用应力值降低 20%。

11.5.2　蜗杆传动的效率

闭式蜗杆传动的功率损失包括啮合摩擦损失、轴承摩擦损失和润滑油被搅动的油阻损失。因此总效率为啮合效率 η_1、轴承效率 η_2、油的搅动和飞溅损耗效率 η_3 的乘积,其中 η_1 可根据螺旋传动的效率公式求得,$\eta_2\eta_3=0.95\sim0.97$。蜗杆主动时,蜗杆传动的总效率为

$$\eta=(0.95\sim0.97)\frac{\tan\gamma}{\tan(\gamma+\rho_v)} \tag{11-10}$$

式中:γ——普通圆柱蜗杆分度圆上的导程角;

ρ_v——当量摩擦角,$\rho_v=\arctan f_v$,可按蜗杆传动的材料及滑动速度查表 11-7 得出。

表 11-7　当量摩擦系数 f_v 及当量摩擦角 ρ_v

蜗轮材料	锡　青　铜				无锡青铜	
蜗杆齿面硬度	>45 HRC		≤350 HBS		>45 HRC	
滑动速度 v_s/(m/s)	f_v	ρ_v	f_v	ρ_v	f_v	ρ_v
1.00	0.045	2°35′	0.055	3°09′	0.07	4°00′
2.00	0.035	2°00′	0.045	2°35′	0.055	3°09′
3.00	0.028	1°36′	0.035	2°00′	0.045	2°35′
4.00	0.024	1°22′	0.031	1°47′	0.04	2°17′
5.00	0.022	1°16′	0.029	1°40′	0.035	2°00′
8.00	0.018	1°02′	0.026	1°29′	0.03	1°43′

注:① 蜗杆齿面粗糙度 $Ra=0.8\sim0.2\ \mu m$;

　　② 蜗轮材料为灰铸铁时,可按无锡青铜查取 f_v、ρ_v。

11.5.3　蜗杆传动的热平衡计算

由于蜗杆传动的效率低,发热量大,在闭式传动中,如果不及时散热,将使润滑油温度升高、黏度降低,导致齿面磨损加剧,甚至引起胶合。因此,对连续工作的闭式蜗杆传动要进行热平衡计算,以便在油的工作温度超过许可值时,采取有效的散热方法。

在闭式传动中,热量通过箱壳散逸,要求箱体内的油温 t(℃)和周围空气温度 t_0(℃)之差不超过允许值:

$$\Delta t = \frac{1\,000(1-\eta)P_1}{\alpha_t A} \leqslant [\Delta t] \tag{11-11}$$

式中:Δt——温差,$\Delta t = (t - t_0)$;

$\quad P_1$——蜗杆传递的功率(kW);

$\quad \alpha_t$——箱体表面传热系数,根据箱体周围的通风条件一般取 $\alpha_t = 10 \sim 17$ W/(m² · ℃),通风条件好时取大值;

$\quad \eta$——传动效率;

$\quad A$——散热面积(m²),指箱体外壁与空气接触而内壁被油飞溅到箱壳上的面积。对于箱体上的散热片,其散热面积按 50% 计算;

$\quad [\Delta t]$——温差允许值,一般为 $60 \sim 70$ ℃,并应使油温 $t(= t_0 + \Delta t)$ 小于 90 ℃。

11.5.4 蜗杆传动的散热

蜗杆传动机构散热的目的是保证油的温度在安全范围内,以提高传动能力。常用下面几种散热措施:

(1) 在箱体外壁加散热片以增大散热面积;

(2) 在蜗杆轴上装置风扇(见图 11-8(a));

(3) 采用上述方法后,如散热能力还不够,可在箱体油池内铺设冷却水管,用循环水冷却(见图 11-8(b));

(4) 采用压力喷油循环润滑。油泵将高温的润滑油抽到箱体外,经过滤器、冷却器冷却后,喷射到传动的啮合部位(见图 11-8(c))。

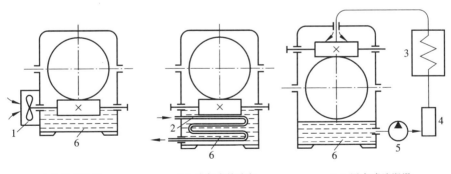

| (a) 风扇冷却 | (b) 冷却水管冷却 | (c) 压力喷油润滑 |

图 11-8 蜗杆传动的散热方法

1—风扇;2—冷却水管;3—冷却器;4—过滤器;5—油泵;6—油

习　题

典型例题

11-1　计算例 11-1 中蜗杆和蜗轮的几何尺寸。

11-2　如题 11-2 图所示,蜗杆
主动,$T_1=20$ N·m,$m=4$ mm,$z_1=2$,$d_1=50$ mm,蜗
轮齿数$z_2=50$,传动的效率 $\eta=0.75$。试确定:

（1）蜗轮的转向;

（2）蜗杆与蜗轮上作用力的大小和方向。

11-3　题 11-3 图所示为由电动机驱动的普
通蜗杆传动。已知模数 $m=8$ mm,$d_1=80$ mm,

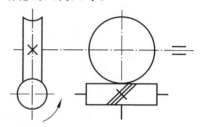

题 11-2 图

$z_1=1$,$z_2=40$,蜗轮输出转矩 $T_2=1.61\times10^6$ N·mm,$n_1=960$ r/min,蜗杆材料为 45
钢,表面淬火 50 HRC,蜗轮材料为 ZCuSn10P1,金属模铸造,传动润滑良好,每日双班制
工作,一对轴承的效率为 0.99,搅油损耗的效率为 0.99,当量摩擦角 $\rho_v=1°30'$。

（1）在图上标出蜗杆的转向、蜗轮轮齿的旋向及作用于蜗杆、蜗轮上各作用力的
方向;

（2）计算各作用力的大小;

（3）计算该传动的啮合效率及总效率。

11-4　题 11-4 图所示为某手动简单起重设备,按图示方向转动蜗杆,提升重物
G。试确定:

（1）蜗杆与蜗轮螺旋线方向;

（2）蜗杆与蜗轮上作用力的方向。

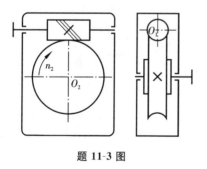

题 11-3 图

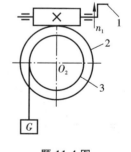

题 11-4 图

1—手柄;2—蜗轮;3—卷筒

11-5　题 11-5 图所示为蜗杆传动和锥齿轮传动的组合,已知输出轴上的锥齿轮
4 的转向。

（1）欲使Ⅱ轴所受轴向力互相抵消一部分,试确定蜗杆传动的螺旋线方向和蜗
杆的转向;

（2）各轮啮合点处所受作用力的方向。

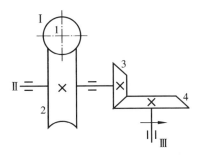

题 11-5 图

11-6 一单级蜗杆减速器输入功率 $P_1 = 3\ \mathrm{kW}$, $z_1 = 2$, 箱体散热面积约为 $1\ \mathrm{m}^2$, 室内通风条件良好, 室温 20 ℃, 试算油温是否满足使用要求。

第 12 章　带传动和链传动

带传动和链传动都是通过中间挠性件(带或链)传递运动和动力的,适用于两轴中心距较大的场合。与应用广泛的齿轮传动相比,带传动和链传动具有结构简单、成本低廉等优点,因此,它们也是常用的机械传动。

12.1　带传动的类型及应用

12.1.1　带传动的类型与计算

1. 带传动的类型

根据传动原理的不同,带传动可分为摩擦型和啮合型两大类。

摩擦型带传动是由主动轮 1、从动轮 2 和张紧在两轮上的传动带组成的,靠带和带轮之间的摩擦来传递运动和动力,如图 12-1 所示。这种摩擦型带传动根据带的截面形状分为平带、V 带、圆形带和特殊截面带(如多楔带)等,如图 12-2 所示。

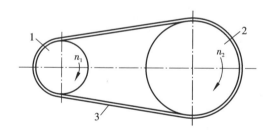

图 12-1　带传动简图

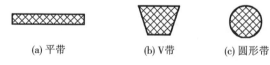

(a) 平带　　　　　(b) V带　　　　　(c) 圆形带　　　　　(d) 多楔带

图 12-2　带的截面形状

平带截面形状为扁平状,内表面为工作面。工作时靠带的环形内表面与带轮外表面压紧产生摩擦力来传递运动和动力,其最常用的传动形式为两轴平行、转向相同的开口传动。平带传动结构简单,带的挠性好,带轮容易制造,大多用于传动中心距较大的场合。

V 带截面形状为梯形,两侧面为工作面,靠带的两侧面与轮槽侧面压紧产生摩擦力。与平带传动比较,当带对带轮的压力相同时,V 带传动的摩擦力大,故能传递较大功率,或者说,在传递相同的功率情况下,V 带传动的结构更为紧凑,且 V 带无接头,传动较平稳,因此 V 带传动应用最广,其传动形式只有开口传动。

多楔带(又称复合 V 带)是在平带基体上用若干根 V 带组成的传动带,靠带和带轮间楔面之间产生的摩擦力工作。多楔带兼有平带和 V 带的优点,适用于要求结构紧凑且传递功率较大的场合,特别适用于要求 V 带根数较多或轮轴线垂直于地面的传动。

圆带截面形状为圆形,靠带与轮槽压紧产生摩擦力来传递运动和动力。它用于低速小功率传动,如缝纫机、磁带盘的传动等。

啮合型带传动仅有同步带传动一种,它是具有中间挠性体的啮合传动,靠带内侧的齿与齿形带轮啮合来传递运动和动力,如图 12-3 所示。它适用于传动比要求准确的中小功率传动,如磨床、纺织及烟草机械等的传动系统中。

2. 带传动的几何尺寸计算

带传动主要用于两轴平行而且回转方向相同的场合,这种传动称为开口传动。如图 12-4 所示,当带的张紧力为规定值时,两带轮轴线间的距离 a 称为中心距。带与带轮接触弧所对的中心角 α 称为包角。

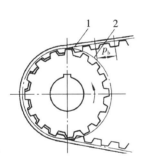

图 12-3　同步带

1—节线；2—节圆

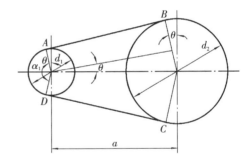

图 12-4　开口传动的几何参数

（1）包角的计算　包角是带传动的一个重要参数。设 d_1、d_2 分别为小轮、大轮的直径,L 为带长,则带轮的包角为

$$\alpha = \pi \pm 2\theta$$

因 θ 角较小,故以 $\theta \approx \sin\theta = \dfrac{d_2 - d_1}{2a}$ 代入上式得

$$\alpha = \pi \pm \frac{d_2 - d_1}{a} \, (\text{rad})$$

或　　　　　　　　　$$\alpha = 180° \pm \frac{d_2 - d_1}{a} \times 57.3° \tag{12-1}$$

式中:"＋"用于大轮包角 α_2 ,"－"用于小轮包角 α_1 。

（2）带长和中心距的计算　带长 L 的计算公式为

$$L = 2\overline{AB} + \overset{\frown}{BC} + \overset{\frown}{AD}$$

$$= 2a\cos\theta + \frac{\pi}{2}(d_1+d_2) + \theta(d_2-d_1)$$

以 $\cos\theta \approx 1 - \frac{1}{2}\theta^2$ 及 $\theta \approx \frac{d_2-d_1}{2a}$ 代入上式,得

$$L \approx 2a + \frac{\pi}{2}(d_1+d_2) + \frac{(d_2-d_1)^2}{4a} \tag{12-2}$$

已知带长时,由式(12-2)可得中心距

$$a \approx \frac{1}{8}\left\{2L - \pi(d_2+d_1) + \sqrt{[2L-\pi(d_1+d_2)]^2 - 8(d_2-d_1)^2}\right\} \tag{12-3}$$

12.1.2　带传动的优缺点

摩擦型带传动的优点是:① 适用于中心距较大的传动;② 带具有良好的挠性,可缓和冲击、吸收振动;③ 过载时带与带轮间会出现打滑,打滑虽使传动失效,但可防止其他零件损坏;④ 结构简单、成本低廉。其缺点是:① 传动的外廓尺寸较大;② 需要张紧装置;③ 由于带的滑动,不能保证固定不变的传动比;④ 带的寿命较短;⑤ 传动效率较低。

啮合型的同步带传动的优点是:① 带与带轮间没有相对滑动,传动效率高,传动比恒定;② 传动平稳、噪声小;③ 传动比和圆周速度的最大值均高于摩擦带传动。其主要缺点是:同步带加工和安装精度要求较高,成本较高。

本章主要讨论机械中应用最广泛的 V 带传动。

12.2　带传动的工作情况分析

12.2.1　带传动的受力分析

为保证带正常工作,传动带必须以一定的预紧力张紧在两带轮上,这时带与带轮之间产生正压力。静止时,带两边的拉力相等,称为初拉力 F_0,如图 12-5(a)所示。工作时,由于带与带轮之间摩擦力的作用,绕入主动轮一边的带被拉紧,称为紧边,其拉力由 F_0 增大到 F_1;绕入从动轮一边的带则相应被放松,称为松边,其拉力由 F_0 减小到 F_2,如图 12-5(b)所示。紧边拉力 F_1 与松边拉力 F_2 之差称为有效拉力 F,也就是带所传递的圆周力,它等于带和带轮整个接触面上的摩擦力的总和,即

$$F = F_1 - F_2 \tag{12-4}$$

假设带的总长不变,紧边拉力的增加量应等于松边拉力的减少量,即

$$F_1 - F_0 = F_0 - F_2$$

所以

$$F_0 = \frac{1}{2}(F_1 + F_2) \tag{12-5}$$

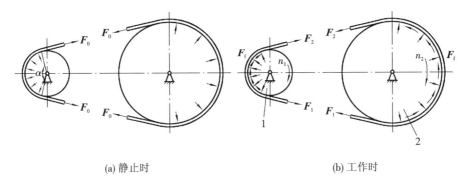

(a) 静止时　　　　　　　　　　　　(b) 工作时

图 12-5　带传动的受力情况

1—主动轮；2—从动轮

带传动传递的功率 $P(\mathrm{kW})$ 可表示为

$$P=\frac{Fv}{1\,000}\quad(\mathrm{kW})\tag{12-6}$$

式中：F——有效拉力（N）；

　　　v——带速（m/s）。

由式(12-6)可知,当传递的功率增大时,有效拉力 F 也要相应地增大,即要求带和带轮接触面上有更大的摩擦力来维持传动。但是,当其他条件不变且预紧力 F_0 一定时,带传动的摩擦力存在一极限值,就是带所传递的最大有效拉力 $F_{\max}$。当带所传递的圆周力超过这个极限时,带与带轮将发生显著的相对滑动,这个现象称为打滑。打滑将造成带的严重磨损并使小带轮转速急剧降低,致使传动失效。

以平带传动为例分析带在即将打滑时紧边拉力和松边拉力之间的关系。如图12-6 所示,在平带上截取一微弧段 $\mathrm{d}l$,其对应的包角为 $\mathrm{d}\alpha$,设其两端的拉力分别为 F 和 $F+\mathrm{d}F$,受到带轮给予的正压力为 $\mathrm{d}F_{\mathrm{N}}$,带与轮面间的极限摩擦力为 $f\mathrm{d}F_{\mathrm{N}}$。若不考虑带的离心力,由法向和切向各力的平衡得

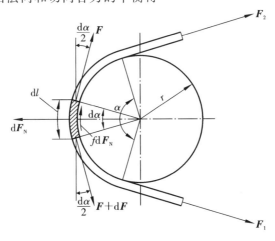

图 12-6　带的受力分析

$$dF_N = F \sin \frac{d\alpha}{2} + (F + dF) \sin \frac{d\alpha}{2}$$

$$f dF_N = (F + dF) \cos \frac{d\alpha}{2} - F \cos \frac{d\alpha}{2}$$

因 $d\alpha$ 很小,可取 $\sin \frac{d\alpha}{2} \approx \frac{d\alpha}{2}$, $\cos \frac{d\alpha}{2} \approx 1$,并略去二阶微量 $dF \frac{d\alpha}{2}$,将以上两式化简得

$$dF_N = F d\alpha$$

$$f dF_N = dF$$

由以上两式得

$$\frac{dF}{F} = f d\alpha$$

$$\int_{F_2}^{F_1} \frac{dF}{F} = \int_0^{\alpha} f d\alpha$$

$$\ln \frac{F_1}{F_2} = f\alpha$$

故紧边拉力 F_1 与松边拉力 F_2 有如下关系:

$$\frac{F_1}{F_2} = e^{f\alpha} \tag{12-7}$$

式中:f——带与带轮接触面间的摩擦系数;

　　　α——带轮的包角(rad);

　　　e——自然对数的底,e$\approx$2.718。

式(12-7)是挠性体摩擦的基本公式。

联解 $F = F_1 - F_2$ 及式(12-7)可得

$$\begin{cases} F_1 = F \dfrac{e^{f\alpha}}{e^{f\alpha} - 1} \\[2mm] F_2 = F \dfrac{1}{e^{f\alpha} - 1} \\[2mm] F = F_1 - F_2 = F_1 \left(1 - \dfrac{1}{e^{f\alpha}}\right) \end{cases} \tag{12-8}$$

引用当量摩擦系数的概念,以 f' 代替 f,即可将式(12-7)和(12-8)用于 V 带传动。其中,f' 为当量摩擦系数,$f' = f / \sin \frac{\phi}{2}$,$\phi$ 为 V 带轮的槽角。

12.2.2　带传动的应力分析

带工作时,带中应力由三部分组成。

1. 由紧边和松边拉力产生的拉应力

紧边拉应力　　　　　　　　　　　　$\sigma_1 = \dfrac{F_1}{A}$

松边拉应力　　　　　　　　　　　　$\sigma_2 = \dfrac{F_2}{A}$

式中：A——带的横截面积。

2. 由离心力产生的离心拉应力

当带在带轮上作圆周运动时，将产生离心力。虽然离心力只发生在带作圆周运动的部分，但由此引起的拉力却作用在带的全长上。离心拉力使带压在带轮上的力减小，降低了带传动的工作能力。

如图 12-7 所示，当带绕过带轮时，在微弧段 $\mathrm{d}l$ 上产生的离心力为

$$\mathrm{d}F_{\mathrm{Nc}}=(r\mathrm{d}\alpha)q\frac{v^2}{r}=qv^2\mathrm{d}\alpha\quad(\mathrm{N})$$

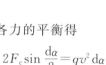

图 12-7　带的离心力

式中：q——带单位长度质量（kg/m），见表 12-1；

$\quad\quad v$——带速（m/s）。

设离心拉力为 F_{c}，由微弧段各力的平衡得

$$2F_{\mathrm{c}}\sin\frac{\mathrm{d}\alpha}{2}=qv^2\mathrm{d}\alpha$$

取 $\sin\dfrac{\mathrm{d}\alpha}{2}\approx\dfrac{\mathrm{d}\alpha}{2}$，则

$$F_{\mathrm{c}}=qv^2\quad(\mathrm{N})$$

故离心拉应力为

$$\sigma_{\mathrm{c}}=\frac{F_{\mathrm{c}}}{A}=\frac{qv^2}{A}\quad(\mathrm{MPa})$$

表 12-1　普通 V 带截面尺寸（GB/T 11544—2012）

截型	Y	Z	A	B	C	D	E
节宽 b_{p}/mm	5.3	8.5	11.0	14.0	19.0	27.0	32.0
顶宽 b/mm	6.0	10.0	13.0	17.0	22.0	32.0	38.0
高度 h/mm	4.0	6.0	8.0	11.0	14.0	19.0	23.0
楔角 φ/(°)	40						
单位长度质量 q/(kg/m)	0.02	0.06	0.10	0.17	0.30	0.62	0.90

3. 弯曲应力

带绕过带轮时将产生弯曲，从而产生弯曲应力。弯曲应力只产生在带绕过带轮的部分，假设带是弹性体，由材料力学可得到弯曲应力为

$$\sigma_{\mathrm{b}}=\frac{2yE}{d}$$

式中：y——带的节面（中性层）到最外层的距离；

$\quad\quad E$——带的弹性模量；

$\quad\quad d$——带轮直径（对 V 带轮，d 为基准直径）。

　　显然,带轮直径不相等时,带在两轮上的弯曲应力也不相等,带在小轮上的弯曲应力大。

　　把上述应力叠加,即得到带在传动过程中处于各个位置时的应力情况,各截面应力的大小用自该处引出的径向线(或垂线)的长短来表示,如图 12-8 所示。由图可知,带的最大应力发生在紧边开始绕进小带轮处,其值为

$$\sigma_{max} = \sigma_1 + \sigma_c + \sigma_{b1}$$

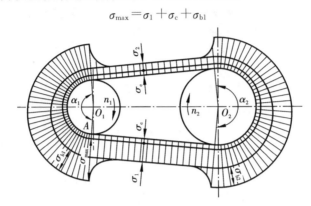

图 12-8　带传动的应力分析

　　由图 12-8 还可知,带在运动的过程中受到交变应力的作用,这将引起带的疲劳破坏。

12.2.3　带的弹性滑动和传动比

　　由于带是弹性体,受力不同时,带的变形量也不相同。因为紧边拉力大于松边拉力,所以紧边的变形量大于松边的变形量。如图 12-9 所示,带绕过主动轮时,将逐渐缩短并沿轮面滑动,而使带的速度落后于主动轮的圆周速度。而带绕过从动轮时,带将逐渐伸长,也要沿轮面滑动,此时带速超前于从动轮的圆周速度。这种由带的弹性变形而引起的带与带轮之间的滑动,称为弹性滑动。

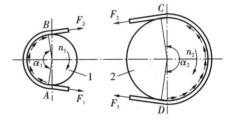

图 12-9　带的弹性滑动
1—主动轮;2—从动轮

　　弹性滑动将引起使从动轮的圆周速度低于主动轮的圆周速度,降低了传动效率,引起了带的磨损。

　　带的弹性滑动和打滑是两个截然不同的概念,打滑是因为过载引起的,应当避免,也可以避免。而弹性滑动是由带的弹性和拉力差引起的,是带传动中不可避免的。

　　设 d_1、d_2 分别表示主、从动轮的直径,n_1、n_2 分别表示主、从动轮的转速,则两轮的圆周速度分别为

$$v_1 = \frac{\pi d_1 n_1}{60 \times 1\,000}(\text{m/s}), \quad v_2 = \frac{\pi d_2 n_2}{60 \times 1\,000}(\text{m/s})$$

　　由于弹性滑动是不可避免的,因此总有 $v_2 < v_1$。由弹性滑动引起从动轮圆周速

度的相对降低率称为滑动率,用 ε 表示,即

$$\varepsilon = \frac{v_1 - v_2}{v_1} = \frac{d_1 n_1 - d_2 n_2}{d_1 n_1}$$

由此得到传动比

$$i = \frac{n_1}{n_2} = \frac{d_2}{d_1(1-\varepsilon)} \tag{12-9}$$

或从动轮的转速

$$n_2 = \frac{d_1 n_1 (1-\varepsilon)}{d_2} \tag{12-10}$$

V 带传动的滑动率通常为 0.01~0.02,一般可以忽略不计。

12.3　V 带和 V 带轮

12.3.1　V 带的结构和规格

V 带分为普通 V 带、窄 V 带、大楔角 V 带、汽车 V 带等多种类型,其中普通 V 带应用最广,本节主要介绍普通 V 带。

V 带的结构如图 12-10 所示,中间的抗拉体是承受负载拉力的主体,顶胶和底胶分别承受弯曲时的拉伸和压缩,最外层的包布由橡胶帆布制成,起保护作用。抗拉体的材料可采用化学纤维或棉织物,前者的承载能力较高。

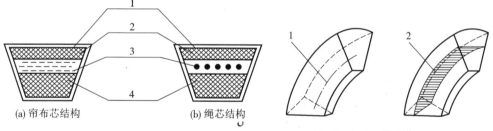

图 12-10　V 带的结构
1—包布;2—顶胶;3—抗拉体;4—底胶

图 12-11　V 带的节线和节面
1—节线;2—节面

如图 12-11 所示,当 V 带纵向弯曲时,在带中保持原长度不变的任意一条周线称为节线,由全部节线构成的面称为节面。带的节面宽度称为节宽(b_p),节宽在带纵向弯曲时保持不变。

楔角 φ 为 40°,相对高度 $\left(\dfrac{h}{b_p}\right)$ 约为 0.7 的 V 带称为普通 V 带。普通 V 带已标准化,按截面尺寸的不同,有 Y、Z、A、B、C、D、E 七种型号,各型号的截面尺寸如表 12-1 所示。

在 V 带轮上,与所配用的 V 带节宽 b_p 相对应的带轮直径称为基准直径 d(简称为带轮直径)。V 带的节线长度称为基准长度 L_d,其长度系列如表 12-2 所示。通常将带的型号及基准长度印制在带的外表面上。

表 12-2　普通 V 带的基准长度和长度修正系数

Y		Z		A		B		C		D		E	
L_d	K_L	L_d	K_L	L_d	K_L	L_d	K_L	L_d	K_L	L_d	K_L	L_d	K_L
200	0.81	405	0.87	630	0.81	930	0.83	1 565	0.82	2 740	0.82	4 660	0.91
224	0.82	475	0.90	700	0.83	1 000	0.84	1 760	0.85	3 100	0.86	5 040	0.92
250	0.84	530	0.93	790	0.85	1 100	0.86	1 950	0.87	3 330	0.87	5 420	0.94
280	0.87	625	0.96	890	0.87	1 210	0.87	2 195	0.90	3 730	0.90	6 100	0.96
315	0.89	700	0.99	990	0.89	1 370	0.90	2 420	0.92	4 080	0.91	6 850	0.99
355	0.92	780	1.00	1 100	0.91	1 560	0.92	2 715	0.94	4 620	0.94	7 650	1.01
400	0.96	920	1.04	1 250	0.93	1 760	0.94	2 880	0.95	5 400	0.97	9 150	1.05
450	1.00	1 080	1.07	1 430	0.96	1 950	0.97	3 080	0.97	6 100	0.99	12 230	1.11
500	1.02	1 330	1.13	1 550	0.98	2 180	0.99	3 520	0.99	6 840	1.02	13 750	1.15
		1 420	1.14	1 640	0.99	2 300	1.01	4 060	1.02	7 620	1.05	15 280	1.17
		1 540	1.54	1 750	1.00	2 500	1.03	4 600	1.05	9 740	1.08	16 800	1.19
				1 940	1.02	2 700	1.04	5 380	1.08	10 700	1.13		
				2 050	1.04	2 870	1.05	6 100	1.11	12 200	1.16		
				2 200	1.06	3 200	1.07	6 815	1.14	13 700	1.19		
				2 300	1.07	3 600	1.09	7 600	1.17	15 200	1.21		
				2 480	1.09	4 060	1.13	9 100	1.21				
				2 700	1.10	4 430	1.15	10 700	1.24				
						4 820	1.17						
						5 370	1.20						
						6 070	1.24						

注：① L_d 为基准长度，K_L 为带长修正系数，且 K_L 的量纲为 1；
② 同种规格的带长有不同的公差，使用时应按配组公差选购，可查机械设计手册。

带的高度与其节宽之比约为 0.9 的 V 带称为窄 V 带。与普通 V 带相比,当顶宽相同时,窄 V 带的高度较大,摩擦面较大,且用合成纤维或钢丝绳做抗拉体,故承载能力提高了,适用于传递动力大而又要求传动装置紧凑的场合。

12.3.2　带轮

带轮常用铸铁制造,有的情况下也采用钢或非金属材料(如塑料、木材等)。带速 $v \leqslant 30$ m/s 的传动带,其带轮一般用铸铁 HT150 制造,重要的场合也可用 HT200,高速时宜使用钢制带轮,速度可达 45 m/s;小功率可用铸铝或塑料。带轮按结构不同分为实心式、腹板式和轮辐式。带轮直径较小时,常用实心式结构(见图 12-12(a));中等直径的带轮可采用腹板式(见图 12-12(b));直径大于 350 mm 时可采用轮辐式结构(见图 12-12(c))。V 带轮其他各部尺寸可查阅机械设计手册。

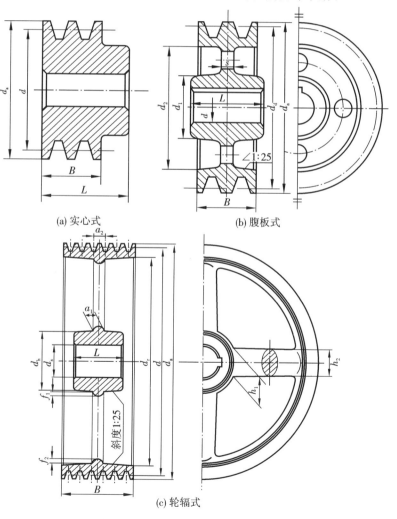

(a) 实心式　　　　(b) 腹板式

(c) 轮辐式

图 12-12　V 带轮的各部结构尺寸

普通 V 带楔角 φ 为 40°,带绕过带轮时产生横向变形,使得楔角变小。为使带轮的轮槽工作面和 V 带两侧面接触良好,带轮槽角 ϕ 取 32°、34°、36°、38°,带轮直径越小,槽角取值越小。普通 V 带轮轮缘的截面如图 12-13 所示,普通 V 带轮的轮槽尺寸如表 12-3 所示。

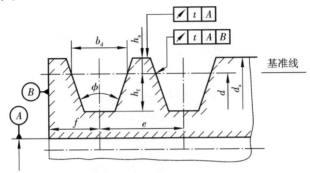

图 12-13 普通 V 带轮轮缘的截面

表 12-3 普通 V 带轮的轮槽尺寸 单位:mm

槽 型	b_d	h_{amin}	h_{fmin}	e	f_{min}	d 与 d 相对应的 φ			
						$\varphi=32°$	$\varphi=34°$	$\varphi=36°$	$\varphi=38°$
Y	5.3	1.60	4.7	8±0.3	6	≤60	—	>60	—
Z	8.5	2.00	7.0	12±0.3	7	—	≤80	—	>80
A	11.0	2.75	8.7	15±0.3	9	—	≤118	—	>118
B	14.0	3.50	10.8	19±0.4	11.5	—	≤190	—	>190
C	19.0	4.80	14.3	25.5±0.5	16	—	≤315	—	>315
D	27.0	8.10	19.9	37±0.6	23	—	—	≤475	>475
E	32.0	9.60	23.4	44.5±0.7	28	—	—	≤600	>600

12.4 V 带传动的设计计算

带传动的失效形式是打滑和带的疲劳破坏(如脱层、撕裂或拉断等)。因此带传动的设计准则是在保证不打滑的条件下,具有一定的疲劳寿命,即满足以下强度条件:

$$\sigma_{max}=\sigma_1+\sigma_c+\sigma_{b1}\leqslant[\sigma]$$

或

$$\sigma_1\leqslant[\sigma]-\sigma_c-\sigma_{b1} \tag{12-11}$$

式中:$[\sigma]$——带的许用拉应力。

为了保证带传动不打滑,以 f' 代替 f 由式(12-6)和式(12-8)得到单根普通 V 带能传递的功率

$$P_0=F_1\left(1-\frac{1}{e^{f\alpha}}\right)\frac{v}{1\,000}=\sigma_1 A\left(1-\frac{1}{e^{f\alpha}}\right)\frac{v}{1\,000} \tag{12-12}$$

式中:A——单根普通 V 带的横截面积。

将式(12-11)代入式(12-12),便可得到带既不打滑又具有足够疲劳强度时所能传递的功率

$$P_0 = \left([\sigma] - \sigma_c - \sigma_{b1}\right)\left(1 - \frac{1}{e^{f\alpha}}\right)\frac{Av}{1\,000} \tag{12-13}$$

在载荷平稳、包角 $\alpha_1 = \alpha_2 = 180°(i=1)$、特定带长的条件下,由式(12-13)求得的单根普通 V 带所能传递的功率 P_0(见表 12-4)。P_0 称为单根 V 带的基本额定功率。

表 12-4　单根普通 V 带的基本额定功率 P_0

（$\alpha_1 = \alpha_2 = 180°$、特定带长、载荷平稳时）　　　　　　　　　　单位:kW

带型	小带轮的基准直径 d_1/mm	小带轮转速 n_1/(r/min)									
		400	700	800	950	1200	1450	1600	2000	2400	2800
Z	50	0.06	0.09	0.10	0.12	0.14	0.16	0.17	0.20	0.22	0.26
	56	0.06	0.11	0.12	0.14	0.17	0.19	0.20	0.25	0.30	0.33
	63	0.08	0.13	0.15	0.18	0.22	0.25	0.27	0.32	0.37	0.41
	71	0.09	0.17	0.20	0.23	0.27	0.30	0.33	0.39	0.46	0.50
	80	0.14	0.20	0.22	0.26	0.30	0.35	0.39	0.44	0.50	0.56
	90	0.14	0.22	0.24	0.28	0.33	0.36	0.40	0.48	0.54	0.60
A	75	0.26	0.40	0.45	0.51	0.60	0.68	0.73	0.84	0.92	1.00
	90	0.39	0.61	0.68	0.77	0.93	1.07	1.15	1.34	1.50	1.64
	100	0.47	0.74	0.83	0.95	1.14	1.32	1.42	1.66	1.87	2.05
	112	0.56	0.90	1.00	1.15	1.39	1.61	1.74	2.04	2.30	2.51
	125	0.67	1.07	1.19	1.37	1.66	1.92	2.07	2.44	2.74	2.98
	140	0.78	1.26	1.41	1.62	1.96	2.28	2.45	2.87	3.22	3.48
	160	0.94	1.51	1.69	1.95	2.36	2.73	2.94	3.42	3.80	4.06
	180	1.09	1.76	1.97	2.27	2.74	3.16	3.40	3.93	4.32	4.54
B	125	0.84	1.30	1.44	1.64	1.93	2.19	2.33	2.64	2.85	2.96
	140	1.05	1.64	1.82	2.08	2.47	2.82	3.00	3.42	3.70	3.85
	160	1.32	2.09	2.32	2.66	3.17	3.62	3.86	4.40	4.75	4.89
	180	1.59	2.53	2.81	3.22	3.85	4.39	4.68	5.30	5.67	5.76
	200	1.85	2.96	3.30	3.77	4.50	5.13	5.46	6.13	6.47	6.43
	224	2.17	3.47	3.86	4.42	5.26	5.97	6.33	7.02	7.25	6.95
	250	2.50	4.00	4.46	5.10	6.04	6.82	7.20	7.87	7.89	7.14
	280	2.89	4.61	5.13	5.85	6.90	7.76	8.13	8.60	8.22	6.80
C	200	2.41	3.69	4.07	4.58	5.29	5.84	6.07	6.34	6.02	5.01
	224	2.99	4.64	5.12	5.78	6.71	7.45	7.75	8.06	7.57	6.08
	250	3.62	5.64	6.23	7.04	8.21	9.04	9.38	9.62	8.75	6.56
	280	4.32	6.76	7.52	8.49	9.81	10.72	11.06	11.04	9.50	6.13
	315	5.14	8.09	8.92	10.05	11.53	12.46	12.72	12.14	9.43	4.16
	355	6.05	9.50	10.46	11.73	13.31	14.12	14.19	12.59	7.98	—
	400	7.06	11.02	12.10	13.48	15.04	15.53	15.24	11.95	4.34	—
	450	8.20	12.63	13.80	15.23	16.59	16.47	15.57	9.64	—	—

续表

带型	小带轮的基准直径 d_1/mm	小带轮转速 n_1/(r/min)									
		400	700	800	950	1200	1450	1600	2000	2400	2800
D	355	9.24	13.70	14.83	16.15	17.25	16.77	15.63	—	—	—
	400	11.45	17.07	18.46	20.06	21.20	20.15	18.31	—	—	—
	450	13.85	20.63	22.25	24.01	24.84	22.02	19.59	—	—	—
	500	16.20	23.99	25.76	27.50	26.71	23.59	18.88	—	—	—
	560	18.95	27.73	29.55	31.04	29.67	22.58	15.13	—	—	—
	630	22.05	31.68	33.38	34.19	30.15	18.06	6.25	—	—	—
	710	25.45	35.59	36.87	36.35	27.88	7.99	—	—	—	—
	800	29.08	39.14	39.55	36.76	21.32	—	—	—	—	—

注:本表摘自 GB/T 13575.1—2008。因为 Y 型带主要用于传递运动,所以表中未列出。

　　实际工作条件与上述特定条件不同时,应对 P_0 值加以修正。修正后即得单根普通 V 带所能传递的功率,称为许用功率 $[P_0]$,有

$$[P_0] = (P_0 + \Delta P_0) K_\alpha K_L$$

式中:ΔP_0——功率增量,考虑传动比 $i \neq 1$ 时,带在大轮上的弯曲应力较小,故在寿命相同的条件下,可增大传递的功率,ΔP_0 值见表 12-5;

　　　　K_α——包角修正系数,考虑 $\alpha \neq 180°$ 时对传动能力的影响,查表 12-6;

　　　　K_L——带长修正系数,考虑带长不为特定长度时对传动性能的影响,查表 12-2。

表 12-5　单根普通 V 带额定功率的增量 ΔP_0 (GB/T 13575.1—2008)　　　　单位:kW

带型	传动比 i	小带轮转速 n_1/(r/min)									
		400	700	800	950	1200	1450	1600	2000	2400	2800
Z	1.00~1.01	0.00	0.00	0.00	0.00	0.00	0.00	0.00	0.00	0.00	0.00
	1.02~1.04	0.00	0.00	0.00	0.00	0.00	0.00	0.01	0.01	0.01	0.01
	1.05~1.08	0.00	0.00	0.00	0.00	0.01	0.01	0.01	0.01	0.02	0.02
	1.09~1.12	0.00	0.00	0.00	0.01	0.01	0.01	0.01	0.02	0.02	0.03
	1.13~1.18	0.00	0.00	0.00	0.01	0.01	0.01	0.01	0.02	0.03	0.03
	1.19~1.24	0.00	0.00	0.01	0.01	0.01	0.02	0.02	0.02	0.03	0.03
	1.25~1.34	0.00	0.01	0.01	0.01	0.02	0.02	0.02	0.02	0.03	0.03
	1.35~1.50	0.00	0.01	0.01	0.02	0.02	0.02	0.02	003	0.03	0.04
	1.51~1.99	0.01	0.01	0.02	0.02	0.02	0.02	0.03	0.03	0.04	0.04
	≥2.00	0.01	0.02	0.02	0.02	0.03	0.03	0.03	0.04	0.04	0.04
A	1.00~1.01	0.00	0.00	0.00	0.00	0.00	0.00	0.00	0.00	0.00	0.00
	1.02~1.04	0.01	0.01	0.01	0.01	0.02	0.02	0.02	0.03	0.03	0.04
	1.05~1.08	0.01	0.02	0.02	0.03	0.03	0.04	0.04	0.06	0.07	0.08
	1.09~1.12	0.02	0.03	0.03	0.04	0.05	0.06	0.06	0.08	0.10	0.11
	1.13~1.18	0.02	0.04	0.04	0.05	0.07	0.08	0.09	0.11	0.13	0.15
	1.19~1.24	0.03	0.05	0.05	0.06	0.08	0.09	0.11	0.13	0.16	0.19
	1.25~1.34	0.03	0.06	0.06	0.07	0.10	0.11	0.13	0.16	0.19	0.23
	1.35~1.50	0.04	0.07	0.08	0.08	0.11	0.13	0.15	0.19	0.23	0.26
	1.51~1.99	0.04	0.08	0.09	0.10	0.13	015	0.17	0.22	0.26	0.30
	≥2.00	0.05	0.09	0.10	0.11	0.15	0.17	0.19	0.24	0.29	0.34

续表

带型	传动比 i	小带轮转速 n_1/(r/min)									
		400	700	800	950	1200	1450	1600	2000	2400	2800
B	1.00～1.01	0.00	0.00	0.00	0.00	0.00	0.00	0.00	0.00	0.00	0.00
	1.02～1.04	0.01	0.02	0.03	0.03	0.04	0.05	0.06	0.07	0.08	0.10
	1.05～1.08	0.03	0.05	0.06	0.07	0.08	0.10	0.11	0.14	017	0.20
	1.09～1.12	0.04	0.07	0.08	0.10	0.13	0.15	0.17	0.21	0.25	0.29
	1.13～1.18	0.06	0.10	0.11	0.13	0.17	0.20	0.23	0.28	0.34	0.39
	1.19～1.24	0.07	0.12	0.14	0.17	0.21	0.25	0.28	0.35	0.42	0.49
	1.25～1.34	0.08	0.15	0.17	0.20	0.25	0.31	0.34	0.42	0.51	0.59
	1.35～1.50	0.10	0.17	0.20	0.23	0.30	0.36	0.39	0.49	0.59	0.69
	1.51～1.99	0.11	0.20	0.23	0.26	0.34	0.40	0.45	0.56	0.68	0.79
	≥2.00	0.13	0.22	0.25	0.30	0.38	0.46	0.51	0.63	0.76	0.89
C	1.00～1.01	0.00	0.00	0.00	0.00	0.00	0.00	0.00	0.00	0.00	0.00
	1.02～1.04	0.04	0.07	0.08	0.09	0.12	0.14	0.16	0.20	0.23	0.27
	1.05～1.08	0.08	0.14	0.16	0.19	0.24	0.28	0.31	0.39	0.47	0.55
	1.09～1.12	0.12	0.21	0.23	0.27	0.35	0.42	0.40	0.59	0.70	0.82
	1.13～1.18	0.16	0.27	0.31	0.37	0.47	0.58	0.63	0.78	0.94	1.10
	1.19～1.24	0.20	0.34	0.39	0.47	0.59	0.71	0.78	0.98	1.18	1.37
	1.25～1.34	0.23	0.41	0.47	0.56	0.70	0.85	0.94	1.17	1.41	1.64
	1.35～1.50	0.27	0.48	0.55	0.65	0.82	0.99	1.10	1.37	1.65	1.92
	1.51～1.99	0.31	0.55	0.63	0.74	0.94	1.14	1.25	1.57	1.88	2.19
	≥2.00	0.35	0.62	0.71	0.83	1.06	1.27	1.41	1.76	2.12	2.47
D	1.00～1.01	0.00	0.00	0.00	0.00	0.00	0.00	0.00	—	—	—
	1.02～1.04	0.14	0.24	0.28	0.33	0.42	0.51	0.56	—	—	—
	1.05～1.08	0.28	0.49	0.56	0.66	0.84	1.01	1.11	—	—	—
	1.09～1.12	0.42	0.73	0.83	0.99	1.25	1.51	1.67	—	—	—
	1.13～1.18	0.56	0.97	1.11	1.32	1.67	2.02	2.23	—	—	—
	1.19～1.24	0.70	1.22	1.39	1.60	2.09	2.52	2.78	—	—	—
	1.25～1.34	0.83	1.46	1.67	1.92	2.500	3.02	3.33	—	—	—
	1.35～1.50	0.97	1.70	1.95	2.31	2.92	3.52	3.89	—	—	—
	1.51～1.99	1.11	1.95	2.22	2.64	3.34	4.03	4.45	—	—	—
	≥2.00	1.25	2.19	2.50	2.97	3.75	4.53	5.00	—	—	—

表 12-6　包角修正系数 K_a

小轮包角 α_1	180°	175°	170°	165°	160°	155°	150°	145°	140°	135°	130°	125°	120°	110°	100°	90°
K_a	1	0.99	0.98	0.96	0.95	0.93	0.92	0.91	0.89	0.88	0.86	0.84	0.82	0.78	0.74	0.69

V 带传动设计计算的一般步骤如下。

1. 确定计算功率 P_c,初选带型号

根据传递的名义功率,考虑载荷性质和每天运行时间等因素来确定。

$$P_c = K_A P \tag{12-14}$$

式中:K_A——工况系数,查表 12-7;

P——V 带传递的名义功率(kW)。

根据计算功率和小带轮转速,由图 12-14 初选带的型号。在两种型号交界线附近时,可以对两种型号同时进行计算,最后择优选定。

表 12-7　工况系数 K_A

载荷性质	工作机	原动机					
		电动机(交流启动、三角启动、直流并励)、四缸以上的内燃机			电动机(联机交流启动、直流复励或串励)、四缸以下的内燃机		
		每天工作小时数/h					
		<10	10~16	>16	<10	10~16	>16
载荷变动很小	液体搅拌机、通风机和鼓风机(≤7.5 kW)、离心式水泵和压缩机、轻负荷输送机	1.0	1.1	1.2	1.1	1.2	1.3
载荷变动小	带式输送机(不均匀负荷)、通风机(>7.5 kW)、旋转式水泵和压缩机(非离心式)、发电机、金属切削机床、印刷机、旋转筛、锯木机和木工机械	1.1	1.2	1.3	1.2	1.3	1.4
载荷变动较大	制砖机、斗式提升机、往复式水泵和压缩机、起重机、磨粉机、冲剪机床、橡胶机械、振动筛、纺织机械、重载输送机	1.2	1.3	1.4	1.4	1.5	1.6
载荷变动很大	破碎机(旋转式、颚式等)、磨碎机(球磨、棒磨、管磨等)	1.3	1.4	1.4	1.5	1.6	1.8

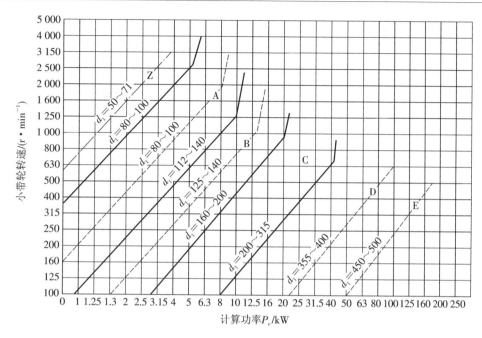

图 12-14　普通 V 带选型图

2. 确定带轮的基准直径 d_1 和 d_2、验算带速 v

（1）选择带轮的基准直径　d_1 小，则带传动外轮廓空间小，但过小，则带的弯曲应力过大，将导致带的寿命降低。为了减小弯曲应力，延长带的寿命和实现标准化，规定了带轮的最小直径值和带轮标准直径，其系列值如表 12-8 所示。而大带轮直径可由传动比计算得到，并取标准直径系列值。然后应计算实际传动比与工作要求是否符合，其相对误差是否在允许范围之内。

表 12-8　普通 V 带带轮最小直径和直径系列

V 带型号	Y	Z	A	B	C	D	E
最小基准直径	20	50	75	125	200	355	500
带轮直径系列	20,22.4,25,28,31.5,35.5,40,45,50,56,63,67,71,75,80,85,90,95,100,106,112,118,125,132,140,150,170,180,200,212,224,236,250,265,280,300,315,355,375,400,425,450,475,500,530,560,600,630,670,710,750,800,900,1 000 等						

（2）验算带速　带速过高则离心力过大而降低带与带轮间的摩擦力，从而降低传动能力、易打滑；而且离心应力大，使带疲劳寿命降低；带速太低，当功率一定时，传递的圆周力增大，带的根数增多。所以带速一般以在 5～25 m/s 之内为宜，否则应调整小带轮的直径或转速。其计算公式为

$$v = \frac{\pi d_1 n_1}{60 \times 1\ 000}$$

（12-15）

3. 确定中心距和 V 带的基准长度 L

(1)初定中心距　带传动的中心距不宜过大,否则将由于载荷变化引起带的抖动,使工作不稳定而且结构不紧凑;中心距过小,在一定带速下,单位时间内带绕过带轮的次数增多,带的应力循环次数增加,会加速带的疲劳损坏;而且中心距过小则包角小,使传动能力降低。一般根据传动需要,可按下式初定中心距:

$$0.7(d_1+d_2) \leqslant a_0 \leqslant 2(d_1+d_2) \tag{12-16}$$

(2)确定带的基准长度　由初选的中心距及大、小带轮基准直径 d_1、d_2,可根据带传动的几何关系,按下式近似计算带的基准长度 L_{d0}:

$$L_{d0} \approx 2a_0 + \frac{\pi}{2}(d_1+d_2) + \frac{(d_2-d_1)^2}{4a_0} \tag{12-17}$$

再根据 L_{d0},由表 12-2 选取 L_d。

(3)确定中心距 a　实际中心距 a 可用下式近似计算

$$a \approx a_0 + \frac{L_d - L_{d0}}{2} \tag{12-18}$$

考虑安装调整和补偿预紧力的需要,其变动范围为$(a-0.015L_d)\sim(a-0.03L_d)$。

4. 验算小带轮包角 α_1

由式(12-5)可知,包角越小,摩擦力越小,有效拉力相应降低,容易打滑。所以,通常要求小带轮的包角 $\alpha_1 \geqslant 120°$,即

$$\alpha_1 = 180° - \frac{d_2-d_1}{a} \times 57.3° \geqslant 120° \tag{12-19}$$

若不满足,应适当增大中心距或减小传动比来增加小轮包角 α_1。

5. 确定 V 带的根数 z

V 带根数可按下式计算:

$$z \geqslant \frac{P_c}{[P_0]} = \frac{K_A P}{(P_0 + \Delta P_0) K_\alpha K_L} \tag{12-20}$$

为使各根带受力均匀,带的根数不宜过多,通常 $z<10$;否则应改选带的型号或增大小带轮直径,然后重新计算。

6. 确定初拉力 F_0

初拉力的大小是保证带传动正常工作的重要因素。初拉力过小,摩擦力小,容易发生打滑;初拉力过大,带工作应力大,使带的寿命缩短,且轴和轴承受力大。单根 V 带初拉力可由下式计算,式中符号的意义同前。

$$F_0 = \frac{500P_c}{vz}\left(\frac{2.5}{K_\alpha}-1\right) + qv^2 \quad (\text{N}) \tag{12-21}$$

7. 计算带作用在轴上的压力 F_Q

为设计轴和轴承,应计算出带作用在轴上的压力 F_Q。通常近似地按两边初拉力 F_0 的合力来计算,如图 12-15 所示。

$$F_Q = 2zF_0 \sin\frac{\alpha_1}{2} \tag{12-22}$$

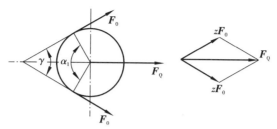

图 12-15　作用在带轮轴上的压力

8. V 带轮

对带轮要求是:重量轻,质量分布均匀。轮槽工作表面应精加工,以减少带的磨损。带轮材料一般用灰铸铁、铸钢或钢板等,带轮结构可参考有关手册。

例 12-1　设计一起重机上使用的带传动。采用三相异步交流电动机驱动,已知传递功率为 9 kW,电动机转速 $n_1 = 1\,450$ r/min,传动比 $i = 2.7$,单班制工作。

解　(1) 选择带型号。

由原动机及工作情况,查表 12-7,取 $K_A = 1.2$,则计算功率为

$$P_c = K_A P = 1.2 \times 9 \text{ kW} = 10.8 \text{ kW}$$

再由 $n_1 = 1\,450$ r/min 查图 12-14,查出此坐标点位于 A 型与 B 型交界处,现暂按选用 A 型计算。读者可选用 B 型计算,并对两个方案的计算结果进行比较。

(2) 选带轮直径 d_1、d_2。

由表 12-8,按 A 型 V 带选带轮直径 $d_1 = 112$ mm,则 $d_2 = id_1 = 2.7 \times 112$ mm $= 302.4$ mm,参照带轮直径系列选 $d_2 = 300$ mm。取 $\varepsilon = 0.02$,则实际传动比

$$i = \frac{n_1}{n_2} = \frac{d_2}{d_1(1-\varepsilon)} = \frac{300}{112 \times (1-0.02)} = 2.73$$

传动比误差小于 5%,满足要求。

(3) 验算带速 v。

$$v = \frac{\pi d_1 n_1}{60 \times 1\,000} = \frac{\pi \times 112 \times 1\,450}{60 \times 1\,000} = 8.5 \text{ m/s}$$

v 在 5~25 m/s 范围之内。

(4) 计算中心距 a 和带长 L_d。

初取 $0.7(d_1 + d_2) \leqslant a_0 \leqslant 2(d_1 + d_2)$,取 $a_0 = 600$ mm,则带计算长度为 L_{d0}。

$$L_{d0} \approx 2a_0 + \frac{\pi}{2}(d_1 + d_2) + \frac{(d_2 - d_1)^2}{4a_0}$$

$$= \left[2 \times 600 + \frac{\pi}{2} \times (112 + 300) + \frac{(300 - 112)^2}{4 \times 600}\right] \text{mm} = 1\,861.89 \text{ mm}$$

由表 12-2 选用基准长度 $L_d = 1\,940$ mm 的 A 型 V 带。实际中心距

$$a \approx a_0 + \frac{L_d - L_{d0}}{2} = \left(600 + \frac{1\,940 - 1\,861.89}{2}\right) = 639 \text{ mm}$$

(5) 验算小带轮包角 α_1。

$$\alpha_1 = 180° - \frac{d_2 - d_1}{a} \times 57.3° = 180° - \frac{300 - 112}{639} \times \frac{180°}{\pi} = 163.1° > 120°$$

(6) 确定 V 带根数 z。

由 V 带型号及 d_1、n_1、i 值在表 12-4、表 12-5 中查得 $P_0=1.61$ kW, $\Delta P_0=0.17$。由包角 $\alpha_1=161.1°$ 查表 12-6 得 $K_\alpha=0.95$。由 $L_d=1\,940$ mm 由表 12-2 查得 $K_L=1.02$, 则

$$z=\frac{K_A P}{(P_0+\Delta P_0)K_\alpha K_L}=\frac{10.8}{(1.61+0.17)\times0.95\times1.02}=6.26$$

取 7 根 A 型 V 带可以满足要求。

(7) 计算单根 V 带的预拉力 F_0。

由表 12-1, 查得 A 型 V 带 $q=0.10$ kg/m, 则

$$F_0=\frac{500P_c}{vz}\left(\frac{2.5-K_\alpha}{K_\alpha}\right)+qv^2$$

$$=\left[\frac{500\times10.8}{8.5\times7}\left(\frac{2.5-0.95}{0.95}\right)+0.1\times8.5^2\right] \text{N}=155.3 \text{ N}$$

(8) 计算对轴的压力 F_Q。

$$F_Q=2zF_0\sin\frac{\alpha}{2}=2\times7\times155.3\times\sin\frac{163.1°}{2} \text{N}=2\,150.6 \text{ N}$$

(9) 带轮材料及结构(略)。

12.5　V 带传动的张紧

由于传动带的材料不是完全的弹性体, 因此带在工作一段时间后会松弛, 从而传动性能降低。因此, 带传动应设置张紧装置。常用的张紧装置有以下三种。

(1) 定期张紧装置　调节中心距使带重新张紧。如图 12-16(a) 所示, 将装在带轮的电动机安装在滑轨 1 上, 需调节带的拉力时, 松开螺母 2, 用调节螺钉 3 使滑轨 1 移动, 改变电动机的位置, 然后固定。这种装置适合两轴处于水平或倾斜不大的传动。图 12-16(b) 所示的张紧装置适用于两轴处于垂直或接近垂直状态的传动。

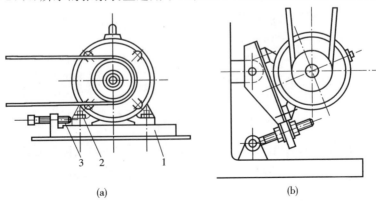

(a)　　　　　　　　　　　(b)

图 12-16　带的定期张紧装置

1—滑轨；2—螺母；3—调节螺钉

（2）自动张紧装置　常用于中小功率的传动。如图 12-17 所示,将装在带轮的电动机安装在可自由转动的摆架上,利用电动机和摆架的重量自动保持张紧力。

（3）使用张紧轮的张紧装置　当中心距不能调节时,可采用具有张紧轮的传动,如图 12-18 所示。

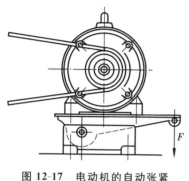

图 12-17　电动机的自动张紧　　　　　　　图 12-18　张紧轮装置

12.6　链 传 动

12.6.1　概述

链传动以链条作为中间挠性件并依靠链与链轮轮齿的啮合来传递运动和动力,由装在平行轴上的主、从动链轮和绕在链轮上的环形链条组成。传递动力用的链条主要有滚子链和齿形链。本章主要介绍滚子链传动,如图 12-19 所示。

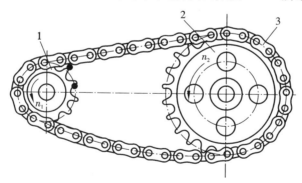

图 12-19　链传动
1—主动轮;2—从动轮;3—环形链条

链传动的优点是:与带传动类似,适用于两轴间距离较大的传动;链传动没有弹性滑动,平均传动比恒定;链传动传力大,效率高,经济可靠,而且可在潮湿、高温、多尘等恶劣条件下工作,作用在轴上的载荷也比带传动小。链传动的缺点是:由于链节是刚性的,链条是以折线形式绕在链轮上的,因此瞬时传动比不稳定,在传动中有冲击和噪声,对安装精度和维护的要求也较高。

12.6.2　滚子链的结构

滚子链（见图 12-20）是由内链板 1、外链板 2、销轴 3、套筒 4 和滚子 5 组成。链条中的内链板与套筒、外链板与轴销之间为过盈配合，轴销与套筒、套筒与滚子之间为间隙配合，可以自由转动。链条就是由这样一些内、外链节依次铰接而成的。相邻的内、外链节可以相对转动，滚子在套筒上也可以自由转动。这样，当链条与链轮啮合时，滚子与轮齿之间为滚动摩擦，减少了链条和轮齿之间的磨损。链板一般按等强度的条件制成 8 字形，可以减轻重量。

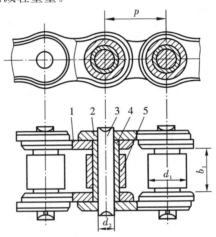

图 12-20　滚子链

1—内链板；2—外链板；3—销轴；4—套筒；5—滚子

链条的各零件由碳素钢或合金钢制造，为提高其强度和耐磨性，还要进行热处理。

链传动的主要参数是链节距 p，它是链条相邻两销轴中心的距离。链节距愈大，链的尺寸愈大，承载能力也愈高。当需要传递较大功率时，可以用多排链。但排数愈多，对链的制造和安装精度要求也愈高。

滚子链是标准件，分为 A、B 两个系列，常用的是 A 系列。表 12-9 列出了几种 A 系列滚子链的主要参数。

表 12-9　A 系列滚子链的主要尺寸　　　　　　　　单位：mm

链　号	节距 p nom	排距 p_t	滚子外径 d_1 max	销轴直径 d_2 max	内节内宽 b_1 min
08A	12.70	14.38	7.92	3.98	7.85
10A	15.875	18.11	10.16	5.09	9.40
12A	19.05	22.78	11.91	5.96	12.57
16A	25.40	29.29	15.88	17.94	15.75

续表

链　　号	节距 p nom	排距 p_t	滚子外径 d_1 max	销轴直径 d_2 max	内节内宽 b_1 min
20A	31.75	35.76	19.05	9.54	18.90
24A	38.10	45.44	22.23	11.11	25.22
28A	44.45	48.87	25.40	12.71	25.22
32A	50.80	58.55	28.58	14.29	31.55
40A	63.50	71.55	39.68	19.85	37.85
48A	76.20	87.83	47.63	23.81	47.35

注:① 摘自 GB/T 1243—2006,表中链号与相应的国际标准链号一致,链号乘以(25.4/16)即为节距值(mm)。

　　后缀 A 表示 A 系列;

② 对于高应力使用场合,不推荐使用过渡链节;

③ 链条标记示例,10A-2-87 GB/T 1243—2006 表示链号为 0A、双排、87 节滚子链。

　　链条长度以链节数来表示。滚子链使用时为封闭形,当链节数为偶数时,链条一端的外链板正好与另一端的内链板相连,销轴穿过内、外链板,再用开口销或弹簧夹锁紧,如图 12-21(a)(b)所示。若链节数为奇数,则需采用过渡链节连接,如图 12-21(c)所示。链条受拉时,过渡链节的弯曲链板承受附加的弯矩作用,所以,设计时链节数应尽量避免取奇数。

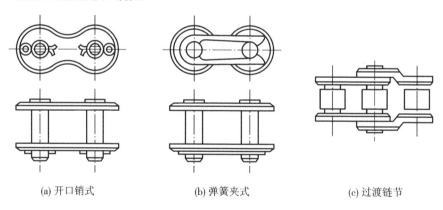

(a) 开口销式　　　　　　　(b) 弹簧夹式　　　　　　　(c) 过渡链节

图 12-21　滚子链的接头形式

12.6.3　链轮

　　国家标准仅规定了滚子链链轮齿槽的齿面圆弧半径 r_e、齿沟圆弧半径 r_i 和齿沟角 α(见图 13-22(a))的最大和最小值。各种链轮的实际端面齿形均应在最大和最小齿槽形状之间。这样处理使链轮齿廓曲线设计有很大的灵活性。但齿形应保证链节能平稳自如地进入和退出啮合,并便于加工。符合上述要求的端面齿形曲线有多种,最常用的是"三圆弧一直线"齿形(见图 13-22(b))。这种"三圆弧一直线"齿形基本符合上述齿槽形态范围,且具有较好的啮合性能,并便于加工。

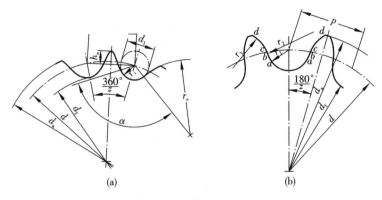

图 12-22　滚子链链轮端面齿形

　　链轮的基本参数是相配链条的节距 p、滚子的最大外径、排距及齿数 z。链轮的轴向齿廓两侧制成圆弧形,便于链条进入和退出链轮,轴向齿廓(见图 12-23)应符合有关国家标准的规定。其主要尺寸及计算公式可参考有关设计手册。

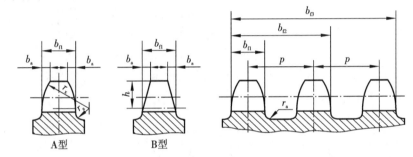

图 12-23　链轮的轴向齿廓图

　　链轮齿应有足够的强度和耐磨性,故齿面多需热处理。常用材料有碳钢、灰铸铁等,重要的链轮可采用合金钢。小链轮的啮合次数比大链轮多,故其材料应优于大链轮。

　　链轮的结构如图 12-24 所示。小直径链轮可制成实心式,中等直径的链轮可制成孔板式,直径较大的链轮可设计成组合式。链轮的轮毂部分的尺寸可参考带轮。

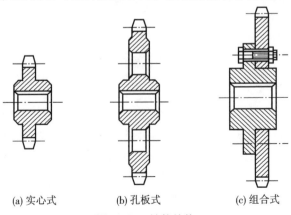

(a) 实心式　　　　　(b) 孔板式　　　　　(c) 组合式

图 12-24　链轮结构

12.6.4　链传动的运动特性

与带传动不同,由于链是由刚性链节通过销轴铰接而成的,当链条与链轮啮合时,链条便呈一多边形分布在链轮上,多边形的边长等于链节距。设 z_1、z_2 和 n_1、n_2 分别为小轮、大轮的齿数和转速(r/min),p 为链条节距(mm),则链条的平均速度为

$$v=\frac{z_1 n_1 p}{60\times 1\,000}=\frac{z_2 n_2 p}{60\times 1\,000} \tag{12-23}$$

链传动的平均传动比

$$i=\frac{n_1}{n_2}=\frac{z_2}{z_1} \tag{12-24}$$

虽然链传动的平均速度和平均传动比不变,但它们的瞬时值却是周期性变化的。为便于分析,设链的紧边(主动边)在传动时总处于水平位置(见图 12-25(a)),铰链已进入啮合。主动轮以角速度 ω_1 回转,其圆周速度 $v_1=r_1\omega_1$,将其分解为沿链条前进方向的分速度 v 和垂直方向的分速度 v',则

$$v=v_1\cos\beta_1=r_1\omega_1\cos\beta_1$$
$$v'=v_1\sin\beta_1=r_1\omega_1\sin\beta_1$$

式中:β_1——主动轮上铰链 A 的圆周速度方向与链条前进方向的夹角。

当链节依次进入啮合时,β_1 角在 $\pm180°/z_1$ 范围内变动,从而引起链速 v 相应作周期性变化。当 $\beta_1=\pm180°/z_1$ 时(见图 12-25(b)(d))链速最小,$v_{\min}=r_1\omega_1\cos(180°/z_1)$;当 $\beta_1=0°$ 时(见图 12-25(c))链速最大,$v_{\max}=r_1\omega_1$。故即使 ω_1 为常数,链轮每送走一个链节,其链速 v 也经历"最小—最大—最小"的周期性变化。同理链条在垂直方向的速度 v' 也作周期性变化,使链条上下抖动(见图 12-25(b)(c)(d))。

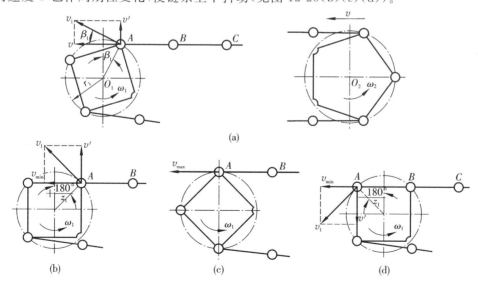

图 12-25　链传动运动分析

用同样的方法对从动轮进行分析可知,从动轮角速度 ω_2 也是变化的,故链传动的瞬时传动比($i_{12}=\omega_1/\omega_2$)也是变化的。

链速和传动比的变化使链传动中产生加速度,从而产生附加动载荷、引起冲击振动,故链传动不适合高速传动。为减小动载荷和运动的不均匀性,链传动应尽量选取较多的齿数 z_1 和较小的节距 p(这样可使 β_1 减小),并使链速在允许的范围内变化。

12.6.5　链传动的主要失效形式

链传动主要由链条和链轮组成,其薄弱环节在链条。链条是由多个零件组成的部件,传动的失效常常是由链条中最弱链节或链节中最弱零件所造成的。链轮轮齿在工作中也可能产生塑性变形或磨损,但使用经验证明,链轮寿命通常是链条寿命的 2～3 倍以上。常见的链条失效形式有以下几种。

(1)链条的疲劳破坏　链条在松边和紧边的交变应力作用下经过一定的循环次数,链板可能出现疲劳断裂,滚子和套筒可能出现疲劳点蚀和裂纹。通常,这是决定链传动工作能力的主要因素。

(2)铰链的磨损　链条铰链常因存在相对滑动而磨损,从而对传动产生影响。铰链的磨损使链节距增大,产生跳齿和脱链现象,也降低链传动的使用寿命。

(3)多次冲击破坏　链节与链轮啮合时,滚子与链轮间产生冲击,在高速时,由于冲击载荷较大,套筒或滚子的表面发生冲击疲劳破坏。

(4)胶合　在高速和润滑不良时,铰链处的销轴套筒的工作表面由于摩擦产生高温,容易导致销轴与套筒工作表面产生胶合。为了避免胶合,必须限定链传动的极限转速。

(5)过载拉断　在低速重载的条件下,链条的载荷超过链静强度时,链条会被拉断。

链传动的设计计算等可参考相关设计资料。

典型例题

习　　题

12-1　带传动中的弹性滑动与打滑有何区别?打滑对传动有何影响?影响打滑的因素有哪些?如何避免打滑?

12-2　V 带传动为什么比平带传动承载能力大?

12-3　传动带工作时有哪些应力?这些应力是如何分布的?最大应力点在何处?

12-4　带和带轮的摩擦系数、包角及带速与有效拉力有何关系?

12-5　一开口平带传动,已知两带轮直径为 150 mm 和 400 mm,中心距为 1 000 mm,小带轮的转速为 1 450 r/min。试求:小轮包角;带的几何长度;不考虑带传动的弹性滑动时大带轮的转速;滑动率 $\varepsilon=0.01$ 时大带轮的实际转速。

12-6　试设计某仪器的 V 带传动。选用三相异步电动机,额定功率 $P=$ 2.2 kW,转速 $n_1＝1$ 450 r/min;$n_1＝350$ r/min,三班制工作,工作载荷稳定。

12-7　试设计一带式输送机的传动装置,该传动装置由普通 V 带传动和齿轮传动组成。齿轮传动采用标准齿轮减速器。原动机为电动机,额定功率 $P＝11$ kW,转速 $n_1＝1$ 450 r/min,减速器输入轴转速为 400 r/min,允许传动比误差为±5 ％,该输送机每天工作 16 h。试设计此普通 V 带传动,并选定带轮结构形式与材料。

12-8　带传动、链传动各有哪些特点? 各适用于哪些场合?

应用实例

第 13 章　轴　　承

轴承是支承轴的部件,它的功用有:支承轴及轴上零件,并保持轴的旋转精度;用来减少转轴与支承之间的摩擦和磨损。

轴承按其工作时的摩擦性质可分为滑动轴承和滚动轴承。

13.1　滚动轴承的结构、类型及代号

滚动轴承是机器上一种重要的通用部件。它依靠主要元件间的滚动接触来支承转动零件,具有摩擦阻力小、启动容易、效率高等优点,因而在各种机械中得到了广泛的应用。它的缺点是抗冲击能力

本章重点、难点

较差,高速时易出现噪声,工作寿命也不及液体摩擦的滑动轴承。

滚动轴承是由轴承厂依据国家标准批量生产的标准件。设计人员的任务主要是熟悉标准,正确选用。

13.1.1　滚动轴承的结构

滚动轴承的结构由内圈 1、外圈 2、滚动体 3 和保持架 4 组成,如图 13-1 所示。

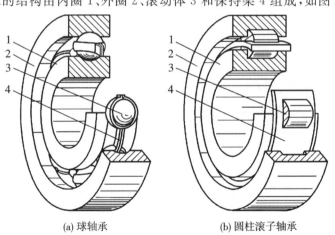

(a) 球轴承　　　　　　　　　　(b) 圆柱滚子轴承

图 13-1　滚动轴承的基本结构

1—内圈;2—外圈;3—滚动体;4—保持架

一般内圈装在轴颈上,与轴一起回转,外圈装在机座或零件的轴承孔内,当内圈相对外圈转动时,滚动体在内、外圈滚道间滚动并传递载荷。保持架的作用是将滚动体均匀地隔开。

　　滚动体与内、外圈的材料应具有高的硬度和接触疲劳强度、良好的耐磨性和冲击韧度,一般用含铬合金钢制造,经热处理后硬度可达 61～65 HRC,工作表面须经磨削和抛光。保持架一般用低碳钢板冲压制成,高速轴承的保持架多采用有色金属或塑料制成。

13.1.2　滚动轴承的主要类型

　　滚动轴承通常按其承受载荷的方向和滚动体的形状分类。

　　接触角是滚动轴承的一个主要参数,滚动轴承的分类及受力分析都与接触角有关。滚动体与外圈接触处的法线与垂直于轴承轴心线的平面之间的夹角称为公称接触角,简称接触角 α。接触角越大,轴承承受轴向载荷的能力也越大。

　　按照承受载荷的方向或接触角的不同,滚动轴承可分为:① 向心轴承,主要用于承受径向载荷,其接触角 α 为 $0°\sim45°$;② 推力轴承,主要用于承受轴向载荷,其接触角 α 为 $45°\sim90°$(见表 13-1)。

表 13-1　各类轴承的公称接触角

轴 承 种 类	向心轴承		推力轴承	
	径向接触	角接触	角接触	轴向接触
公称接触角 α	$\alpha=0°$	$0°<\alpha\leqslant45°$	$45°<\alpha<90°$	$\alpha=90°$
图例(以球轴承为例)				

　　按照滚动体形状,滚动轴承可分为球轴承(见图 13-2(a))和滚子轴承。滚子轴承又分为圆柱滚子(见图 13-2(b))、圆锥滚子(见图 13-2(c))、球面滚子(见图 13-2(d))和滚针(见图 13-2(e))等。

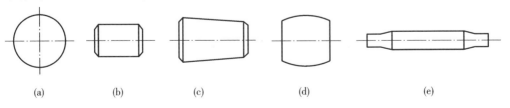

(a)　　　　　(b)　　　　　(c)　　　　　(d)　　　　　(e)

图 13-2　滚子的类型

我国常用滚动轴承的类型和性能特点如表 13-2 所示。

表 13-2　常用滚动轴承的类型和性能特点

名　称	类型代号	结构简图及承载方向	极限转速	允许角位移	性能特点与应用场合
调心球轴承	1		中	2°～3°	其结构特点为双列球,外圈滚道是以轴承中心为中心的球面。能自动调心,适用于多支点和弯曲刚度不足的轴
调心滚子轴承	2		中	1.5°～2.5°	其结构特点是滚动体为双列鼓形滚子,外圈滚道是以轴承中心为中心的球面。能自动调心,能承受很大的径向载荷和少量的轴向载荷,抗振动、冲击
圆锥滚子轴承	3		中	2′	能同时承受较大的径向载荷和轴向载荷。公称接触角有 $\alpha=10°\sim18°$ 和 $\alpha=27°\sim30°$ 两种,外圈可分离,游隙可调,装拆方便,适用于刚性较大的轴,一般成对使用,对称安装
推力球轴承	5		低	不允许	只能承受轴向载荷,且载荷作用线必须与轴线重合。 推力轴承的套圈有轴圈与座圈。轴圈与轴过盈配合并一起旋转,座圈的内径与轴保持一定间隙,置于机座中。 因滚动体离心力大,滚动体与保持架摩擦发热严重,故用于轴向载荷大但转速不高的场合。 单列球轴承仅承受单向轴向载荷;双列球轴承可承受双向轴向载荷

名　称	类型代号	结构简图及承载方向	极限转速	允许角位移	性能特点与应用场合
深沟球轴承	6	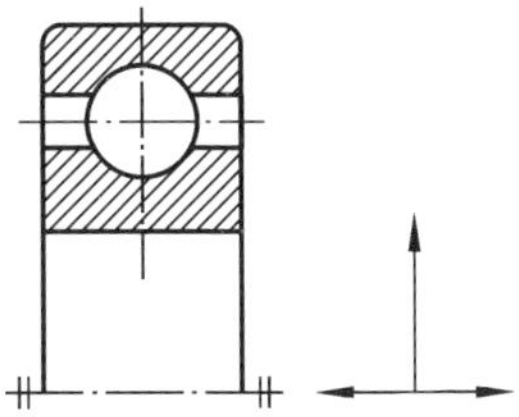	高	$8'\sim16'$	主要承受径向载荷,同时也可承受一定量的轴向载荷。当转速很高而轴向载荷不太大时,可代替推力球轴承承受纯轴向载荷。 　当承受纯径向载荷时,$\alpha=0°$
角接触球轴承	7	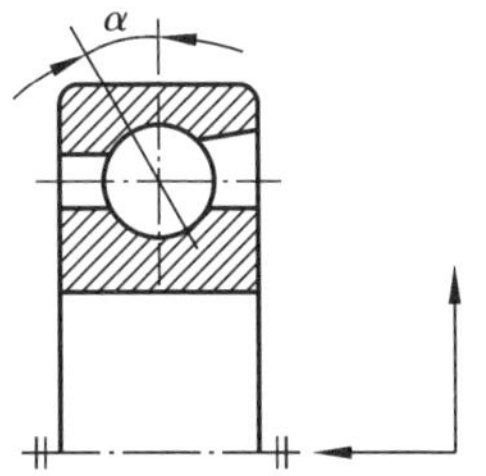	高	$2'\sim10'$	能同时承受径向、轴向联合载荷,公称接触角越大,轴向载荷能力也越大。公称接触角 α 有 $15°$、$25°$、$40°$ 三种。通常成对使用,对称安装
圆柱滚子轴承	N	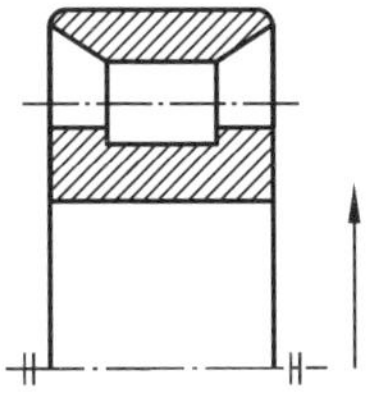	高	$2'\sim4'$	能承受较大的径向载荷,不能承受轴向载荷。因系线接触,内外圈只允许有极小的相对偏转。 　除图示外圈无挡边(N)结构外,还有内圈无挡边(NU)、外圈单挡边(NF)等结构类型
滚针轴承	NA	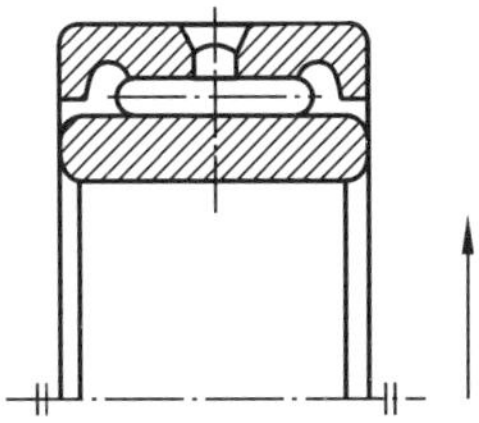	低	不允许	只能承受径向载荷,承载能力大,径向尺寸特小,带内圈或不带内圈。一般无保持架,因而滚针间有摩擦,轴承极限转速低。这类轴承不允许有角偏差

13.1.3 滚动轴承的代号

滚动轴承类型很多,而各类轴承又有不同的结构、尺寸、公差等级和技术要求,为了便于组织生产和选用,国家标准(GB/T 272—2017)规定了滚动轴承的代号。滚动轴承的代号由前置代号、基本代号、后置代号构成,其排列顺序如表13-3所示。

表 13-3 常用滚动轴承的类型和性能特点

前置代号(□)	基本 代 号					后置代号(□或加×)				
	×(□)	×	×	×	×					
		尺寸系列代号								
轴承分部件代号	类型代号	宽(高)度系列代号	直径系列代号	内径代号		内部结构代号	保护架及其材料代号	公差等级代号	游隙代号	配置代号

注:□—字母;×—数字。

(1)前置代号 用字母表示成套轴承的分部件。前置代号及其含义可参阅机械设计手册。

(2)基本代号 表示轴承的基本类型、结构和尺寸,是轴承代号的基础。它由轴承类型代号、尺寸系列代号、内径代号构成。

基本代号左起第一位为类型代号,用数字或字母表示,见表13-2第二列。

基本代号左起第二、三位为尺寸系列代号,它由轴承的宽(高)度系列代号和直径系列代号组合而成。宽(高)度系列代号表示结构、内径和直径系列都相同的轴承,在宽(高)度方面的变化系列;直径系列代号表示结构相同、内径相同的轴承在外径和宽度方面的变化系列。向心轴承、推力轴承的常用尺寸系列代号如表13-4所示。

表 13-4 尺寸系列代号

代 号	7	8	9	0	1	2	3	4	5	6
宽度系列	—	特窄	—	窄	正常	宽	特宽			
直径系列	超特轻	超轻		特轻		轻	中	重	—	

注:① 宽度系列代号为零时可略去(但2、3类轴承除外),有时宽度代号为1、2也被省略;
② 特轻、轻、中、重,以及窄、正常、宽等称呼为旧标准中的相应称呼。

基本代号左起第四、五位为内径代号,表示轴承的公称内径尺寸,如表13-5所示。

表 13-5 轴承的内径代号

内径代号	00	01	02	03	04～99
轴承的内径尺寸/mm	10	12	15	17	数字×5

注:内径<10 和>495 的轴承的内径尺寸系列代号另有规定。

(3)后置代号 用字母(或数字)表示,置于基本代号右边,并与基本代号空半个汉字距离或用符号"-""/"分隔。后置代号排列顺序如表 13-3 所示。

内部结构代号用字母表示。如 C、AC 和 B 分别代表接触角 $\alpha=15°、25°、40°$;E 代表为增大承载能力进行了结构改进的加强型等。

公差等级代号,有/P0、/P6、/P6x、/P5、/P4、/P2 等六个代号,分别表示标准规定的 0、6、6x、5、4、2 等级的公差等级(2 级精度最高),0 级可以省略。

游隙代号,有/C1、/C2、-、/C3、/C4、/C5 等六个代号,分别符合标准规定的游隙1、2、0、3、4、5 组(游隙量自小而大),0 组不注。

配置代号,成对安装的轴承有三种配置形式,分别用三种代号表示:/DB—背对背安装(反装);/DF—面对面安装(正装);/DT—串联安装。

例 13-1 试说明轴承代号 62203、7312AC/P6 的含义。

解 (1)6—深沟球轴承(见表 13-2),22—轻宽系列(见表 13-4),03—内径 $d=17$ mm(见表 13-5)。

(2)7—角接触球轴承(见表 13-2),(0)3—中窄系列(见表 13-4),12—内径 $d=60$ mm(见表 13-5),AC—接触角 $\alpha=25°$,/P6—6 级公差。

13.2 滚动轴承类型的选择

选择滚动轴承的类型时,应根据轴承所受工作载荷的大小、方向和性质,转速高低,空间位置,调心性能,以及其他要求,选定合适的轴承类型。具体选择时可参考如下原则。

(1)球轴承承载能力较低,抗冲击能力较差,但旋转精度较好、极限转速较大,适用于轻载、高速和要求精确旋转的场合。

(2)滚子轴承承载能力和抗冲击能力较强,但旋转精度较差、极限转速较小,多用于重载或有冲击载荷的场合。

(3)同时承受径向及轴向载荷的轴承,应区别不同情况选取轴承类型。以径向载荷为主的可选深沟球轴承;轴向载荷和径向载荷都较大的可选用角接触球轴承或圆锥滚子轴承;轴向载荷比径向载荷大很多或要求变形较小的可选用圆柱滚子轴承(或深沟球轴承)和推力轴承联合使用。

(4)如一根轴的两个轴承孔的同心度难以保证,或轴受载后发生较大的挠曲变形,应选用调心球轴承或调心滚子轴承。

（5）选择轴承类型时要考虑经济性。一般说来，球轴承比滚子轴承价格便宜，深沟球轴承最便宜。精度愈高的轴承价格愈贵，所以必须慎重地选用高精度轴承。

13.3　滚动轴承的失效形式和承载能力计算

13.3.1　失效形式和设计准则

滚动轴承在通过轴心线的轴向载荷作用下，可认为各滚动体所受的载荷是相等的。当轴承承受纯径向载荷 F_r（见图 13-3）作用时，假设内、外圈不变形，那么内圈沿 F_r 方向下移一距离 δ，上半圈滚动体不承载，而下半圈滚动体承受不同的载荷，沿 F_r 作用线上那个滚动体受载最大，而邻近各滚动体受载逐渐减小。

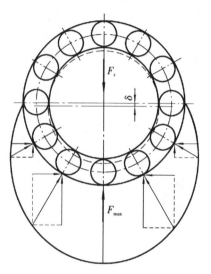

1. 滚动轴承的主要失效形式

滚动轴承工作时内、外圈间有相对运动，滚动体既有自转又围绕轴承中心公转，滚动体和内、外圈分别受到不同的脉动接触应力。

（1）疲劳点蚀　滚动轴承受载后各滚动体的受力大小不同，对于回转的轴承，滚动体与内外圈间产生变化的接触应力，工作若干时间后，各元件接触表面上都可能发生接触疲劳磨损，出现点蚀现象，有时由于安装不当，轴承局部受载较大，更促使点蚀提早发生。

图 13-3　径向载荷的分布

（2）塑性变形　在一定的静载荷或冲击载荷作用下，会使轴承滚道和滚动体接触处的局部应力超过材料的屈服强度，以致轴承出现表面塑性变形而不能正常工作。

此外，使用维护、保养不当或密封润滑不良等因素，也能导致轴承早期磨损，胶合，内、外圈和保持架破损等不正常失效现象发生。

2. 设计准则

针对轴承可能产生的失效，对于一般转速的轴承，为防止疲劳点蚀发生，主要进行寿命计算；对于不转动、摆动或转速低的轴承，要求控制塑性变形，应作静强度计算；对于以磨损、胶合为主要失效的轴承，由于影响因素复杂，目前还没有相应的计算方法，只能采取适当的预防措施。

13.3.2　滚动轴承的寿命计算

1. 基本概念

（1）轴承寿命指轴承中的任一元件（如滚动体，内、外圈等）首次出现疲劳扩展迹象前的总转数或在一定转速下工作的小时数。转数一般用百万转为单位。

（2）滚动轴承的可靠度 R 指一组在相同条件下运转，近于相同的滚动轴承期望达到或超过规定寿命的百分率。单个滚动轴承的可靠度为该轴承达到或超过规定寿命的概率。

（3）基本额定寿命 $L(L_h)$ 指一批相同型号的轴承，在相同条件下运转，其可靠度为 90％时，能达到或超过的寿命。

相同类型和同一公称尺寸的一批轴承，在相同的工作条件下，由于材料、热处理、加工、装配等不可能完全一样，因此其中各轴承的寿命并不相同，有时相差很多倍。所以实际选择轴承时，常以基本额定寿命作为计算标准。

（4）基本额定动载荷 C 指一批滚动轴承理论上所能承受的载荷，在该载荷作用下，轴承的基本额定寿命为一百万转（$L=10^6$ r）。

2. 滚动轴承寿命计算的基本公式

图 13-4 是在大量试验基础上得出轴承的载荷-寿命曲线（P-L 曲线），它和一般疲劳强度的 σ-N 曲线相似，也可称为轴承的疲劳曲线。P-L 曲线的计算式为

$$P^\varepsilon L = 常数 \tag{13-1}$$

式中：P——当量动载荷（N）；

　　　L——基本额定寿命（10^6 r）；

　　　ε——寿命指数，球轴承 $\varepsilon=3$，滚子轴承 $\varepsilon=10/3$。

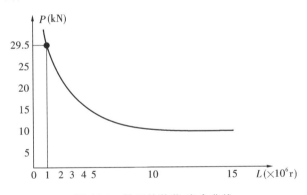

图 13-4　轴承的载荷-寿命曲线

根据标准，公式（13-1）可写成 $P^\varepsilon L = C^\varepsilon \times 10^6$，故得

$$L = \left(\frac{C}{P}\right)^\varepsilon 10^6 \ (\text{r}) \tag{13-2}$$

此式即滚动轴承寿命计算的基本公式。

实际计算时，用给定转速下工作的小时数表示轴承的基本额定寿命较方便，则式（13-2）可写成

$$L_h = \frac{10^6}{60n}\left(\frac{C}{P}\right)^\varepsilon \ (\text{h}) \tag{13-3}$$

式中：n——轴承的工作转速（r/min）；

L_h——按小时计算的轴承基本额定寿命(h);

C——基本额定动载荷(N)。

　　基本额定动载荷是衡量轴承承载能力的主要指标。基本额定动载荷大,轴承抵抗点蚀破坏的承载能力较强。基本额定动载荷分为两类:对主要承受径向载荷的向心轴承(如深沟球轴承、角接触球轴承、圆锥滚子轴承等)为径向额定动载荷,以 C_r 表示;对主要承受轴向载荷的推力轴承,为轴向额定动载荷,以 C_a 表示。各种轴承在正常工作温度(≤120 ℃)时的额定动载荷 C 值可查有关手册。

　　当轴承工作温度大于 120 ℃时,由于轴承元件材料组织的变化及硬度的降低,因此需引入温度系数 f_t 来修正 C 值,f_t 可查表 13-6。考虑到工作中的冲击和振动会使轴承寿命缩短,又引进载荷系数 f_p,f_p 可查表 13-7。

表 13-6　温度系数 f_t

轴承工作温度/℃	100	125	150	200	250	300
温度系数 f_t	1	0.95	0.90	0.80	0.70	0.60

表 13-7　载荷系数 f_p

载 荷 性 质	无冲击或轻微冲击	中等冲击	强烈冲击
f_p	1.0～1.2	1.2～1.8	1.8～3.0

　　作了上述修正后寿命公式可写为

$$L_h = \frac{10^6}{60n}\left(\frac{f_t C}{f_p P}\right)^{\varepsilon}$$

或
$$C = \frac{f_p P}{f_t}\left(\frac{60n}{10^6}L_h\right)^{1/\varepsilon} \tag{13-4}$$

　　以上两式是设计计算时常用的轴承寿命计算式,由此可确定轴承的寿命或型号。

3. 滚动轴承的当量动载荷

　　滚动轴承可能同时承受径向和轴向复合载荷,为了计算轴承寿命时与基本额定动载荷在相同条件下比较,需要将实际工作载荷转化为径向当量动载荷,简称当量动载荷,用符号 P 表示。在当量动载荷作用下,轴承寿命应与实际复合载荷下轴承的寿命相同。向心轴承和角接触轴承,在恒定的径向和轴向载荷作用下,其径向当量动载荷为

$$P = XF_r + YF_a \tag{13-5}$$

式中:F_r、F_a——轴承的径向载荷和轴向载荷(N);

　　　X、Y——径向动载荷系数和轴向动载荷系数。

　　对于向心轴承,当 $F_a/F_r > e$ 时,可由表 13-8 查出 X 和 Y 的数值;当 $F_a/F_r \leq e$ 时,轴向力的影响可以忽略不计(这时表中 $Y=0$,$X=1$)。e 值列于轴承标准中,为轴向载荷影响系数,其值与轴承类型和 F_a/C_{0r} 值有关(C_{0r} 是轴承的径向额定静载荷,它体现了轴承静强度的大小)。

表 13-8 向心轴承当量动载荷的 X、Y 值

轴 承 类 型		F_a/C_{0r}	e	$F_a/F_r > e$		$F_a/F_r \leqslant e$	
				X	Y	X	Y
深沟球轴承		0.014	0.19	0.56	2.30	1	0
		0.028	0.22		1.99		
		0.056	0.26		1.71		
		0.084	0.28		1.55		
		0.11	0.30		1.45		
		0.17	0.34		1.31		
		0.28	0.38		1.15		
		0.42	0.42		1.04		
		0.56	0.44		1.00		
角接触球轴承（单列）	$\alpha = 15°$	0.015	0.38	0.44	1.47	1	0
		0.029	0.40		1.40		
		0.056	0.43		1.30		
		0.087	0.46		1.23		
		0.12	0.47		1.19		
		0.17	0.50		1.12		
		0.29	0.55		1.02		
		0.44	0.56		1.00		
		0.58	0.56		1.00		
	$\alpha = 25°$	—	0.68	0.41	0.87	1	0
	$\alpha = 40°$	—	1.14	0.35	0.57	1	0
圆锥滚子轴承（单列）		—	$1.5 \tan\alpha$	0.4	$0.4 \cot\alpha$	1	0
调心球轴承（双列）		—	$1.5 \tan\alpha$	0.65	$0.65 \cot\alpha$	1	$0.42 \tan\alpha$

向心轴承只承受径向载荷时，

$$P = F_r \qquad (13\text{-}6)$$

推力轴承($\alpha = 90°$)只能承受轴向载荷：

$$P = F_a \qquad (13\text{-}7)$$

4. 角接触球轴承及圆锥滚子轴承轴向载荷 F_a 的计算

这两类轴承的结构特点是在滚动体和滚道接触处存在着接触角 α。当它承受径向载荷 F_r 时，作用在承载区内第 i 个滚动体上的法向力 F_i 可分解为径向分力 F_{ri} 和轴向分力 F_{si}（见图13-5）。各滚动体上所受轴向分力的和即为轴承的内部轴向力 F_s。

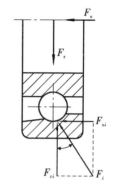

图 13-5　径向载荷产生的轴向分量

F_s 的近似值可按照表13-9中的公式计算求得。F_s 的方向与轴承的安装方式有关，但总是与滚动体相对外圈分离的方向一致。

表 13-9　角接触向心轴承内部轴向力 F_s

轴承类型	角接触向心球轴承			圆锥滚子轴承
	$\alpha = 15°$	$\alpha = 25°$	$\alpha = 40°$	$F_r/(2Y)$
F_s	eF_r	$0.68F_r$	$1.14F_r$	（Y 是 $F_a/F_r > e$ 时的轴向系数）

通常这种轴承都要成对使用，对称安装。安装方式有两种：正装，图13-6所示为两外圈窄边相对(DF)；反装，图13-7所示为两外圈宽边相对(DB)。

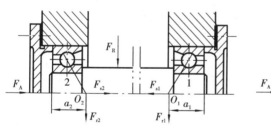

图 13-6　外圈窄边相对安装(正装)　　　**图 13-7　外圈宽边相对安装(反装)**

图13-6和图13-7中 F_A 为轴向外载荷，计算轴承的轴向载荷 F_a 时还应考虑由径向载荷 F_r 产生的内部轴向力 F_s，为了简化计算，通常可认为支反力作用在轴承宽度的中点。

在图13-6中，有两种受力情况。

(1) 若 $F_A + F_{s2} > F_{s1}$，由于轴承1的右端已固定，轴不能向右移动，即轴承1被压紧，由力平衡条件得

轴承1(压紧端)承受的轴向载荷　$F_{a1} = F_A + F_{s2}$

轴承2(放松端)承受的轴向载荷　$F_{a2} = F_{s2}$

$$\qquad (13\text{-}8)$$

(2) 若 $F_A + F_{s2} < F_{s1}$，即 $F_{s1} - F_A > F_{s2}$，则轴承 2 被压紧，由力平衡条件得

轴承 1（放松端）承受的轴向载荷 $F_{a1} = F_{s1}$

轴承 2（压紧端）承受的轴向载荷 $F_{a2} = F_{s1} - F_A$ (13-9)

显然，放松端轴承的轴向载荷等于它本身的内部轴向力，压紧端轴承的轴向载荷等于除本身内部轴向力外其余轴向力的代数和。当轴向外载荷 F_A 与图 13-6 所示方向相反时，F_A 应取负值。

为了对图 13-7 所示反装结构能同样使用式(13-8)和式(13-9)来计算轴承的轴向载荷，只需将图中左边轴承（即轴向外载荷 F_A 与内部轴向力 F_s 的方向相反的轴承）定为轴承 1，右边为轴承 2。

例 13-2 试求 NF207 圆柱滚子轴承允许的最大径向载荷。已知工作转速 $n = 200 \text{ r/min}$，工作温度 $t < 100 \text{ ℃}$，寿命 $L_h = 10\,000 \text{ h}$，载荷平稳。

解 对向心轴承，由式(13-4)知径向基本额定动载荷满足

$$C_r = \frac{f_p P}{f_t} \left(\frac{60n}{10^6} L_h \right)^{1/\varepsilon}$$

查机械设计手册得，NF207 圆柱滚子轴承的径向基本额定动载荷 $C_r = 28\,500$ N，由表 13-7 查得 $f_p = 1$，由表 13-6 查得 $f_t = 1$，对滚子轴承取 $\varepsilon = 10/3$。将以上有关数据代入上式，得

$$28\,500 = \frac{1 \times P}{1} \left(\frac{60 \times 200}{10^6} \times 10^4 \right)^{3/10}$$

$$P = \frac{28\,500}{120^{0.3}} \text{ N} = 6\,778 \text{ N}$$

$$P = F_r = 6\,778 \text{ N}$$

故在本题规定的条件下，NF207 轴承可承受的最大径向载荷为 6 778 N。

例 13-3 一水泵轴选用深沟球轴承支承。已知轴颈 $d = 35 \text{ mm}$，转速 $n = 2\,900 \text{ r/min}$，轴承所受径向载荷 $F_r = 2\,300 \text{ N}$，轴向载荷 $F_a = 540 \text{ N}$，要求使用寿命 $L_h = 5\,000 \text{ h}$，试选择轴承型号。

解 （1）先求出当量动载荷 P。

因该向心轴承受 F_r 和 F_a 的作用，必须求出当量动载荷 P。计算时用到的径向系数 X、轴向系数 Y 要根据 F_a/C_{0r} 值查取，而 C_{0r} 是轴承的径向额定静载荷，在轴承型号未选出前暂不知道，故用试算法。据表 13-8，暂取 $F_a/C_{0r} = 0.028$，则 $e = 0.22$。

因 $\dfrac{F_a}{F_r} = \dfrac{540}{2\,300} = 0.235 > e$，由表 13-8 查得 $X = 0.56$，$Y = 1.99$。

由式(13-5)得

$$P = XF_r + YF_a = (0.56 \times 2\,300 + 1.99 \times 540) \text{ N} \approx 2\,360 \text{ N}$$

即轴承在 $F_r = 2\,300$ N 和 $F_a = 540$ N 作用下的使用寿命，相当于在纯径向载荷为 2 360 N 作用下的使用寿命。

（2）计算所需的径向基本额定动载荷值。

由式(13-4)，
$$C_r = \frac{f_p P}{f_t} \left(\frac{60n}{10^6} L_h \right)^{1/\varepsilon} \text{N}$$

上式中由表 13-7 查得 $f_p = 1$，由表 13-6 查得 $f_t = 1$(工作温度不高)。所以

$$C_r = \frac{1.1 \times 2\,360}{1} \times \left(\frac{60 \times 2\,900}{10^6} L_h \right)^{1/3} \approx 24\,800 \text{ N}$$

(3) 选择轴承型号。

查手册，选 6207 轴承，其 $C_r = 25\,500 \text{ N} > 24\,800 \text{ N}$，$C_{0r} = 15\,200 \text{ N}$，故 6207 轴承的 $F_a/C_{0r} = 540/15\,200 = 0.035\,5$，与原估计值接近，适用。

例 13-4 一工程机械传动装置中的轴，根据工作条件决定采用一对角接触球轴承支承(见图 13-8)，并选定轴承型号为 7 208AC。已知轴承载荷 $F_{r1} = 1\,000 \text{ N}$，$F_{r2} = 2\,060 \text{ N}$，$F_A = 880 \text{ N}$，转速 $n = 5\,000 \text{ r/min}$，运转中受中等冲击，预期寿命 $L_h = 2\,000 \text{ h}$，试问所选轴承型号是否恰当。(注：AC 表示 $\alpha = 25°$。)

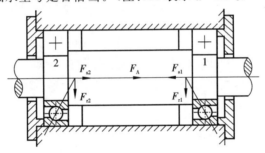

图 13-8 例 13-4 的轴承装置

解 (1) 先计算轴承 1、2 的轴向力 F_{a1}，F_{a2}，由表 13-9 得轴承的内部轴向力为

$$F_{s1} = 0.68 F_{r1} = 0.68 \times 1\,000 \text{ N} = 680 \text{ N}(方向见图示)$$

$$F_{s2} = 0.68 F_{r2} = 0.68 \times 2\,060 \text{ N} = 1\,400 \text{ N}(方向见图示)$$

因为 $F_{s2} + F_A = (1\,400 + 880) \text{ N} = 2\,280 \text{ N} > F_{s1}$

所以轴承 1 为压紧端，有 $F_{a1} = F_{s2} + F_A = 2\,280 \text{ N}$

而轴承 2 为放松端，有 $F_{a2} = F_{s2} = 1\,400 \text{ N}$

(2) 计算轴承 1、2 的当量动载荷。

由表 13-8 查得 $e = 0.68$，而

$$\frac{F_{a1}}{F_{r1}} = \frac{2\,280}{1\,000} = 2.28 > 0.68$$

$$\frac{F_{a2}}{F_{r2}} = \frac{1\,440}{2\,060} = 0.68 = e$$

查表 13-8 可得 $X_1 = 0.41$，$Y_1 = 0.87$，$X_2 = 1$，$Y_2 = 0$，故当量动载荷为

$$P_1 = X_1 F_{r1} + Y_1 F_{a1} = (0.41 \times 1\,000 + 0.87 \times 2\,280) \text{ N} = 2\,394 \text{ N}$$

$$P_2 = X_2 F_{r2} + Y_2 F_{a2} = (1 \times 2\,060 + 0 \times 1\,400) \text{ N} = 2\,060 \text{ N}$$

(3) 计算所需的径向基本额定动载荷 C_r。

因轴的结构要求两端选择同样尺寸的轴承，由于 $P_1 > P_2$，故应以轴承 1 的径向

当量动载荷 P_1 为计算依据。因受中等冲击载荷,查表 13-7 得 $f_p = 1.5$;工作温度正常,查表 13-6 得 $f_t = 1$,故

$$C_{r1} = \frac{f_p P_1}{f_t} \left(\frac{60n}{10^6} L_h \right)^{1/3} = \frac{1.5 \times 2\,394}{1} \times \left(\frac{60 \times 5\,000}{10^6} \times 2\,000 \right)^{1/3} \text{N} = 30\,290 \text{ N}$$

（4）由手册查得轴承的径向基本额定动载荷 $C_r = 35\,200$ N。因为 $C_{r1} < C_r$,故所选 7208AC 轴承适用。

13.4　滚动轴承的组合设计

为保证轴承在机器中正常工作,除合理选择轴承类型、尺寸外,还应正确进行轴承的组合设计,处理好轴承与其周围零件之间的关系。也就是要解决轴承的轴向位置固定、轴承与其他零件的配合、间隙调整、装拆和润滑密封等一系列问题。

13.4.1　滚动轴承的轴向固定

机器中轴的位置是靠轴承来定位的,当轴工作时,既要防止轴向窜动,又要保证滚动体不至于因轴受热膨胀而卡住。轴承的轴向固定形式有两种。

1. 两端固定

如图 13-9(a)所示,使轴的两个支点中每一个支点都能限制轴的单向移动,两个支点合起来就可限制轴的双向移动,这种固定方式称为两端固定,它适用于工作温度变化不大的短轴。考虑到轴因受热而伸长,在轴承端盖与外圈端面之间应留出热补偿间隙 c,$c = 0.2 \sim 0.3$ mm(见图 13-9(b))。

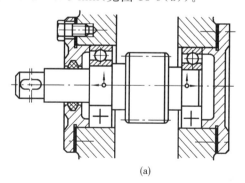
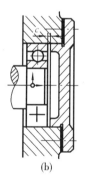

(a)　　　　　　　　　　　　　　　(b)

图 13-9　两端固定支承

2. 一端固定、一端游动

这种固定方式是在两个支点中使一个支点双向固定以承受轴向力,另一个支点则可作轴向游动(见图 13-10)。可作轴向游动的支点称为游动支点,显然它不能承受轴向载荷。

选用深沟球轴承作为游动支点时,应在轴承外圈与端盖间留适当间隙(见图 13-10(a));选用圆柱滚子轴承时,则轴承外圈应作双向固定(见图 13-10(b)),以免

内、外圈同时移动,造成过大错位。这种固定方式适用于温度变化较大的长轴。

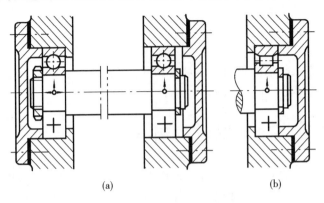

(a)   (b)

图 13-10   一端固定、一端游动支承

13.4.2 滚动轴承装置的调整

1. 轴承间隙的调整

轴承在装配时,一般要留有适当间隙,以利用轴承的正常运转,常用的调整方法有两种。

(1)加调整垫片   靠加减轴承盖与机座间垫片厚度进行调整(见图 13-11(a))。

(2)加调节螺钉   利用螺钉 2 通过轴承外圈压盖 1 移动外圈位置进行调整(见图 13-11(b)),调整之后,用螺母 3 锁紧防松。

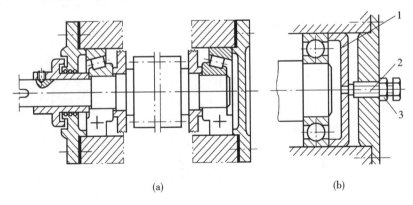

(a)   (b)

图 13-11   轴承间隙的调整

1—轴承外圈压盖;2—螺钉;3—螺母

2. 轴承的预紧

对某些可调游隙式轴承,在安装时给予一定的轴向压紧力(预紧力),使其内、外圈产生相对位移而消除游隙,并在套圈和滚动体接触处产生弹性预变形,借此提高轴的旋转精度和刚度,这种方法称为轴承的预紧。预紧力可以利用金属垫片(见图 13-12(a))或磨窄套圈(见图 13-12(b))等方法获得。

3. 轴承组合位置的调整

调整轴承组合位置的目的,是使轴上的零件(如齿轮、带轮等)具有准确的工作位置。如锥齿轮传动,要求两个节锥顶点相重合,方能保证正确啮合;又如蜗杆传动,则要求蜗轮中间平面通过蜗杆的轴线等。图 13-13 所示为锥齿轮轴承组合位置的调整,套杯与机座间的垫片 1 用来调整锥齿轮轴的轴向位置,而垫片 2 则用来调整轴承游隙。

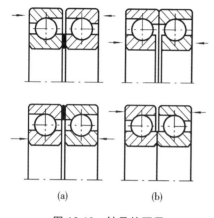

图 13-12　轴承的预紧

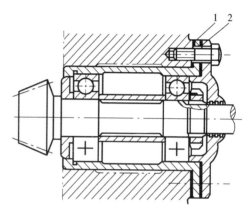

图 13-13　锥齿轮轴承组合位置的调整

13.4.3　滚动轴承的配合及装拆

1. 滚动轴承的配合

由于滚动轴承是标准件,为了便于互换及适应大量生产,轴承内圈孔与轴的配合采用基孔制,轴承外圈与轴承座孔的配合则采用基轴制。

选择配合时,应考虑载荷的方向、大小和性质,以及轴承类型、转速和使用条件等因素。当外载荷方向不变时,转动套圈应比固定套圈的配合紧一些。一般情况下是内圈随轴一起转动,外圈固定不转,故内圈与轴常取具有过盈的过渡配合,如轴的公差采用 k6、m6;外圈与座孔常取较松的过渡配合,如座孔的公差采用 H7、J7 或 JS7。当轴承作游动支承时,外圈与座孔应取保证有间隙的配合,如座孔公差采用 G7。

2. 滚动轴承的装拆

设计轴承组合时,应考虑有利于轴承装拆,以便在装拆过程中不致损坏轴承和其他零件。

如图 13-14 所示,若轴肩高度大于轴承内圈外径,就难以放置拆卸工具的钩头。对外圈拆卸的要求也是如此,应留出拆卸高度 h_0(见图 13-15(a)(b))或在壳体上做出能放置拆卸螺钉的螺孔(见图 13-15(c))。

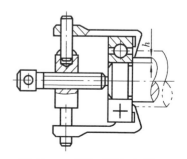

图 13-14　用钩爪器拆卸轴承

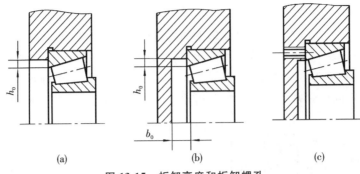

图 13-15　拆卸高度和拆卸螺孔

13.4.4　滚动轴承的润滑和密封

润滑和密封对提高滚动轴承的使用寿命具有重要意义。润滑的主要目的是减小摩擦与减轻磨损。滚动接触部位如能形成油膜,还有吸收振动、降低工作温度和噪声等作用。密封的目的是防止灰尘、水分等进入轴承,并阻止润滑剂的流失。

1. 滚动轴承的润滑

滚动轴承的润滑剂可以是润滑脂、润滑油或固体润滑剂。一般情况下,滚动轴承采用润滑脂润滑,但在轴承附近已经具有润滑油源时(如变速箱内本来就有润滑齿轮的油),也可采用润滑油润滑。具体选择可按速度因数 dn 值来定。d 代表轴承内径(mm),n 代表轴承套圈的转速(r/min),dn 值间接地反映了轴颈的圆周速度。当 dn <$(1.5\sim2)\times10^5$ mm·r/min时,一般滚动轴承可采用润滑脂润滑,超过这一范围宜采用润滑油润滑。

脂润滑因润滑脂不易流失,故便于密封和维护,且一次充填润滑脂可运转较长时间。油润滑的优点是其比脂润滑摩擦阻力小,并能散热,主要用于高速或工作温度较高的轴承。

油量不宜过多,如果采用浸油润滑,则油面高度应不超过最低滚动体的中心,以免产生过大的搅油损耗和热量。高速轴承通常采用喷油或喷雾方法润滑。

2. 滚动轴承的密封

滚动轴承密封方法的选择与润滑的种类、工作环境、温度、密封表面的圆周速度有关。密封方法可分两大类:接触式密封和非接触式密封。其密封形式、使用场合和说明可参阅表 13-10。

表 13-10　常用的滚动轴承密封形式

密封形式	图　例	使用场合	说　明
接触式密封	1 毛毡圈密封	脂润滑。要求环境清洁,轴颈圆周速度 $v<4\sim5$ m/s,工作温度不超过 90℃	矩阵断面的毛毡圈 1 被安装在梯形槽内,它对轴产生一定的压力而起到密封作用

密封形式	图　例	使用场合	说　明
接触式密封	 (a)　　　(b) 密封圈密封	脂或油润滑。轴颈圆周速度 $v <$ 7 m/s,工作温度范围为 $-40\sim100$ ℃	密封圈用皮革、塑料或耐油橡胶制成,有的具有金属骨架,有的没有骨架,密封圈是标准件。图(a)中的唇式密封圈朝里,目的是防漏油;图(b)中的唇式密封圈朝外,主要目的是防灰尘、杂质进入
非接触式密封	 间隙密封	脂润滑。干燥清洁环境	靠轴与盖间的细小环形间隙密封,间隙愈小愈长,效果愈好,间隙 δ 取 $0.1\sim0.3$ mm
	 (a)　　　(b) 迷宫式密封	脂润滑或油润滑。工作温度不高于密封用脂的滴点。这种密封效果可靠	将旋转件与静止件之间的间隙做成"迷宫"(曲路)形式,并在间隙中填充润滑油或润滑脂以加强密封效果。分径向、轴向两种:图(a)所示为径向曲路,径向间隙 $\delta < 0.1\sim0.2$ mm;图(b)所示为轴向曲路,因考虑到轴受热后会伸长,间隙应取大些,$\delta=1.5\sim2$ mm
组合密封	 毛毡加迷宫密封	适用于脂润滑或油润滑	这是组合密封的一种形式,毛毡加"迷宫",可充分发挥各自优点,提高密封效果。组合方式很多,不一一列举

13.5　滑动轴承的结构、类型

轴承分为滚动轴承和滑动轴承两大类。虽然滚动轴承具有一系列优点,在一般机器中获得了广泛应用,但是在高速、高精度、重载、结构上要求剖分等场合下,滑动轴承就显示出它的优异性能,因而在汽轮机、离心式压缩机、内燃机等设备中多采用滑动轴承。此外,在低速而带有冲击的机器中,如水泥搅拌机、滚筒清砂机、破碎机等机器中,也常采用滑动轴承。

13.5.1　按工作表面的摩擦状态分类

1. 液体摩擦滑动轴承

在液体摩擦滑动轴承中,轴颈和轴承的工作表面被一层润滑油膜隔开。由于两零件表面没有直接接触,轴承的阻力只是润滑油分子间的内摩擦,因此摩擦系数很小,一般仅为 0.001~0.008。这种轴承的寿命长、效率高,但是制造精度要求也高,并需在一定条件下才能实现液体摩擦。

2. 非液体摩擦滑动轴承

非液体摩擦滑动轴承的轴颈与轴承工作表面之间虽有润滑油存在,但在表面局部凸起部分仍发生直接接触,因此,摩擦系数较大,一般为 0.1~0.3,容易磨损,但结构简单,对制造精度和工作条件要求不高,故在机械中的应用仍然较广泛。

13.5.2　按承受的载荷方向分类

1. 向心滑动轴承

向心滑动轴承又称径向滑动轴承,主要承受径向载荷。

图 13-16 所示为一种普通的剖分式轴承。它是由轴承盖 1、轴承座 4、剖分轴瓦 3 和连接螺栓 2 等所组成。轴承中直接支承轴颈的零件是轴瓦。为了安装时容易对心,在轴承盖与轴承座的中分面上做出阶梯形的榫口。轴承盖应当适度压紧轴瓦,使轴瓦不能在轴承孔中转动。轴承盖上制有螺纹孔,以便安装油杯或油管。

向心滑动轴承的类型很多,例如还有轴承间隙可调节的滑动轴承、轴瓦外表面为球面的自位轴承和整体式轴承等,可参阅有关手册。

轴瓦是滑动轴承中的重要零件。如图 13-17 所示,向心滑动轴承的轴瓦内孔为圆柱形。若载荷 F 方向向下,则下轴瓦为承载区,上轴瓦为非承载区。润滑油应由非承载区引入,所以在顶部开进油孔。在轴瓦内表面,以进油口为中心沿纵向、斜向或横向开有油沟,以利于润滑油均匀分布在整个轴颈上。油沟的形式很多,如图 13-18所示。一般油沟与轴瓦端面保持一定距离,以防止漏油。

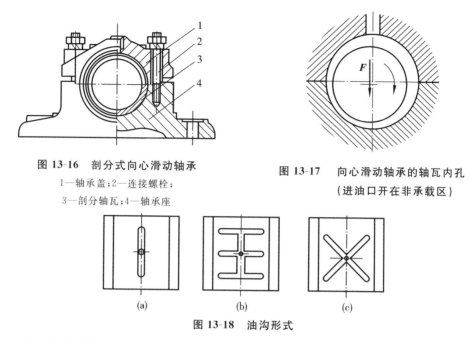

图 13-16 剖分式向心滑动轴承

1—轴承盖；2—连接螺栓；
3—剖分轴瓦；4—轴承座

图 13-17 向心滑动轴承的轴瓦内孔
（进油口开在非承载区）

(a)　　　　(b)　　　　(c)

图 13-18 油沟形式

轴瓦宽度与轴颈直径之比 B/d 称为宽径比，它是向心滑动轴承中的重要参数之一。对于液体摩擦的滑动轴承，常取 $B/d=0.5\sim1$；对于非液体摩擦的滑动轴承，常取 $B/d=0.8\sim1.5$，有时可以更大些。

2. 推力滑动轴承

轴所受的轴向力 F_a 应采用推力轴承来承受。止推面可以利用轴的端面，也可在轴的中段做出凸肩或装上推力圆盘。两平行平面之间是不能形成动压油膜的（后面将对此进行讨论），因此须沿轴承止推面按若干块扇形面积开出楔形。图 13-19(a)所示为固定式推力轴承，其楔形的倾斜角固定不变，在楔形顶部留出平台，用来承受停车后的轴向载荷。图 13-19(b)所示为可倾式推力轴承，其扇形块的倾斜角能随载荷、转速的改变而自行调整，因此性能更为优越。

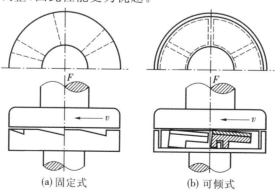

(a)固定式　　　　(b)可倾式

图 13-19 推力轴承

13.6　滑动轴承的材料

13.6.1　轴承盖和轴承座的材料

轴承盖和轴承座一般不与轴颈直接接触,主要起支承轴瓦的作用,常用灰铸铁制造,如 HT150。当载荷较大及有冲击载荷时,用铸钢制造。

13.6.2　轴瓦材料

根据轴承的工作情况,要求轴瓦材料具备下述性能:(1) 摩擦系数小;(2) 导热性好,热膨胀系数小;(3) 耐磨、耐蚀、抗胶合能力强;(4) 有足够的机械强度和可塑性。

能同时满足上述要求的材料是难找的,但应根据具体情况满足主要使用要求。较常见的是用两层不同金属做成的轴瓦,两种金属在性能上取长补短。在工艺上可以用浇铸或压合的方法,将薄层材料黏附在轴瓦基体上。黏附上去的薄层材料通常称为轴承衬。

常用的轴瓦和轴承衬材料有下列几种。

1. 轴承合金

轴承合金(又称白合金、巴氏合金)有锡锑轴承合金和铅锑轴承合金两大类。

锡锑轴承合金的摩擦系数小,抗胶合性能良好,对油的吸附性强,耐蚀性好,易跑合,是优良的轴承材料,常用于高速、重载的轴承。但它的价格较贵且机械强度较差,因此只能作为轴承衬材料而浇铸在钢、铸铁(见图 13-20(a)(b))或青铜轴瓦(见图 13-20(c))上。用青铜作为轴瓦基体是取其导热性良好。这种轴承合金在 110 ℃ 开始软化,为了安全,在设计、运行中常将温度控制在 110 ℃以下。

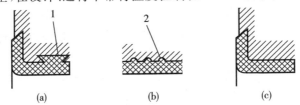

图 13-20　浇铸轴承合金的轴瓦
1—燕尾槽;2—螺旋槽

铅锑轴承合金的各方面性能与锡锑轴承合金相近,但这种材料较脆,不宜承受较大的冲击载荷。它一般用于中速、中载的轴承。

2. 青铜

青铜的强度高,承载能力大,耐磨性与导热性都优于轴承合金。它可以在较高的温度(250 ℃)下工作。但它的可塑性差,不易跑合,与之相配的轴颈必须淬硬。

青铜可以单独做成轴瓦。为了节省有色金属,也可将青铜浇铸在钢或铸铁轴瓦内壁上。用作轴瓦材料的青铜,主要有锡青铜、铅青铜和铝青铜。在一般情况下,它们分别用于中速重载、中速中载和低速重载的轴承上。

3. 具有特殊性能的轴承材料

用粉末冶金法(经制粉、成形、烧结等工艺)做成的轴承,其有多孔性组织,孔隙内可以储存润滑油,常称为含油轴承。运转时,轴瓦温度升高,由于油的膨胀系数比金属大,因此自动进入摩擦表面起到润滑作用。含油轴承加一次油可以使用较长时间,常用于加油不方便的场合。

在不重要的或低速轻载的轴承中,也常采用灰铸铁或耐磨铸铁作为轴瓦材料。

橡胶轴承具有较大的弹性,能减轻振动、使运转平稳,可以用水润滑,常用于潜水泵、砂石清洗机、钻机等有泥沙的场合。

塑料轴承具有摩擦系数低,可塑性、跑合性良好,耐磨、耐蚀,可以用水、油及化学溶液润滑等优点。但它的导热性差,膨胀系数较大,容易变形。为改善此缺陷,可将薄层塑料作为轴承衬材料黏附在金属轴瓦上使用。

表 13-11 中给出常用轴瓦及轴承衬材料的 $[p]$、$[pv]$、$[v]$ 等数据。

表 13-11 常用轴瓦及轴承衬材料的性能

材料及其代号	$[p]$/MPa		$[pv]$/MPa	$[v]$/(m/s)	HBS		最高工作温度/℃	轴颈硬度
					金属型	砂型		
铸锡锑轴承合金 ZSnSb11Cu6	平稳	25	20	80	27		150	150 HBS
	冲击	20	15	60			—	—
铸铅锑轴承合金 ZPbSb16Sn16Cu2	15		10	12	30		150	150 HBS
铸锡青铜 ZCuSn10Pb	15		15	10	90	80	280	45 HRC
铸锡青铜 ZCuSn5Pb5Zn5	8		15	3	65	60	280	45 HRC
铸铝青铜 ZCuAl10Fe3	15		12	4	110	100	280	45 HRC

注:$[pv]$ 值为非液体摩擦下的许用值。

13.7 滑动轴承的润滑

滑动轴承润滑的目的主要是降低摩擦和减少磨损,提高轴承的效率,同时还能起到冷却、吸振、防锈等作用。

13.7.1 润滑剂

轴承能否正常工作,和选用润滑剂正确与否有很大关系。

润滑剂分为:①液体润滑剂——润滑油;②半固体润滑剂——润滑脂;③固体润滑剂等。

在润滑性能上润滑油一般比润滑脂好,应用最广。润滑脂具有不易流失等优点,也常用。固体润滑剂除在特殊场合下使用外,目前正在逐步扩大使用范围。下面分别予以简单介绍。

1. 润滑油

目前使用的润滑油大部分为石油系润滑油(矿物油)。在轴承润滑中,润滑油最重要的物理性能是黏度,它也是选择润滑油的主要依据。黏度表征液体流动的内摩擦性能。我国石油产品是用运动黏度(单位为 mm^2/s)标定的,见表 13-12。

表 13-12　常用润滑油的主要性质

名　　　称	代　　号	40℃时的黏度 $\nu/(mm^2/s)$	凝点≤℃	闪点(开式) ≥℃	主　要　用　途
L-AN 全损耗系统用油 (GB 443—1989)	L-AN7	6.12~7.48	−10	110	用于高速低负荷机械、精密机床、纺织纱锭的润滑和冷却
	L-AN10	9.0~11.0		125	
	L-AN15	13.5~16.5	−15	165	普通机床的液压油,用于一般滑动轴承、齿轮、蜗轮的润滑
	L-AN32	28.8~35.2	−15	170	
	L-AN46	41.4~50.6	−10	180	
	L-AN68	61.2~74.8	−10	190	用于重型机床导轨、矿山机械的润滑
	L-AN100	90.0~110	0	210	
涡轮机油 (GB 11120—2011)	L-TSA32	28.8~35.2	−7	180	用于汽轮机、发电机等高速高负荷轴承和各种小型液体润滑轴承的润滑
	L-TSA46	41.4~50.6			

润滑油的黏度并不是不变的,它随着温度的升高而降低,这对于运行着的轴承来说,必须加以注意。

润滑油的黏度还随着压力的升高而增大,但压力不太高(如<10 MPa)时,变化极微,可略而不计。

选用润滑油时,要考虑速度、载荷和工作情况。对于载荷大、温度高的轴承宜选黏度大的油;对于载荷小、速度高的轴承宜选黏度较小的油。

2. 润滑脂

润滑脂是由润滑油和各种稠化剂(如钙、钠、铝、锂等金属皂)混合稠化而成。润滑脂密封简单,不需经常加添,不易流失,所以在垂直的摩擦表面上也可以应用。润滑脂对载荷和速度的变化有较大的适应范围,受温度的影响不大,但摩擦损耗较大,机械效率较低,故不宜用于高速。且润滑脂易变质,不如润滑油稳定。总的来说,一般参数的机器,特别是低速或带有冲击的机器,都可以使用润滑脂润滑。

目前使用最多的是钙基润滑脂,它有耐水性,常用于 60 ℃ 以下的各种机械设备中轴承的润滑。

钠基润滑脂可用于 115 ～145 ℃ 以下,但不耐水。锂基润滑脂性能优良,耐水,且可在−20～150 ℃范围内广泛适用,可以代替钙基、钠基润滑脂。

3. 固体润滑剂

固体润滑剂有石墨、二硫化钼(MoS_2)、聚氟乙烯树脂等多种。一般在超出润滑油使用范围之外才考虑使用,例如在高温介质中,或在低速重载条件下。目前其应用已逐渐广泛,例如可将固体润滑剂调和在润滑油中使用,也可以涂覆、烧结在摩擦表面形成覆盖膜,或者用固结成形的固体润滑剂嵌装在轴承中使用,或者混入金属或塑料粉末中烧结成形。

石墨性能稳定,在 350 ℃ 以上才开始氧化,并可在水中工作。聚氟乙烯树脂摩擦系数低,只有石墨的一半。二硫化钼与金属表面吸附性强,摩擦系数低,使用温度范围也广(−60～300 ℃),但遇水则性能下降。

13.7.2　润滑装置

滑动轴承的给油方法多种多样。图 13-21(a)所示为针阀油杯,平放手柄时,针杆借弹簧的推压而堵住底部油孔。直立手柄时,针杆被提起,油孔敞开,于是润滑油自动滴到轴颈上。在针阀油杯的上端面开有小孔,供补充润滑油用,平时由簧片遮盖。下部有观察孔,螺母可调节针杆下端油口大小,以控制供油量。图 13-21(b)所示为油芯油杯,铝管中装有毛线或棉纱绳,依靠毛线或棉纱的毛细管作用,将油杯中的润滑油滴入轴承。虽然这种油杯给油是自动且连续的,但不能调节给油量,油杯中油

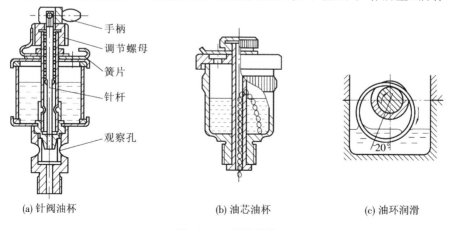

手柄
调节螺母
簧片
针杆
观察孔

20°

(a) 针阀油杯　　　　(b) 油芯油杯　　　　(c) 油环润滑

图 13-21　润滑装置

面高时给油多,油面低时给油少,停车时仍在继续给油,直到滴完为止。图 13-21(c)所示为油环润滑,在轴颈上套一油环,摩擦力带动油环旋转,把油引入轴承。油环浸在油池内的深度约为其直径的四分之一时,给油量已足以维持液体润滑状态的需要。它常用于大型电动机的滑动轴承中。

图 13-22(a)所示为压配式注油杯;图 13-22(b)所示为润滑脂用的油杯,油杯中填满润滑脂,定期旋转杯盖,使空腔体积减小而将润滑脂注入轴承内。这些油杯只可用于小型、低速或间歇运动的轴承润滑。

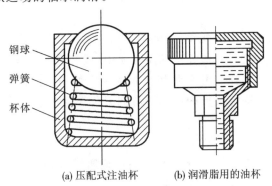

　　钢球
　　弹簧
　　杯体

(a) 压配式注油杯　　(b) 润滑脂用的油杯

图 13-22　油杯装置

最完善的给油方法是利用油泵循环给油,给油量充足,给油压力只需 0.05 MPa,在油的循环系统中常配置过滤器、冷却器。还可以设置油压控制开关,当管路内油压下降时可以报警,或启动辅助油泵、或指令主机停车。所以这种给油方法安全可靠,但设备费用较高,常用于高速且精密的重要机器中。

13.8　非液体摩擦滑动轴承设计

13.8.1　主要失效形式

1. 磨损

非液体摩擦滑动轴承的工作表面,在工作时有局部的接触,会产生不同程度的摩擦和磨损,从而导致轴承配合间隙的增大,影响轴的旋转精度,甚至使轴承不能正常工作。

2. 胶合

当轴在高速、重载情况下工作,且润滑不良时,摩擦加剧,发热过多,使轴承上较软的金属粘焊在轴颈表面而出现胶合。严重时,甚至出现轴承与轴颈焊死在一起,发生所谓"抱轴"的重大事故。

13.8.2　设计计算

由于影响非液体摩擦滑动轴承承载能力的因素十分复杂,因此目前所采用的计算方法仍限于简化的条件性计算。

1. 向心轴承设计计算

设计时,一般已知轴颈直径 d、转速 n 和轴承承受的径向载荷 F,然后按下述步骤进行。

1)确定轴承的结构形式

根据工作条件和使用要求,确定轴承的结构形式,并按表 13-11 选定轴瓦材料。

2)确定轴承的宽度 B

一般按宽径比 B/d 及 d 来确定 B。B/d 越大,轴承的承载能力越大,但油不易从两端流失,散热性差,油温升高;B/d 越小,则端泄流量大、摩擦功耗小、轴承温升低,但承载能力也低。通常 $B/d=0.5\sim1.5$。当要求 B/d 必须为 $1.5\sim1.75$ 时,应改善润滑条件,并采用自位滑动轴承。

3)验算轴承的工作能力

(1)轴承的压强 p 限制轴承压强 p,以保证润滑油不被过大的压力挤出,从而避免轴瓦产生过度的磨损,即

$$p=\frac{F}{Bd}\leqslant[p] \tag{13-10}$$

式中:F——轴承径向载荷(N);

B——轴瓦宽度(mm);

d——轴颈直径(mm);

$[p]$——轴瓦材料的许用压强(MPa),见表 13-11。

(2)轴承的 pv 值 pv 值与摩擦功率损耗成正比,它简略地表征轴承的发热因素。pv 值越高,轴承温升越高,容易引起边界油膜的破裂。pv 值的验算式为

$$pv=\frac{F}{Bd}\cdot\frac{\pi dn}{60\times1\,000}\leqslant[pv] \tag{13-11}$$

式中:n——轴的转速(r/min);

$[pv]$——轴瓦材料的许用值(MPa·m/s),见表 13-11。

(3)轴承的速度 v 为防止轴承因 v 过大而出现早期磨损,有时需校核 v,使

$$v\leqslant[v] \tag{13-12}$$

式中:$[v]$——轴瓦材料许用线速度(m/s),见表 13-11。

(4)选择轴承的配合 在非液体摩擦滑动轴承中,根据不同的使用要求,为了保证一定的旋转精度,必须合理地选择轴承的配合,以保证一定的间隙。

2. 推力轴承设计计算

推力轴承的设计计算步骤与向心轴承相同。

由图 13-23 可知,推力轴承应满足

$$p=\frac{F}{\frac{\pi}{4}(d_2^2-d_1^2)z}\leqslant[p] \tag{13-13}$$

$$pv_\mathrm{m} \leqslant [pv] \qquad\qquad (13\text{-}14)$$

式中:z——轴环数。

轴环的平均速度 $v_\mathrm{m} = \dfrac{\pi d_\mathrm{m} n}{60 \times 1\,000}$,平均直径 $d_\mathrm{m} = \dfrac{d_1 + d_2}{2}$。

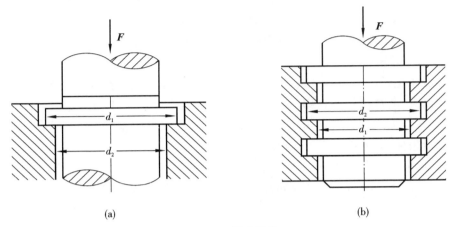

(a)   (b)

图 13-23　推力轴承

推力轴承的$[p]$和$[pv]$值由表 13-11 查取。对于多环推力轴承(见图 13-23(b)),由于制造和装配误差使各支承面上所受的载荷不相等,$[p]$和$[pv]$值应相应减小 20%～40% 。

13.9　液体摩擦滑动轴承简介

前已述及,轴颈与轴承之间的理想摩擦状态是液体摩擦,根据油膜形成的方法,液体摩擦滑动轴承分为动压轴承和静压轴承。

13.9.1　液体动压轴承

液体动压轴承是利用轴颈和轴瓦的相对运动将润滑油带入楔形间隙形成动压油膜,靠液体的动压平衡外载荷。轴颈和轴承孔之间有一定的间隙。静止时,图 13-24(a)表示停车状态,轴颈沉在下部,轴颈表面与轴承孔表面构成了楔形间隙,这就满足了形成动压油膜的首要条件。开始启动时轴颈沿轴承孔内壁向上爬,如图 13-24(b)所示。当转速继续增加时,楔形间隙内形成的油膜压力将轴颈抬起而与轴承脱离接触,如图 13-24(c)所示。但此情况不能持久,因油膜内各点压力的合力有向左推动轴颈的分力存在,故轴颈继续向左移动。最后,当达到机器的工作转速时,轴颈则处于图 13-24(d)所示的位置。此时油膜内各点的压力,其垂直方向的合力与载荷 F 平衡,其水平方向的压力,左右自行抵消。于是轴颈就稳定在此平衡位置上旋转。从图中可以明显看出,轴颈中心 O_1 与轴承孔中心 O_2 不重合,$O_1O_2 = e$,称为偏心距。其他条件相同时,工作转速越高,e 值越小,即轴颈中心越接近轴承孔中心。

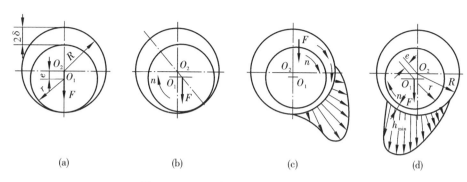

(a)　　　　　　(b)　　　　　　(c)　　　　　　(d)

图 13-24　向心轴承动压油膜形成过程

根据以上分析可知,形成动压油膜的必要条件是:① 两工作表面间必须有楔形间隙;② 两工作表面间必须连续充满润滑油或其他黏性流体;③ 两工作表面间必须有相对滑动速度,其运动方向必须保证润滑油从大截面流进、从小截面流出。此外,对于一定的载荷 F,必须使速度 v、黏度 η 及间隙等匹配恰当。

对一些高速运转的重要轴承,为了保证能得到这种液体摩擦状况,需要进行专门的设计和计算。

13.9.2　液体静压轴承

静压轴承是依靠一套给油装置,将高压油压入轴承的油腔中,强制形成油膜,保证轴承在液体摩擦状态下工作。油膜的形成与相对滑动速度无关,承载能力主要取决于油泵的给油压力,因此静压轴承在高速、低速、轻载、重载下都能胜任工作。在启动、停止和正常运转时期内,轴与轴承之间均无直接接触,理论上轴瓦没有磨损,轴承寿命长,可以长时期保持精度。而且正因为任何时期内轴承间隙中均有一层压力油膜,故对轴和轴瓦的制造精度可适当降低,对轴瓦的材料要求也较低。如果设计良好,静压轴承可以达到很高的旋转精度。但静压轴承需要附加一套可靠的给油装置。所以其应用不如动压轴承普遍,一般用于低速、重载或要求高精度的机械装备中,如精密机床、重型机器等。

静压轴承在轴瓦内表面上开有几个(通常是四个)对称的油腔,各油腔的尺寸一般是相同的。每个油腔四周都有适当宽度的封油面,称为油台,而油腔之间用回油槽隔开,如图 13-25 所示。为了使油腔具有压力补偿作用,在外油路中必须为各油腔配置一个节流器。工作时,若无外载荷(不计轴的自重)作用,轴颈浮在轴承的中心位置,各油腔内压力相等。当轴颈受载荷 F 后,轴颈向下产生位移 e,此时下油腔 1 四周油台与轴颈之间的间隙减小,流出的油量亦随之减少,下油腔的油压升高,而上油腔与轴的间隙增大,使流出油量增加,因而油压降低,上、下油腔产生的压力差与外载荷平衡。所以,节流器 2 能随外载荷的变化而自动调节各油腔内的压力。节流器是静压轴承中的关键元件。

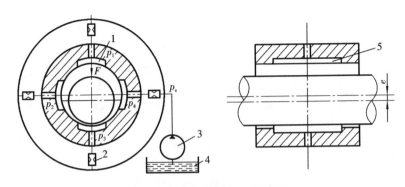

图 13-25　静压轴承的工作原理

1、5—油腔；2—节流器；3—油泵；4—油箱

常用的节流器有小孔节流器(见图 13-26(a))和毛细管节流器(见图 13-26(b))等。

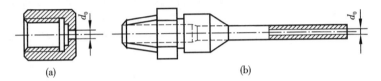

(a)　　　　　　　　　　　　　　(b)

图 13-26　常用的节流器

　　液体静压轴承的主要优点是：可在转速极低的条件下获得液体摩擦；提高油压就可提高承载能力，因而在重载条件下也可获得液体摩擦润滑；摩擦力矩很小，启动力矩小，效率高等。其缺点是：需要一套专门的复杂的供油系统，设备费用高，维护管理麻烦。因此只有在动压轴承难以完成任务时才采用静压轴承。

13.10　滚动轴承与滑动轴承的比较

　　在设计机器的轴承部件时，首先遇到的是采用滚动轴承还是滑动轴承的问题。因此，全面地比较滚动轴承与滑动轴承的性能，有助于正确地选择轴承。滚动轴承与滑动轴承的性能比较列于表 13-13 中。

表 13-13　滚动轴承与滑动轴承性能比较

性　　质	滚动轴承	不完全液体润滑轴承	完全液体润滑轴承	
			动压滑动轴承	静压滑动轴承
承载能力与转速的关系	一般无关，特高速时，滚动体的离心力要降低承载能力	随转速增高而降低	随转速增高而增大	与转速无关

续表

性　　质	滚动轴承	不完全液体润滑轴承	完全液体润滑轴承	
			动压滑动轴承	静压滑动轴承
受冲击载荷的能力	不高	不高	油层有承受较大冲击的能力	良好
高速性能	一般,受限于滚动体的离心力及轴承的温升	不高,受限于轴承的发热和磨损	高,受限于油膜振荡及润滑油的温升	高,用空气作润滑剂时极高
启动阻力	低	高	高	低
功率损失	一般不大,但如润滑及安装不当时将剧增	较大	较低	轴承本身的损失不大,加上油泵功率损失可能超过液体动压轴承
寿命	有限,受限于材料的点蚀	有限,受限于材料的磨损	长,载荷稳定时理论上寿命无限,实际上受限于轴瓦的疲劳破坏	理论上无限
噪声	较大	不大	工作不稳定时是有噪声,工作稳定时基本上无噪声	轴承本身的噪声不大,但油泵有不小的噪声

习　题

典型例题

13-1　说明下列型号轴承的类型、尺寸系列、结构特点、公差等级及其适用场合:6005,N209/P6,7207C,30209/P5。

13-2　一深沟球轴承 6304 承受的径向力 $F_r = 4$ kN,载荷平稳,转速 $n = 960$ r/min,在室温下工作,试求该轴承的基本额定寿命,并说明其能达到或超过此寿命的概率。若载荷改为 $F_r = 2$ kN,轴承的基本额定寿命是多少?

13-3　根据工作条件,某机械传动装置中轴的两端各采用一个深沟球轴承支承,轴颈 $d = 35$ mm,转速 $n = 2\ 000$ r/min,每个轴承承受径向载荷 $F_r = 2\ 000$ N,在常温下工作,载荷平稳,预期寿命 $L_h = 8\ 000$ h,试选择轴承。

13-4　一矿山机械的转轴,两端用 6313 深沟球轴承支承,每个轴承承受的径向载荷 F_r＝5 400 N,轴的轴向载荷 F_a＝2 650 N,有轻微冲击,轴的转速 n＝1 250 r/min,预期寿命 L_h＝5 000 h,问是否适用?

13-5　某机械的转轴两端各用一个向心轴承支承。已知轴颈 d＝40 mm,转速 n＝2 000 r/min,每个轴承的径向载荷 F_r＝5 880 N,载荷平稳,工作温度为 125 ℃,预期寿命 L_h＝5 000 h,试分别按球轴承和滚子轴承选择型号,并比较之。

13-6　根据工作条件,决定在某传动轴上安装一对角接触球轴承,如题 13-6 图所示。已知两个轴承的载荷分别为 F_{r1}＝1 470 N,F_{r2}＝2 650 N,外加轴向力 F_A＝1 000 N,轴颈 d＝40 mm,转速 n＝5 000 r/min,常温下运转,有中等冲击,预期寿命 L_h＝2 000 h,试选择轴承型号。

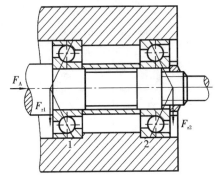

题 13-6 图

13-7　根据工作要求,选用内径 d＝50 mm 的圆柱滚子轴承。轴承的径向载荷 F_r＝39 200 N,轴的转速 n＝85 r/min,运转条件正常,预期寿命 L_h＝1 250 h,试选择轴承型号。

13-8　一齿轮轴由一对 30 206 轴承支承(见图 13-11(a)),支点间的跨距为 200 mm,齿轮位于两支点的中间。已知齿轮模数 m_n＝2.5 mm,齿数 z_1＝17,螺旋角 β＝16.5°,传递功率 P＝2.6 kW,齿轮轴的转速 n＝384 r/min,试求轴承的基本额定寿命。

13-9　滑动轴承的摩擦状态有哪几种? 各有什么特点?

13-10　校核铸件清理滚筒上的一对滑动轴承。已知装载量加自重为 18 000 N,转速为 40 r/min,两端轴颈的直径为 120 mm,轴瓦宽径比为 1∶2,材料为铸锡青铜(ZCuSn5Pb5Zn5),润滑脂润滑。

13-11　有一非液体摩擦向心滑动轴承,已知轴颈直径为 100 mm,轴瓦宽度为 100 mm,轴的转速为 1 200 r/min,轴承材料为 ZCuSn10Pb,试问它允许承受多大的径向载荷?

13-12　试设计某轻纺机械一转轴上的非液体摩擦向心滑动轴承。已知轴颈直径为 55 mm,轴瓦宽度为 44 mm,轴颈的径向载荷为 24 200 N,轴的转速为 300 r/min。

应用实例

本章重点、难点

第 14 章 轴

14.1 概 述

轴是机器中主要支承零件之一,其主要功用有:① 支承轴上的零件(如齿轮、带轮等);② 传递运动和动力,如图 14-1 所示。

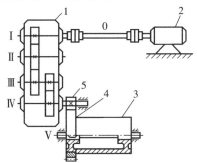

图 14-1 轴的应用

1—减速器;2—电动机;3—卷筒;4—大齿轮;5—小齿轮

14.1.1 轴的分类

1. 按受载性质分类

(1)心轴 心轴只承受弯矩而不传递转矩(见图 14-1 中Ⅱ、Ⅴ轴)。按轴工作中是否转动,心轴又分为转动心轴(如火车车轮轴,见图 14-2)和固定心轴(如自行车前轮轴,见图 14-3)。

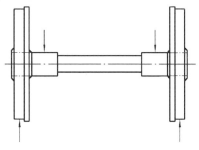

图 14-2 转动心轴

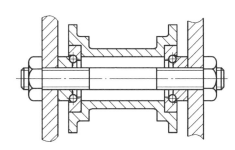

图 14-3 固定心轴

(2)传动轴 传动轴只传递转矩而不承受弯矩或弯矩很小(见图 14-1 中 0 轴)。

(3)转轴 转轴既传递转矩又承受弯矩(见图 14-1 中Ⅰ、Ⅲ、Ⅳ轴。)

2. 按轴线形状分类

(1) 直轴,如图 14-1 至图 14-3 所示。

(2) 曲轴,如图 14-4 所示。

(3) 挠性钢丝轴,如图 14-5 所示。它由几层紧贴在一起的钢丝层构成,可将运动和转矩灵活地传到所要求的位置。本章只讨论直轴。

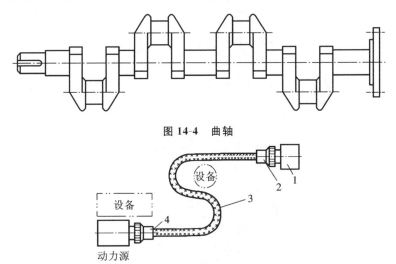

图 14-4   曲轴

图 14-5   挠性钢丝轴

1—被驱动装置;2—接头;3—钢丝软轴(外层为护套);4—接头

3. 按轴的外形分类

(1) 阶梯轴   阶梯轴各段直径不同,有利于轴上零件的定位和装拆。

(2) 光轴   光轴整根轴直径相同。

14.1.2   轴的材料

轴的材料常采用碳素钢和合金钢。其中以经过轧制或锻造的 45 钢最为常用。

1. 碳素钢

碳素钢价格低廉,对应力集中的敏感性较低。常用的有 35、45、50 等优质中碳钢。为改善其力学性能,通常要进行调质或正火处理。不重要或受力较小的轴,可采用 Q235、Q275 等碳素结构钢。

2. 合金钢

合金钢具有较高的力学性能和较好的热处理性能,但价格较高,对应力集中敏感,多用于对强度和耐磨性能要求高或有其他特殊要求的轴。为提高轴颈的耐磨性,常用 20Cr、20CrMnTi 等低碳合金钢,并对其进行渗碳淬火;若要求轴具有良好的高温力学性能,常用 40CrNi、38CrMoAlA 等中碳合金钢。值得注意的是:合金钢在常温下的弹性模量和碳素钢差不多,则当其他条件相同时,用合金钢代替碳素钢并不能提高轴的刚度。由于合金钢对应力集中敏感,在轴结构设计中应尽可能减少应力集中和降低表面粗糙度。

对结构形状复杂的轴,如曲轴、凸轮轴等,还可采用球墨铸铁及高强度铸铁。

轴的毛坯一般用轧制的圆钢或锻钢。锻钢的内部组织较均匀,强度较好,重要的、大尺寸的轴,常采用锻造毛坯。

表 14-1 所示为轴的常用材料及主要力学性能。

表 14-1　轴的常用材料及主要力学性能

材　　料	热 处 理	毛坯直径/mm	硬度/HBS	抗拉强度 σ_b/MPa	屈服强度 σ_s/MPa	弯曲疲劳极限 σ_{-1}/MPa	应　　用
Q235	—	—	—	400	240	170	不重要或载荷不大的轴
35	正火	≤100	149～187	520	270	250	一般的曲轴、转轴等
45	正火	≤100	170～217	600	300	275	用于较重要的轴,应用最广泛
	调质	≤200	217～255	650	360	300	
40Cr	调质	25	—	1 000	800	500	用于载荷较大而无很大冲击的重要的轴
		≤100	241～286	750	550	350	
		>100～300	241～266	700	550	340	
40MnB	调质	25	—	1 000	800	485	性能接近 40Cr,用于重要的轴
		≤200	241～286	750	500	335	
35CrMo	调质	≤100	207～269	750	550	390	用于承受重载的轴
20Cr	渗碳淬火回火	15	表面56～62 HRC	850	550	375	用于要求强度、韧度、耐磨性均较高的轴
		≤60		650	400	280	

14.2 轴的结构设计

　　轴的结构设计就是确定轴各部分的合理外形和全部结构尺寸。其主要要求是：
① 轴应便于加工,轴上零件要易于装拆和调整;② 轴和轴上零件要有准确的工作位置;③ 各零件要牢固而可靠地相对固定;④ 能够改善受力状况、减小应力集中和提高疲劳强度。

　　下面以图 14-6 所示的某减速器轴为例,讨论轴结构设计的主要要求。

14.2.1　制造安装要求

　　为了便于轴上零件的定位和装拆,常将轴做成阶梯形的。在一般剖分式箱体中,轴的直径从两端向中间增大,如图 14-6 所示。

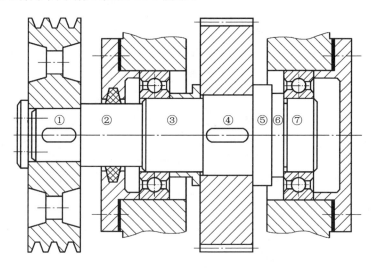

图 14-6　轴的结构

　　轴上零件的安装即装配方案是轴结构设计的前提,不同的装配方案可以得出不同的轴的结构形式。图 14-6 中轴的装配方案是:齿轮、套筒、左端滚动轴承、轴承盖和带轮依次从轴的左端装拆,右端滚动轴承和轴承盖从轴右端装拆。

　　为便于零件装配,轴端和各轴段的端部都应有倒角。

　　在满足使用要求的情况下,为了便于加工,轴的形状和尺寸应尽量简单。

　　磨削的轴段应有砂轮越程槽(见图 14-6 中的⑥⑦交界处);车削螺纹轴段应有退刀槽。

　　同一轴上有多个键槽时,各键槽应设计在同一条加工直线上,如图 14-6 中轴段①和轴段④上的键槽。

14.2.2　轴上零件的定位和固定

为保证轴上零件的正常工作,安装在轴上的零件,必须有准确的定位和可靠的固定。

1. 定位

定位是指零件安装时,保证准确到位的措施。如定位轴肩,在图 14-6 中,①②间的轴肩对带轮起轴向定位作用,④⑤间的轴肩对齿轮起轴向定位作用,⑥⑦间的轴肩对右端滚动轴承起轴向定位作用。有些零件依靠套筒定位,如图 14-6 中左端滚动轴承的内圈定位。

2. 固定

固定是指保证零件相对于轴固定不动,分为轴向固定和周向固定。

1) 轴向固定

零件在轴上能承受轴向力而不产生轴向位移,需准确、可靠地保证轴向固定。常用的轴向定位和固定方法及特点和应用如表 14-2 所示。

表 14-2　常用的轴向定位和固定方法及特点和应用

定位与固定方法	简　图	特点和应用
轴肩、轴环	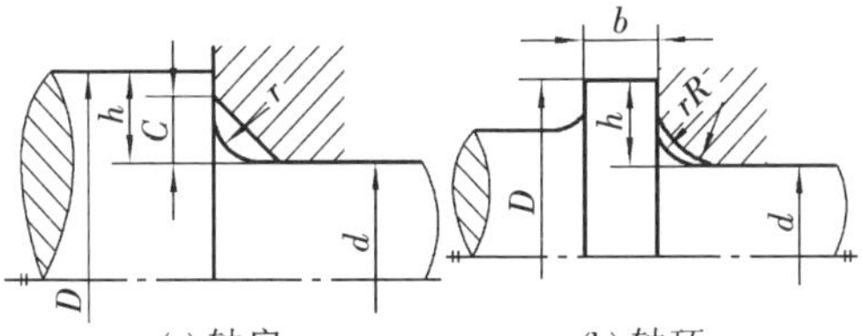 (a) 轴肩　　　　(b) 轴环 $h=(0.07\sim0.1)d$;$b\geqslant1.4h$	结构简单、定位可靠,可承受较大的轴向力,应用广泛。 　为保证轴上零件紧靠轴肩定位面,轴肩圆角半径 r、轴上零件孔端部倒角 C 或圆角半径 R、轴肩高度 h 应满足 $r<C(R)<h$
套筒	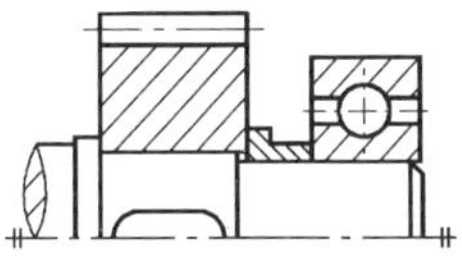	结构简单,定位可靠,一般用于零件间距较小的场合,不宜用于高速场合
圆螺母	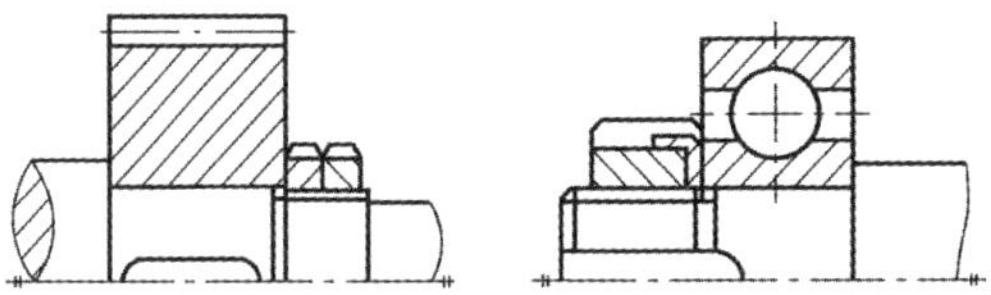 (a) 双圆螺母　　(b) 圆螺母与止动垫圈	固定可靠,能承受较大的轴向力。常用于轴上两零件间距较大处,也可用于轴端。为了防松,需加止动垫圈或使用双螺母

续表

定位与固定方法	简　图	特点和应用
轴端挡圈	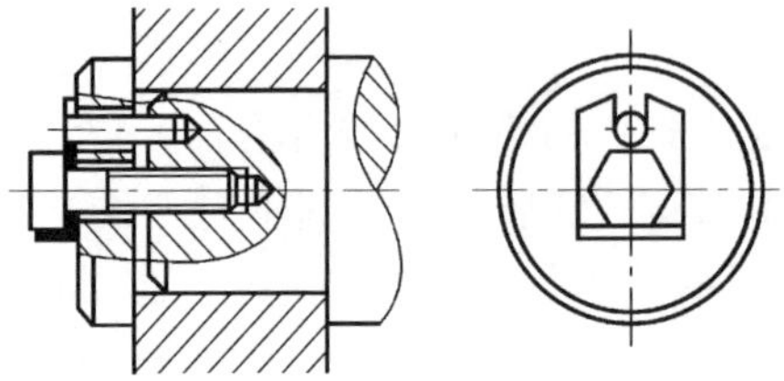	工作可靠,能承受较大的轴向力。适用于固定在轴端的零件。为了防止轴端挡圈转动造成螺钉松脱,可采用止动垫片防松
弹性挡圈	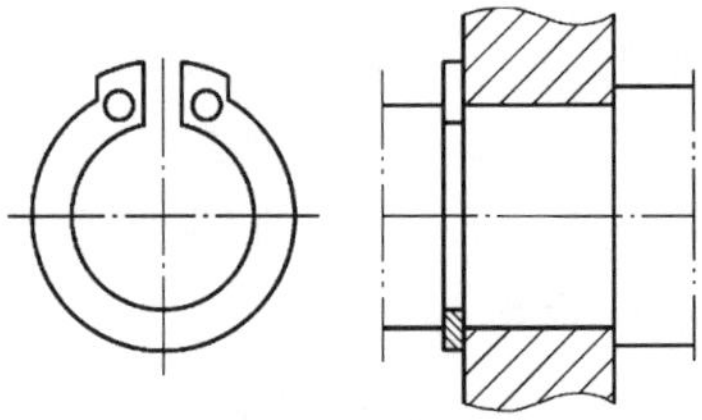	结构简单、紧凑,承载能力较小,不宜用在高速场合。常用于光轴上零件的固定与定位
紧定螺钉	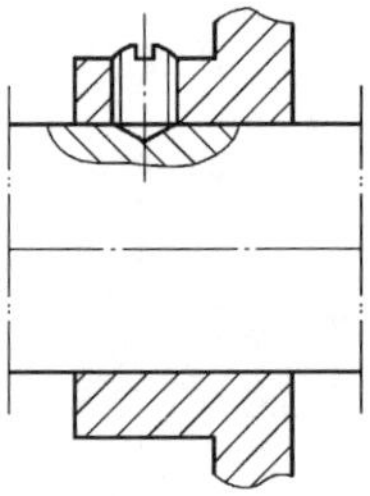	结构简单,受力较小,不宜用在高速场合。常用于光轴上零件的固定与定位

2)周向固定

为传递运动和扭矩,防止轴上零件与轴作相对转动,轴上零件的周向固定必须可靠。常用的周向固定方法有用键、花键、销、紧定螺钉固定或通过过盈连接固定等。

14.2.3　各轴段直径和长度的确定

1. 确定各轴段直径的原则

零件在轴上的装配方案确定后,可根据轴所传递的转矩初步估算出轴的最小直径(见14.3.1节),再按轴上零件的装配、定位和固定等要求逐一确定各段轴径。需要注意以下几点。

(1)与零件有配合关系的轴段应尽量采用标准直径(见图14-6中轴①段和④段)。

(2)与标准件(如滚动轴承、联轴器等)相配合的轴段直径(见图14-7中③段和⑦段),应采用相应的标准值。

(3)用于定位的轴肩高度 h 如表14-2所示。对没有定位要求的轴肩,为了加工和装配方便,一般可取 $h = 1 \sim 2$ mm。

（4）滚动轴承定位轴肩的高度必须满足轴承拆卸的要求,参见滚动轴承的安装尺寸。

2. 各轴段长度的确定

（1）阶梯轴各轴段的长度,应根据轴上各零件的轴向尺寸和有关零件间的相互位置要求确定。

（2）为了保证轴上零件轴向定位可靠,与齿轮、带轮、联轴器等轴上零件相配合部分的轴段一般应比轮毂宽度短 $2 \sim 3$ mm(见图 14-6)。

14.2.4　改善轴的受力状况,减小应力集中

1. 改进轴上零件结构,减轻轴的载荷

图 14-7 所示为起重机卷筒的两种布置方案,图(a)的结构中,大齿轮与卷筒做成一体,转矩经大齿轮直接传给卷筒,故卷筒轴只受弯矩而不传递转矩;在同样的起重量下,图(a)中起重机所需轴的直径较小。

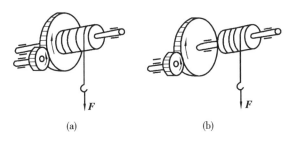

图 14-7　起重机卷筒的两种布置方案

2. 合理布置轴上零件,改善轴的受力状况

如图 14-8 所示,轴上装有三个传动轮,为了减小轴上转矩,应将输入轮布置在两输出轮之间(见图 14-8(a)),这时轴的最大转矩为 T_1;如将输入轮布置在轴的一端(见图 14-8(b)),轴的最大转矩为 $T_1 + T_2$。

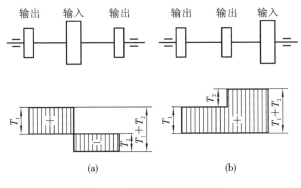

图 14-8　轴的两种布置方案

3. 减小应力集中,提高轴的疲劳强度

合金钢对应力集中较为敏感,尤需加以注意。零件截面发生突然变化的地方,都会产生应力集中现象。因此对阶梯轴来说,在截面尺寸变化处应采用圆角过渡,圆角半径不宜过小,并尽量避免在轴上(特别是应力大的部位)开横孔、切口或凹槽。在重要的结构中,可采用卸载槽(见图 14-9(a))、过渡肩环(见图 14-9(b))或凹切圆角(见图 14-9(c)增大轴肩圆角半径,以减小局部应力。在轮毂上开卸载槽(见图 14-9(d)),也能减小过盈配合处的局部应力。

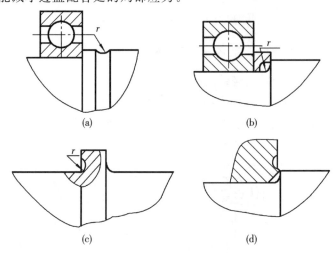

(a)　　　　　　　　(b)

(c)　　　　　　　　(d)

图 14-9　减小应力集中的措施

14.3　轴的强度设计

轴的强度计算时应根据轴的受载情况,采用相应的计算方法。心轴按弯曲强度计算;传动轴按扭转强度计算;转轴是在初估轴的最小直径,并初步完成轴的结构设计之后,再按弯扭合成强度计算。

14.3.1　按扭转强度计算

该方法适用于只受转矩的传动轴,也可用于转轴的近似计算。

对只受转矩的圆截面轴,其扭转强度条件为

$$\tau = \frac{T}{W_T} = \frac{9.55 \times 10^6 P}{0.2 d^3 n} \leqslant [\tau] \tag{14-1}$$

式中:τ——轴的扭转切应力(MPa);

T——转矩(N·mm);

W_T——抗扭截面系数(mm³),对圆截面轴 $W_T = \frac{\pi d^3}{16} \approx 0.2 d^3$;

P——轴传递的功率(kW);

n——轴的转速(r/min);

d——轴的直径(mm);

$[\tau]$——许用扭转切应力(MPa)。

式(14-1)改写成设计公式

$$d \geqslant \sqrt[3]{\frac{9.55 \times 10^6}{0.2[\tau]}} \sqrt[3]{\frac{P}{n}} = C\sqrt[3]{\frac{P}{n}} \tag{14-2}$$

式中:C——与轴的材料和承载情况有关的常数(见表 14-3)。

式(14-2)也可作为转轴的最小直径估算用,考虑到轴上键槽会削弱轴的强度。因此,如轴的横截面上有一个键槽,轴径应增大 4% 左右,有两个键槽,轴径应增大 7% 左右,然后取标准直径。

表 14-3 常用材料的$[\tau]$值和 C 值

轴 的 材 料	Q235、20	35	45	40Cr、35SiMn
$[\tau]$/MPa	12~20	20~30	30~40	40~52
C	160~135	135~118	118~107	107~98

14.3.2 按弯扭合成强度计算

对于同时受弯矩和转矩作用的转轴,通常按弯扭合成强度进行校核计算。

对于一般钢制的轴,根据第三强度理论(即最大切应力理论)求出危险截面的当量应力 σ_e,其强度条件为

$$\sigma_e = \sqrt{\sigma_b^2 + 4\tau^2} \leqslant [\sigma_b] \tag{14-3}$$

式中:σ_b——危险截面上弯矩 M 产生的弯曲应力;

τ——转矩 T 产生的扭转切应力。

对于直径为 d 的实心圆轴,式(14-3)变为

$$\sigma_e = \sqrt{\left(\frac{M}{W}\right)^2 + 4\left(\frac{T}{W_T}\right)^2} = \sqrt{\left(\frac{M}{W}\right)^2 + 4\left(\frac{T}{2W}\right)^2} = \frac{1}{W}\sqrt{M^2 + T^2} \leqslant [\sigma_b] \tag{14-4}$$

式中:W——轴的抗弯截面系数,$W = \frac{\pi d^3}{32} \approx 0.1d^3$;

W_T——轴的抗扭截面系数,$W_T \approx 2W$。

对于一般的转轴,即使载荷大小与方向不变,其弯曲应力 σ_b 常为对称循环变应力,而 τ 则常常不一定是对称循环变应力。考虑两者循环特性不同的影响,引入折合系数 α,则

$$\sigma_e = \frac{1}{W}\sqrt{M^2 + (\alpha T)^2} = \frac{M_e}{0.1d^3} \leqslant [\sigma_{-1b}] \tag{14-5}$$

式中:M_e——当量弯矩,$M_e = \sqrt{M^2 + (\alpha T)^2}$;

d——轴危险截面的直径(mm);

α——考虑扭转切应力与弯曲应力的应力性质不同引入的折合系数,扭转切应力为对称循环时,$\alpha=1$;扭转切应力为脉动循环时,$\alpha=0.6$;扭转切应力为静应力时,$\alpha=0.3$;轴频繁地正反转时,其扭转切应力可看作对称循环;若扭转切应力的性质不清楚,一般按照脉动循环处理。

$[\sigma_{-1b}]$、$[\sigma_{0b}]$、$[\sigma_{+1b}]$——对称循环、脉动循环及静应力状态下的许用弯曲应力,如表 14-4 所示。

表 14-4　轴的许用弯曲应力　　　　　　　　　　单位:MPa

材　　料	σ_b	$[\sigma_{+1b}]$	$[\sigma_{0b}]$	$[\sigma_{-1b}]$
碳 素 钢	400	130	70	40
	500	170	75	45
	600	200	95	55
	700	230	110	65
合 金 钢	800	270	130	75
	900	300	140	80
	1 000	330	150	90
铸 钢	400	100	50	30
	500	120	70	40

由式(14-5)可得轴所需直径为

$$d \geqslant \sqrt[3]{\frac{M_e}{0.1[\sigma_{-1b}]}} \tag{14-6}$$

综上所述,弯扭合成强度校核计算轴的一般步骤如下:

(1)对轴进行受力分析,作出其计算简图,将外载荷分解到水平面和垂直面内,计算水平面支反力 F_H 和垂直面支反力 F_V;

(2)计算水平面弯矩 M_H 和垂直面弯矩 M_V,并分别作出水平面和垂直面弯矩图;

(3)作出合成弯矩图,$M = \sqrt{M_H^2 + M_V^2}$;

(4)作出扭矩 T 图;

(5)弯扭合成,作当量弯矩 M_e 图,$M_e = \sqrt{M^2 + (\alpha T)^2}$;

(6)找出轴的危险截面,由式(14-5)校核轴危险截面的强度。

对于有键槽的截面,应将计算出的轴径加大 4% 左右。若计算出的轴径大于结构设计初步估算的轴径,则表明结构图中轴的强度不够,必须修改结构设计;若计算出的轴径小于结构设计的估算轴径,且相差不很大,一般就以结构设计的轴径为准。

对于一般用途的轴,按上述方法设计计算即可。对于重要的轴,尚需作进一步的强度校核(如安全系数法),其计算方法可查阅有关参考书。

14.4　轴的刚度计算

轴受弯矩作用时会产生弯曲变形(见图 14-10(a)),受转矩作用时会产生扭转变形(见图 14-10(b))。

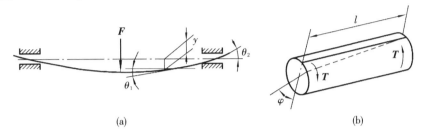

图 14-10　轴的弯曲和扭转变形

如变形过大会影响轴上零件的正常工作。装有齿轮的轴,如变形过大会使啮合状态恶化;假如机床主轴的刚度不够,将影响加工精度。为使轴不致因刚度不足而失效,设计时必须根据轴的工作条件限制其变形量,即

$$\left.\begin{array}{ll}\text{挠度} & y \leqslant [y] \\ \text{转角} & \theta \leqslant [\theta] \\ \text{扭角} & \varphi \leqslant [\varphi]\end{array}\right\} \tag{14-7}$$

式中:$[y]$——许用挠度(mm);

$[\theta]$——许用转角(rad);

$[\varphi]$——许用扭角(°/m)。

y、θ、φ 按材料力学中的公式计算,其许用值根据各类机器的要求,查相关设计手册确定。

14.5　轴的振动及临界转速的概念

由于轴及轴上零件的材质不均匀、制造有误差或对中不良等,轴旋转时产生离心力,使轴受到周期性载荷的干扰而产生振动。

当轴所受的外力频率与轴的自振频率相重合时,便会发生显著的振动,这种现象称为轴的共振。产生共振时轴的转速称为临界转速。

如果轴的转速停滞在临界转速附近,轴的变形将迅速增大,以至达到使轴及整个机器破坏的程度。因此对重要的,尤其是高速的轴必须计算其临界转速,使轴的工作转速 n 避开临界转速 n_c。满足该条件轴就具有了振动稳定性。

轴的临界转速可以有多个,最低的一个称为一阶临界转速,其余为二阶、三阶……

工作转速低于一阶临界转速的轴称为刚性轴;超过一阶临界转速的轴称为挠性

轴;对于刚性轴,应使 $n<(0.75\sim0.8)n_{c1}$;对于挠性轴,应使 $1.4n_{c1}\leqslant n\leqslant0.7n_{c2}$(式中,$n_{c1}$、$n_{c2}$ 分别为一阶临界转速、二阶临界转速)。

14.6　轴的设计计算与实例分析

轴的设计主要包括:选择轴的材料、轴的结构设计和轴的承载能力计算,轴的承载能力计算指的是轴的强度、刚度和振动稳定性等方面的验算。机器中的一般工作轴应满足强度和结构的要求;对刚度要求高的轴(如机床主轴等)应满足刚度的要求;对一些高速机械的轴(如高速磨床主轴、汽轮机主轴等),要进行振动稳定性方面的验算。

在转轴设计中,其特点是先按扭转强度或经验公式估算轴径,然后进行轴的结构设计,最后进行轴的强度计算。

设计轴的一般步骤:

(1) 选材;

(2) 按扭转强度估算轴的最小直径;

(3) 进行轴的结构设计,绘出轴的结构草图;

(4) 按弯扭合成强度进行校核,一般选 $1\sim3$ 个危险截面进行校核,若危险截面处的强度不够,则必须重新修改轴的结构。

例 14-1　图 14-11 所示为某传动装置示意图,已知减速器输出轴上的功率 $P=11$ kW,转速 $n=210$ r/min,单向旋转,大齿轮受力:圆周力 $F_t=2619$ N,径向力 $F_r=982$ N,轴向力 $F_a=653$ N,大齿轮分度圆直径 $d_2=382$ mm,轮毂宽度 $B=80$ mm,试设计该输出轴。

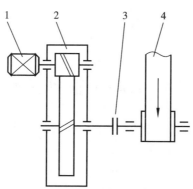

图 14-11　例 14-1 中的传动装置
1—电动机;2—减速器;3—联轴器;4—输送机

解　以输出轴为研究对象,该轴既受弯矩又传递转矩,为转轴,因无特殊要求,故按一般转轴设计,设计思路如下。

(1) 选择轴的材料,确定许用应力。

该轴无特殊要求,选用 45 钢,调质处理,由表 14-1 查得 $\sigma_b=650$ MPa,查表 14-4,

由插值法得$[\sigma_{-1b}]=60$ MPa。

（2）轴的结构设计。

根据轴上零件的安装、定位，以及轴的制造工艺等方面的要求，合理地确定轴的结构形式和尺寸。

① 初估最小直径　按扭转强度估算输出轴最小直径。由表 14-3 取 $C=110$，由式（14-2）可得

$$d \geqslant C\sqrt[3]{\frac{P}{n}}=110\times\sqrt[3]{\frac{11}{210}} \text{ mm}=41.2 \text{ mm}$$

考虑轴上开有键槽，故将轴的直径增大 4%，则

$$d=41.2\times(1+4\%) \text{ mm}=42.8 \text{ mm}$$

此段轴的直径和长度应与联轴器相符，选用 LT7 型弹性套柱销联轴器，其轴孔直径为 45 mm，与轴配合部分长度为 84 mm，故得轴输出端直径 $d_①=45$ mm。

② 确定轴上零件安装方式　单级减速器，齿轮布置在箱体的中央，两轴承对称布置，轴的外伸端安装联轴器。轴做成阶梯状，齿轮、套筒、右端轴承及轴承盖和联轴器均从轴右端装入，而左端轴承和轴承盖从左端装入。

③ 确定轴各段直径　如图 14-12 所示，外伸端直径 $d_①=45$ mm；考虑右端联轴器的定位需要，轴段②直径 $d_②=d_①+(5\sim10)$ mm，取 $d_②=52$ mm；轴段③、⑦均与轴承配合，此两处轴承选用 6311 型，则 $d_③=d_⑦=55$ mm；考虑齿轮的装拆，$d_④=d_③+(1\sim3)$ mm，取 $d_④=58$ mm；由齿轮的定位要求，$d_⑤=d_④+(5\sim10)$ mm，取 $d_⑤=68$ mm；轴段⑥、⑦间的轴肩做左滚动轴承的定位之用，由滚动轴承 6311 查得 $d_⑥=65$ mm。

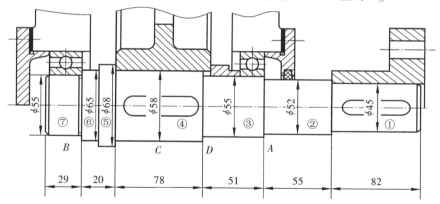

图 14-12　输出轴的结构

④ 确定轴各段长度　齿轮轮毂宽度 $B=80$ mm，为保证齿轮轴向固定可靠，则取轴段④的长度 $L_④=(80-2)$ mm$=78$ mm；查得轴承 6311 的宽度为 29 mm，故 $L_⑦=29$ mm；考虑齿轮两端面、轴承端面应与箱体内壁保持一定距离，故取 $L_⑤=10$ mm、$L_⑥=10$ mm，套筒长度为 20 mm，则 $L_③=(2+20+29)$ mm$=51$ mm。根据箱体结构要求和联轴器距箱体外壁要有一定距离的要求，取 $L_②=55$ mm；与联轴器配合的轴

段长 $L_① = (84-2)$ mm $= 82$ mm。

依据以上的结构设计,得出轴的结构设计草图如图 14-12 所示;并得出轴的两支点跨度 $L = 149$ mm,右支点到联轴器之距离 $K = 111$ mm(见图 14-13)。

(3) 按弯扭合成强度校核轴。

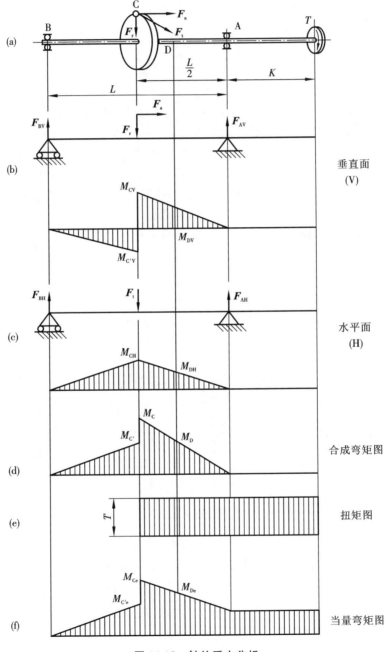

图 14-13 轴的受力分析

① 绘出轴的受力简图(见图 14-13(a))。

② 作垂直面上轴的受力简图,求支反力,作垂直面弯矩图(见图 14-13(b))。

$$F_{BV} = \frac{F_r \times \frac{L}{2} - F_a \times \frac{d_2}{2}}{L} = \frac{982 \times \frac{149}{2} - 653 \times \frac{382}{2}}{149} \text{ N} = -346 \text{ N}(与假设方向相反)$$

$$F_{AV} = F_r - F_{BV} = (982 + 346) \text{ N} = 1\ 328 \text{ N}$$

$$M_{C'V} = F_{BV} \times \frac{L}{2} = (346 \times \frac{149}{2}) \text{ N} \cdot \text{mm} = 25\ 777 \text{ N} \cdot \text{mm}$$

$$M_{CV} = F_{AV} \times \frac{L}{2} = 1\ 328 \times \frac{149}{2} \text{ N} \cdot \text{mm} = 98\ 936 \text{ N} \cdot \text{mm}$$

③ 作水平面上轴的受力简图,求支反力,作水平面弯矩图(见图 14-13(c))。

$$F_{BH} = F_{AH} = \frac{F_t}{2} = \frac{2\ 619}{2} \text{ N} = 1\ 309 \text{ N}$$

$$M_{CH} = F_{BH} \times \frac{L}{2} = (1\ 309 \times \frac{149}{2}) \text{ N} \cdot \text{mm} = 97\ 520 \text{ N} \cdot \text{mm}$$

④ 求合成弯矩图(见图 14-13(d))　由 $M = \sqrt{M_H^2 + M_V^2}$ 得

$$M_{C'} = \sqrt{M_{CH}^2 + M_{C'V}^2} = \sqrt{97\ 520^2 + 25\ 777^2} \text{ N} \cdot \text{mm} = 100\ 869 \text{ N} \cdot \text{mm}$$

$$M_C = \sqrt{M_{CH}^2 + M_{CV}^2} = \sqrt{97\ 520^2 + 98\ 936^2} \text{ N} \cdot \text{mm} = 138\ 919 \text{ N} \cdot \text{mm}$$

⑤ 求轴的扭矩图(见图 14-13(e))。

$$T = F_t \times \frac{d_2}{2} = (2\ 619 \times \frac{382}{2}) \text{ N} \cdot \text{mm} = 500\ 229 \text{ N} \cdot \text{mm}$$

⑥ 画当量弯矩图(见图 14-13(f)),确定危险截面　由当量弯矩图和轴的结构图可知,C 截面和 D 截面(③④轴段阶梯处)都有可能是危险截面,其当量弯矩为

$$M_e = \sqrt{M^2 + (\alpha T)^2}$$

取轴的扭转切应力为脉动循环,取 $\alpha = 0.6$,代入上式得

C 截面:

$$M_{Ce} = \sqrt{M_C^2 + (\alpha T)^2} = \sqrt{138\ 919^2 + (0.6 \times 500\ 229)^2} \text{ N} \cdot \text{mm} = 330\ 727 \text{ N} \cdot \text{mm}$$

D 截面:

$$M_{DV} = F_{AV} \times \left(51 - \frac{29}{2}\right) = (1\ 328 \times 36.5) \text{ N} \cdot \text{mm} = 48\ 472 \text{ N} \cdot \text{mm}$$

$$M_{DH} = F_{AH} \times \left(51 - \frac{29}{2}\right) = (1\ 309 \times 36.5) \text{ N} \cdot \text{mm} = 47\ 779 \text{ N} \cdot \text{mm}$$

$$M_D = \sqrt{M_{DV}^2 + M_{DH}^2} = \sqrt{48\ 472^2 + 47\ 779^2} \text{ N} \cdot \text{mm} = 68\ 061 \text{ N} \cdot \text{mm}$$

$$M_{De} = \sqrt{M_D^2 + (\alpha T)^2} = \sqrt{68\ 061^2 + (0.6 \times 500\ 229)^2} \text{ N} \cdot \text{mm} = 307\ 757 \text{ N} \cdot \text{mm}$$

⑦ 校核危险截面的强度。

C 截面:

$$\sigma_{Ce}=\frac{M_{Ce}}{0.1d_C^3}=\frac{330\ 727}{0.1\times58^3}\ \text{MPa}=16.95\ \text{MPa}<[\sigma_{-1b}]$$

D 截面：

$$\sigma_{De}=\frac{M_{De}}{0.1d_D^3}=\frac{307\ 757}{0.1\times55^3}\ \text{MPa}=18.5\ \text{MPa}<[\sigma_{-1b}]$$

故轴设计合格,满足强度要求。

典型例题

习　　题

14-1　按承受载荷的性质不同,轴可以分为哪几种?

14-2　轴的常用材料有哪些? 如果采用优质碳素钢而轴的刚度不足,是否可以采用合金钢来替代?

14-3　分析题 14-3 图中轴Ⅰ、Ⅱ、Ⅲ、Ⅳ分别是心轴、转轴,还是传动轴?

14-4　轴上零件的周向及轴向固定的常用方法有哪些? 各有什么特点?

14-5　轴结构设计应满足哪些基本要求?

14-6　轴的强度计算方法有哪几种? 各在何种情况下使用? 在轴的弯扭合成强度计算中,为什么要引入应力校正系数 α? 其大小如何确定?

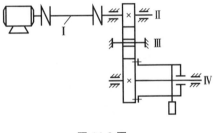

题 14-3 图

14-7　已知一传动轴传递的功率 $P=37\ \text{kW}$,转速 $n=960\ \text{r/min}$,如果轴的许用扭转切应力 $[\tau]=40\ \text{MPa}$,试求该轴的直径。

14-8　已知一传动轴直径 $d=32\ \text{mm}$,转速 $n=1\ 725\ \text{r/min}$,如果轴上的扭切应力不允许超过 50 MPa,问此轴能传递多大功率?

14-9　已知一单级直齿圆柱齿轮减速器,用电动机直接拖动,电动机功率 $P=22\ \text{kW}$,转速 $n_1=1\ 470\ \text{r/min}$,齿轮的模数 $m=4\ \text{mm}$,齿数 $z_1=18,z_2=82$,若支承间跨距 $l=180\ \text{mm}$(齿轮位于跨距中央),轴的材料用 45 钢调质,试计算输出轴危险截面处的直径 d。

14-10　题 14-10 图所示为两级斜齿圆柱齿轮减速器。已知中间轴Ⅱ传递的功率 $P=40\ \text{kW}$, $n_2=200\ \text{r/min}$,齿轮 2 的分度圆直径 $d_2=688\ \text{mm}$,螺旋角 $\beta_2=12°50'$,齿轮 3 的分度圆直径 $d_3=170\ \text{mm}$,螺旋角 $\beta_3=10°29'$,轴的材料用 45 钢调质,试按弯扭合成强度计算方法求轴Ⅱ的直径。

14-11　指出题 14-11 图中轴的结构设计错误(不考虑轴承的润滑及轴的圆角过渡等问题),加以改正并绘制出正确的结构草图。

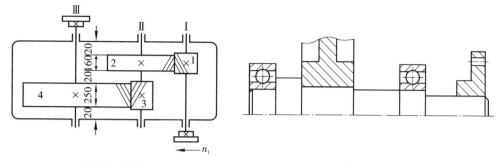

题 14-10 图   题 14-11 图

14-12 指出题 14-12 图所示轴系结构上的主要错误并予以改正（齿轮用油润滑、轴承用脂润滑）。

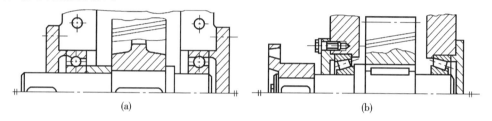

(a)   (b)

题 14-12 图

14-13 一钢制等直径直轴，只传递转矩，许用切应力$[\tau]=50$ MPa，长度为 1 800 mm，要求轴每米长的扭角 φ 不超过 0.5°，试求该轴的直径。

第 15 章　联轴器和离合器

应用实例

15.1　联轴器的类型及选型

本章重点、难点

联轴器主要用于轴与轴之间的连接,使它们一起回转并传递转矩。用联轴器连接的两根轴,只有在机器停车后,经过拆卸才能把它们分离。联轴器分刚性和弹性的两大类。刚性联轴器由刚性传力件组成,又分为固定式和可移式两类。固定式刚性联轴器不能补偿两轴的相对位移,可移式刚性联轴器能补偿两轴的相对位移。弹性联轴器包含弹性元件,能补偿两轴的相对位移,并具有吸收振动、缓和冲击的能力。

联轴器的结构形式和尺寸大都已标准化。一般可先依据机器的工作条件选定合适的类型,然后按照计算转矩、轴的转速和轴端直径从标准中选择所需的型号和尺寸。必要时还应对其中某些零件进行验算。

计算转矩 T_c 时需将机器启动时的惯性力和工作中的过载等因素考虑在内。联轴器转矩的计算公式为

$$T_c = K_A T \qquad (15\text{-}1)$$

式中:T_c——名义转矩;

K_A——工况系数,其值可根据表 15-1 选取。

表 15-1　工况系数 K_A 数值表

工　作　机	原动机为电动机时
转矩变化很小的机械,如发电机、小型通风机、小型离心泵等	1.3
转矩变化较小的机械,如透平压缩机、木工机械、输送机等	1.5
转矩变化中等的机械,如搅拌机、增压机、有飞轮的压缩机等	1.7
转矩变化和冲击载荷中等的机械,如织布机、水泥搅拌机、拖拉机等	1.9
转矩变化和冲击载荷大的机械,如挖掘机、起重机、碎石机、造纸机械等	2.3

联轴器种类繁多,新型结构层出不穷,本章仅介绍几种最具有代表性的典型结构。

15.1.1　刚性联轴器

1. 固定式刚性联轴器

固定式刚性联轴器中应用最广的是凸缘联轴器。如图 15-1 所示,它是用螺栓连

接两个半联轴器的凸缘,以实现两轴连接的。螺栓可以用普通螺栓,也可以用铰制孔用螺栓。这种联轴器有两种主要的结构形式:图 15-1(a)所示为普通的凸缘联轴器,通常靠铰制孔用螺栓来实现两轴对中;图 15-1(b)所示为有对中榫的凸缘联轴器,靠对中榫的凸肩和凹槽来实现两轴对中。

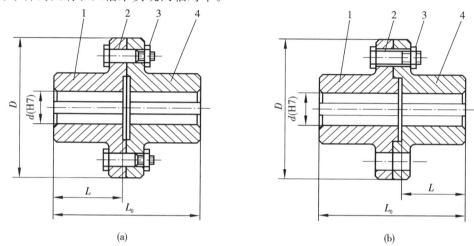

图 15-1　凸缘联轴器

1、4—半联轴器;2—螺栓;3—螺母

半联轴器的材料通常为铸铁,当受重载或圆周速度 $v \geqslant 30$ m/s 时,可采用铸钢或锻钢材料。制造凸缘联轴器时,应准确保持半联轴器的凸缘端面与孔的轴线垂直,安装时应使两轴精确对中。

凸缘联轴器的结构简单、使用方便、可传递的转矩较大,但不能缓冲减振。常用于载荷较平稳的两轴连接。

2. 可移式刚性联轴器

由于制造、安装误差或工作时零件的变形等原因,被连接的两轴不一定都能精确对中,因此就会出现两轴间的轴向位移 x、径向位移 y 和角位移 α,分别如图15-2(a)(b)和(c)所示。实际上造成轴的对中误差的原因,往往是由这些位移组合而成的综合位移。如果联轴器没有适应这种相对位移的能力,就会在联轴器、轴和轴承中产生附加载荷,甚至引起剧烈振动。

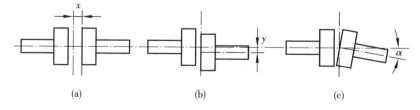

图 15-2　轴线的相对位移

可移式刚性联轴器的组成零件间构成的动连接,具有某一方向或几个方向的自由度,因此能补偿两轴的相对位移。常用的可移式刚性联轴器主要有齿式联轴器、滑块联轴器和万向联轴器几种,分别介绍如下。

1) 齿式联轴器

齿式联轴器是由两个有内齿的外壳 2、4 和两个有外齿的套筒 1、5 所组成,如图 15-3 所示。套筒与轴用键相连,两个外壳用螺栓 6 连接,外壳与套筒之间设有密封圈。内齿轮齿数和外齿轮齿数相等。轮齿通常采用压力角为 20°的渐开线齿廓。工作时靠啮合的轮齿传递转矩。由于轮齿间留有较大的间隙,同时由于外齿轮的齿顶为球形(见图 15-3 (b)),因此能补偿两轴的对中误差和轴线偏斜。为了减小轮齿的磨损和相对移动时产生的摩擦阻力,必须在联轴器外壳内储存润滑油。

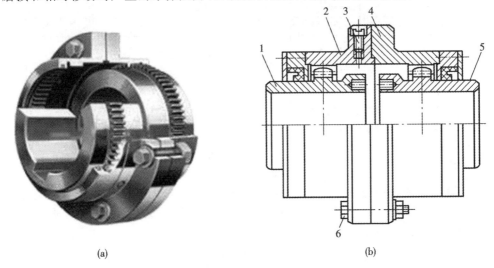

(a) 　　　　　　　　　　　　　　　　　(b)

图 15-3　齿式联轴器

1、5—套筒;2、4—外壳;3—螺钉;6—螺栓

齿式联轴器允许角位移在 30′以下,若将外齿轮做成鼓形齿,如图 15-3 (b)所示,则允许角位移可达 3°。

齿式联轴器的优点是能传递很大的转矩,并能补偿适量的综合位移,因此常用于重型机械传动。但是,当传递大转矩时,齿间压力也随之增大,使联轴器的灵活性降低,并导致其结构笨重,造价昂贵。

2) 滑块联轴器

滑块联轴器以滑块构成动连接来实现轴的刚性可移的要求。图 15-4 所示为十字滑块联轴器,是由两个端面开有径向凹槽的半联轴器 1、3 和两端各具凸榫的中间滑块 2 所组成。中间滑块两端面上的凸榫相互垂直,分别嵌装在两个半联轴器的凹槽中,构成移动副。如果两轴线不对中或偏斜,运转时滑块将在凹槽内滑动,所以凹槽和滑块的工作面间要加润滑剂。若两轴不对中,当转速较高时,由于滑块的偏心将会产生较大的离心力和磨损,并给轴和轴承带来附加动载荷,因此它只适用于低速轴连接,轴的转速一般不超过 300 r/min。

十字滑块联轴器允许的径向位移,即偏心距 $y \leq 0.04d$,其中 d 为轴的直径。允许的最大角位移 $\alpha \leq 30'$。

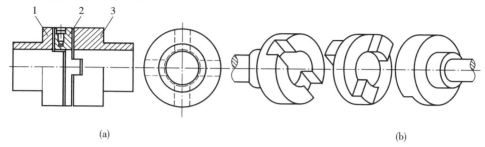

(a)

(b)

图 15-4　十字滑块联轴器

1、3—半联轴器;2—中间滑块

3)万向联轴器

图 15-5 所示为以十字轴为中间件的万向联轴器。十字轴的四端用铰链分别与轴 1、轴 2 上的叉形接头相连。因此,当一轴的位置固定后,另一轴可以在任意方向偏斜 α 角,角位移 α 可达 $35° \sim 45°$。为了增加其灵活性,可在铰链处配置滚针轴承。单个万向联轴器两轴的瞬时角速度并不是时时相等的,当主动轴 1 以等角速度

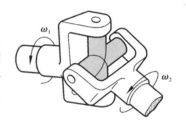

图 15-5　万向联轴器结构示意图

回转时,从动轴 2 作变角速度转动,从而在轴上引起动载荷,对其使用性能造成不利影响。

轴 2 的角速度变化情况可以用下述两个极端位置进行分析。如图 15-6(a)所示,轴 1 的叉面旋转到图纸平面上,而轴 2 的叉面垂直于图纸平面。设轴 1 的角速度为 ω_1,轴 2 在此位置时的角速度为 ω_2'。取十字轴上端点 A 进行分析,若将十字轴看作与轴 1 一起转动,则点 A 的速度可表示为

$$v_{A1} = \omega_1 r \tag{15-2}$$

而将十字轴看作与轴 2 一起转动,则点 A 的速度应为

$$v_{A2} = \omega_2' r \cos\alpha \tag{15-3}$$

因为同一点 A 上的速度应该相等,即 $v_{A1} = v_{A2}$,所以有

$$\omega_1 r = \omega_2' r \cos\alpha \tag{15-4}$$

则

$$\omega_2' = \frac{\omega_1}{\cos\alpha} \tag{15-5}$$

将两轴转过 $90°$,如图 15-6(b)所示,此时轴 1 的叉面垂直于图纸平面,而轴 2 的叉面转到图纸平面上。设轴 2 在此位置时的角速度为 ω_2''。取十字轴上点 B 进行分析,同理可得

$$\omega_2'' = \omega_1 \cos\alpha \tag{15-6}$$

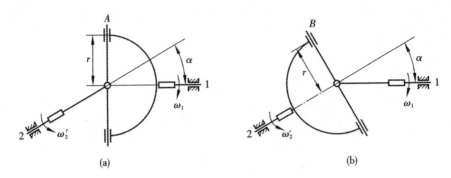

图 15-6　万向联轴器角速度分析

如果再继续转过 90°，则两轴的叉面又将与图 15-6（a）所示的图形一致。同理可知，两轴叉面每转过 90°，就将交替出现图 15-6（a）和图 15-6（b）中所示的叉面图形。因此，当轴 1 以等角速度 ω_1 回转时，轴 2 的角速度 ω_2 将在 $\omega_2' \sim \omega_2''$ 范围内作周期性变化，即

$$\omega_1 \cos\alpha \leqslant \omega_2 \leqslant \frac{\omega_1}{\cos\alpha} \tag{15-7}$$

可见角速度 ω_2 变化的幅度与两轴的夹角 α 有关，α 越大，则 ω_2 变动的幅度就越大。

为了克服单个万向联轴器的上述缺点，机器中常将万向联轴器成对使用，如图 15-7 所示。这种由两个万向联轴器组成的装置称为双万向联轴器。

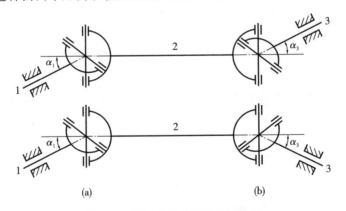

图 15-7　双万向联轴器结构示意图

对于连接相交或平行二轴的双万向联轴器，欲使主、从动轴的角速度相等，必须满足以下两个条件：

（1）主动轴、从动轴与中间件 C 的夹角必须相等，即 $\alpha_1 = \alpha_3$；

（2）中间件两端的叉面必须位于同一平面内。

显然中间件的转速是不均匀的，但由于它惯性较小，因此产生的动载荷、振动等一般不致引起显著危害。小型双万向联轴器的实际结构如图 15-8 所示，通常由合金钢材料制造。

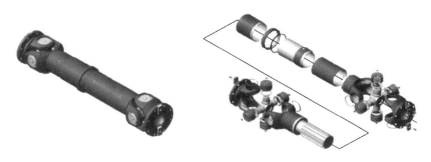

图 15-8　小型双万向联轴器的实际结构

15.1.2　弹性联轴器

弹性联轴器的动力是从主动轴通过弹性件传递到从动轴的,因此,它能缓和冲击、吸收振动。它适用于正反向变化多、启动频繁的高速轴,最大转速可达 8 000 r/min,使用温度范围为 -20~60 ℃。弹性联轴器能补偿较大的轴向位移,依靠弹性柱销的变形,允许有径向位移和角位移。但若径向位移或角位移较大,则会引起弹性件的迅速磨损,因此使用弹性联轴器时,须仔细安装。

1. 弹性套柱销联轴器

弹性套柱销联轴器结构和凸缘联轴器近似,但是两个半联轴器的连接不用螺栓,而是用带橡胶弹性套的柱销,如图 15-9 所示。更换橡胶套时,为了简便而不必拆卸,设计中应注意留出操作空间 A。为了补偿轴向位移,安装时应注意留出相应大小的间隙 S。弹性套柱销联轴器在高速轴上的应用十分广泛。

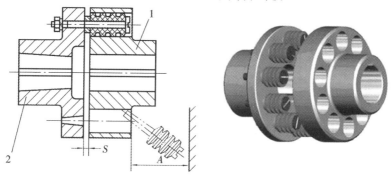

图 15-9　弹性套柱销联轴器
1—Y 型轴孔;2—Z 型轴孔

2. 弹性柱销联轴器

如图 15-10 所示,弹性柱销联轴器是利用若干非金属材料制成的。柱销 1 置于两个半联轴器凸缘的孔中,以实现两轴的连接。柱销通常用尼龙制成,而尼龙具有一定的弹性。弹性柱销联轴器的结构简单,更换柱销方便。为了防止柱销滑出,在柱销两端配置挡板 2。装配挡板时应留出一定间隙。

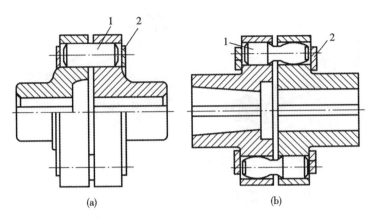

图 15-10　弹性柱销联轴器

1—柱销；2—挡板

3. 轮胎式联轴器

轮胎式联轴器的结构如图 15-11 所示,中间为用橡胶制成的轮胎环,用止退垫板与半联轴器连接。它的结构简单可靠,易于变形,因此它允许的相对位移较大,角位移可达 5°～12°,轴向位移可达 0.02D,径向位移可达 0.01D,其中 D 为联轴器外径。轮胎式联轴器适用于启动频繁,正反向运转,有冲击振动,两轴间有较大相对位移量,以及潮湿多尘的工作环境。轮胎式联轴器径向尺寸庞大,但轴向尺寸较小,有利于缩短串联机组的总长度。其最大转速可达 5 000 r/min。

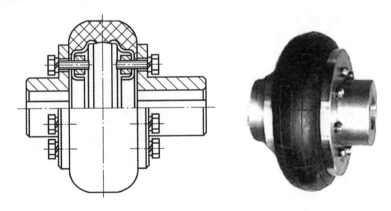

图 15-11　轮胎式联轴器

例 15-1　电动机经减速器驱动水泥搅拌机工作。已知电动机的功率 $P=11$ kW,转速 $n=970$ r/min,电动机轴的直径和减速器输入轴的直径均为 42 mm。试选择电动机与减速器之间的联轴器。

解　(1)选择类型。

为了缓和冲击和减轻振动,选用弹性套柱销联轴器。

(2)计算转矩。

转矩　　　　　　$T = 9\,550\,\dfrac{P}{n} = 9\,550 \times \dfrac{11}{970}\ \text{N·m} = 108\ \text{N·m}$

由表 15-1 查得工作机为水泥搅拌机时,工况系数 $K_A = 1.9$,故计算转矩

$$T_c = K_A T = 1.9 \times 108\ \text{N·m} = 205\ \text{N·m}$$

(3) 确定型号。

由设计手册选取弹性套柱销联轴器 LT6,其公称扭矩(即许用转矩)为 250 N·m。半联轴器材料为钢时,许用转速为 3 800 r/min,允许的轴孔直径在 32～42 mm 内。以上数据均能满足本题的要求,故确定选用弹性套柱销联轴器 LT6,轴径为 42 mm。

15.2　离合器类型及选型

离合器是机械中常用的部件,其功能是将两轴连接在一起回转并传递动力,有时也可用作安全装置。用离合器连接的两根轴,可以根据工作需要随时接合或分离。离合器是通用部件,且大多已标准化和系列化。

离合器的类型很多。按照工作原理不同,离合器有啮合式和摩擦式两类。啮合式离合器通过主动元件、从动元件上牙齿之间的嵌合力来传递回转运动和动力,工作比较可靠,能保证两轴同步运转,传递的转矩较大,但接合时有冲击,运转中接合困难,因此,只能在停车或低速时接合;摩擦式离合器是通过主动元件、从动元件间的摩擦力来传递回转运动和动力的,可以在任何转速下离合,并能防止过载(过载时打滑),但不能保证两轴完全同步运转,传递转矩较小,适用于高速、低转矩的工作场合。

传递运动和动力时,离合器可通过各种操纵方式实现在同一轴线上的主、从动轴的接合或分离。根据操纵方式不同,离合器可分操纵离合器和自控离合器。能够自动进行接合和分离,不需人来操纵的称为自控离合器。操纵式离合器分为机械操纵式、电磁操纵式、液压操纵式和气动操纵式。自控离合器分为离心离合器、安全离合器、定向离合器等。

15.2.1　牙嵌离合器

牙嵌离合器由两个端面带牙的套筒所组成,其结构如图 15-12 所示,其中套筒 1 紧配在轴上,而套筒 2 可以沿导向平键 4 在另一根轴上移动。利用操纵杆移动滑环 3 可使两个套筒接合或分离。为避免滑环的过量磨损,可动的套筒应装在从动轴上。为便于两轴对中,在套筒 1 中装有对中环 5,从动轴端则可在对中环中自由转动。

牙嵌离合器的常用牙型有三角形、梯形和锯齿形几种,如图 15-13 所示。三角形牙型传递中、小转矩,牙数一般为 15～60。梯形、锯齿形牙型可传递较大的转矩,牙数一般为 3～15。梯形牙型可以补偿磨损后的牙侧间隙。锯齿形牙型只能单向传动,反转时由于有较大轴向分力,会迫使离合器自行分离。各牙应精确等分,以使载荷均布。

牙嵌离合器的承载能力主要取决于牙根处的弯曲强度。对于操作频繁的离合

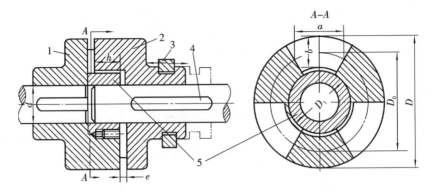

图 15-12　牙嵌离合器

1、2—套筒；3—滑环；4—导向平键；5—对中环

图 15-13　牙嵌离合器的牙型

器,尚需验算牙面压强,具体设计计算可参考机械设计手册。

　　牙嵌离合器的特点是结构简单,外廓尺寸小,能传递较大的转矩,故应用较多。但牙嵌离合器只宜在两轴不回转或转速差很小时进行接合,否则牙齿可能会因受到较大冲击而折断。

　　牙嵌离合器可以借助电磁线圈的吸力来操纵,称为电磁牙嵌离合器。电磁牙嵌离合器通常采用嵌入方便的三角形细牙。电磁牙嵌离合器根据电磁线圈的开关指令而动作,便于远距离遥控离合器或对离合器开合进行复杂的程序控制。

15.2.2　圆盘摩擦离合器

1. 单片式圆盘摩擦离合器

　　图 15-14 所示为单片式圆盘摩擦离合器结构简图。其中圆盘 1 紧配在主动轴上,圆盘 2 可以沿导向平键在从动轴上移动。移动滑环 3 可使两圆盘接合或分离。工作时轴向压力 F_a 使两圆盘的工作表面产生摩擦力。设摩擦力的合力作用在摩擦半径 R_f 的圆周上,则可传递的最大转矩为

$$T_{max} = f F_a R_f \qquad (15-8)$$

式中:f——圆盘间摩擦系数。

　　与牙嵌离合器比较,摩擦离合器具有下列优点:

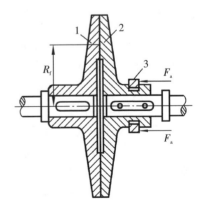

图 15-14　单片式圆盘摩擦离合器

1、2—圆盘；3—滑环

（1）在任何不同转速条件下两轴都可以进行接合；

（2）过载时摩擦面间将发生打滑，可以防止损坏其他零件；

（3）离合器接合较平稳，冲击和振动都较小。

摩擦离合器在正常的接合过程中，从动轴转速从零逐渐加速到主动轴的转速，因而两摩擦面间不可避免地会发生相对滑动。这种相对滑动要消耗一部分能量，并引起摩擦片的磨损和发热。单片式摩擦离合器多用于转矩在 2 000 N•m 以下的轻型机械，比如包装机械和纺织机械等。

2. 多片式圆盘摩擦离合器

图 15-15 (a)所示为多片式圆盘摩擦离合器。图中主动轴 1 与外壳 2 相连接，从动轴 9 与套筒 10 相连接。外壳内装有一组摩擦片 4，如图 15-15 (b)所示，它的外缘凸齿插入外壳 2 的纵向凹槽内，因而随外壳 2 一起回转，它的内孔不与任何零件接触。套筒 10 上装有另一组摩擦片 5，如图 15-15 (c)所示，它的外缘不与任何零件接触，而内孔凸齿与套筒 10 上的纵向凹槽相连接，因而带动套筒 10 一起回转。这样就有两组形状不同的摩擦片相间叠合，如图 15-15 (a)所示。图中位置表示杠杆 7 经压板 3 将摩擦片压紧，离合器处于接合状态。若将滑环 8 向右移动，杠杆 7 逆时针方向摆动，压板 3 松开，离合器即分离。另外，调节螺母 6 用来调整摩擦片间的压力。摩擦片材料常用淬火钢片或压制石棉片。摩擦片数目多，可以增大所传递的转矩。但片数过多，将使各层间压力分布不均匀，所以一般不超过 12～15 片。

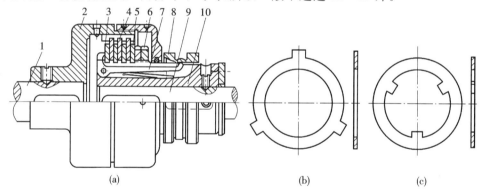

图 15-15　多片式圆盘摩擦离合器

1—主动轴；2—外壳；3—压板；4、5—摩擦片；6—调节螺母；7—杠杆；8—滑环；9—从动轴；10—套筒

同样，摩擦离合器也可用电磁力来操纵。如图 15-16 所示，在电磁摩擦离合器中，当直流电经接触环 5 导入电磁线圈 6 后，产生磁力吸引衔铁 2，于是衔铁 2 将两组摩擦片 3 相互压紧，离合器处于接合状态。当电流切断时，磁力消失，衔铁 2 松开，使两组摩擦片松开，离合器则处于分离状态。在电磁离合器中，电磁摩擦离合器是应用最广泛的一种。另外，电磁摩擦离合器在电路上还可进一步实现各种特殊要求，如快速励磁电路可以实现快速接合，提高离合器的灵敏度。相反，缓冲励磁电路可抑制励磁电流的增大，使启动缓慢，从而避免启动冲击。

15.2.3　磁粉离合器

磁粉离合器的工作原理如图 15-17 所
示。图中安置励磁线圈 1 的磁轭 2 为离合
器的固定部分。若将外壳 3 与左、右轮毂
7、8 组成离合器的主动部分,则转子 6 与从
动轴(图中未画出)组成离合器的从动部
分。在外壳 3 的中间嵌装着隔磁环 4,轮毂
7 或 8 上可连接输入件(图中未画出),在转
子 6 与外壳 3 之间有 0.5~2 mm 的间隙,
其中充填磁粉 5。图 15-17 (a)表示断电时
磁粉被离心力甩在外壳的内壁上,疏松并且
散开,此时离合器处于分离状态。图 15-17

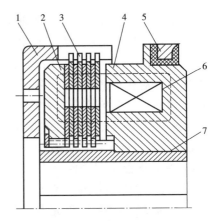

图 15-16　多片摩擦式电磁离合器
1—外连接件;2—衔铁;3—摩擦片组;4—磁轭;
5—接触环;6—线圈;7—传动轴套

(b)所示为通电后励磁线圈产生磁场,磁力线跨越空隙穿过外壳到达转子形成回路,此
时磁粉受到磁场的影响而被磁化。磁化了的磁粉彼此吸引串成磁粉链而在外壳与转子
间聚合,依靠磁粉的结合力,以及磁粉与主、从动件工作面间的摩擦力来传递转矩。

磁粉的性能是决定离合器性能的重要因素。磁粉应具有导磁率高、剩磁小、流动
性良好、耐磨、耐热、不烧结等性能,一般常用铁钴镍、铁钴钒等合金粉,并加入适量的
粉状二硫化钼。磁粉的形状以球形或椭球形为好,颗粒大小宜在 20~70 μm 内。为
了提高充填率,可采用不同粒度的磁粉混合使用。

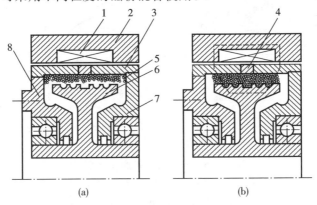

(a)　　　　　　　　　　　(b)

图 15-17　磁粉离合器
1—线圈;2—磁轭;3—外壳;4—隔磁环;
5—磁粉;6—转子;7、8—轮毂

磁粉离合器具有下列优良性能:

(1) 励磁电流 I 与转矩 T 间呈线性关系,转矩调节简单而且精确,调节范围宽;

(2) 可用于恒张力控制,这对造纸机、纺织机、印刷机、绕线机等是十分可贵的,
例如当卷绕机的卷径不断增加时,通过传感器控制励磁电流变化,从而转矩亦随之相

应地变化,以保证获得恒定的张力;

（3）若将磁粉离合器的主动件固定,则可作制动器使用;

（4）操作方便、离合平稳、工作可靠,但重量较大。

15.2.4　定向离合器

图 15-18 所示为滚柱式定向离合器,图中行星轮 1 和外环 2 分别装在主动件和从动件上,行星轮和外环间的楔形空腔内装有滚柱 3,滚柱数目一般为 3~8 个。每个滚柱都被弹簧推杆 4 以不大的推力向前推进而处于半楔紧状态。行星轮和外环均可作为主动件,现以外环为主动件来分析。当外环逆时针方向回转时,以摩擦力带动滚柱向前滚动,进一步楔紧内、外接触面,从而驱动行星轮一起转动,离合器处于接合状态;反之,当外环顺时针回转时,则带动滚柱克服弹簧力而滚到楔形空腔的宽敞部分,离合器处于分离状态。正是因为这样的工作原理,所以把这类离合器称为定向离合器。当行星轮与外环均按顺时针方向作同向回转时,根据相对运动原理,若外环转速小于行星轮转速,则离合器处于接合状态;反之,如外环转速大于行星轮转速,则离合器处于分离状态,因此又称为超越离合器。定向离合器常用于汽车、机床等的传动装置。

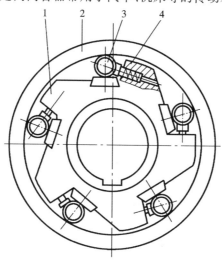

图 15-18　滚柱式定向离合器

1—行星轮;2—外环;3—滚柱;4—弹簧推杆

图 15-19 所示为楔块式定向离合器。这种离合器以楔块代替滚柱,楔块的形状如图 15-19 所示。内、外环工作面都为圆形。整圈的拉簧压着楔块始终和内环接触,并使楔块绕自身作逆时针方向偏摆。当外环顺时针方向旋转或内环逆时针方向旋转时,楔块克服弹簧力而作顺时针方向偏摆,从而在内外环间越楔越紧,离合器处于接合状态。反向时楔块松开而成分离状态。由于楔块的曲率半径大于前述滚柱的半径,而且装入量也远比滚柱式的多,因此相同尺寸时,楔块式定向离合器可以传递更大的转矩。其缺点是高速运转时有较大的磨损,寿命较短。

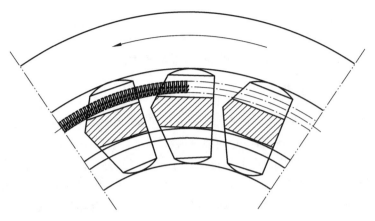

图 15-19　楔块式定向离合器

习　　题

15-1　联轴器、离合器在机械设备中的作用分别是什么?

15-2　联轴器和离合器的根本区别是什么?

15-3　刚性联轴器与弹性联轴器的区别在哪里?

15-4　为什么被连两轴会产生相对偏移? 什么类型的联轴器可以补偿两轴的组合偏移?

15-5　带载启动的机器以采用什么类型的联轴器为宜?

15-6　牙嵌离合器与摩擦离合器各有何优缺点? 分别应用于什么场合?

15-7　已知电动机功率 $P=30$ kW,转速 $n=1\,470$ r/min,用联轴器与离心泵相连,离心泵轴颈 $d=38$ mm。试选择联轴器型号及尺寸。

15-8　要实现碎石机输入轴与齿轮减速器输出轴间的连接,试选择合适的联轴器型号及尺寸,并验算其强度。已知工作转矩 $T=2$ kN·m,减速器输出轴端直径 $d_1=60$ mm,碎石机输入轴端直径 $d_2=55$ mm。

工程案例分析(第二篇)

本篇介绍了各种通用机械零部件的设计计算方法,下面将用所学知识,结合前面所讨论的包装机,对其进行机械零部件的设计分析。

1. 案例引出

在第一篇的工程案例分析中,对 DXD 系列包装机进行了运动分析,下面对该包装机械进行机械零部件的设计分析。

2. 案例分析

1) 包装机主要零部件的组成分析

零件可分为通用零件和专用零件两大类,通用零件又包括标准件和非标准件两类。

(1) 通用零件是指各种机械中普遍使用的零件,是以一种国家标准或者国际标准为基准而生产的零件,如螺钉、齿轮、轴、滚动轴承等。

① 标准件是指结构、尺寸、画法、标记等各个方面已经完全标准化,并由专业厂生产的通用零(部)件,如螺纹件、键、销、滚动轴承等。标准件不需要专门设计,在使用时只需要按工作要求合理选用即可。

② 非标准件主要是指国家没有定出严格的标准规格,没有相关的参数规定,由企业自由控制的零部件。

(2) 专用零件是指只在某一类型机器中才使用的零件,是以自身机器标准而生产的一种零件,在国家标准和国际标准中均无对应产品的零件,比如,某厂为一台设备而专门生产的一些零件,如内燃机的活塞、曲轴、汽轮机的叶片等。

(3) 本包装机中的零部件(见案例图 1-3)如下。

① 通用零件如下。

a. 标准件:电动机、V 带、滚动轴承、离合器、连接螺钉等。

b. 非标准件:轴、凸轮、V 带轮、蜗杆、蜗轮、齿轮等。

② 专用零件包括计量盘、热封钳、料斗、包装架等。

2) 主要传动零部件的选型分析

(1) 带传动　电动机到减速器之间跨度为 260 mm 左右,距离较大,且传输功率不是很大,用带传动具有结构简单、传动平稳、造价低廉、不需要润滑、易维护和在高速级具有较好的缓冲、吸振等特点。

(2) 蜗轮蜗杆减速器　蜗轮蜗杆减速器具有结构紧凑、传动比大(本机构中传动比为20)、冲击载荷小、传动平稳、噪声低的优点,同时可传递两交错轴之间的运动;但有一缺点,即传动效率较低。齿轮传动效率高,但要达到相同传动比所需空间体积过大,考虑到蜗杆传动的优点及传递的功率($P=0.37\text{ kW}$)较小,故选用之。

(3) 锥齿轮传动　锥齿轮传动用于传递两相交轴之间的运动,此处需要传递$90°$的运动,且传动比不大($i=2$),故可选用单级锥齿轮传动。本包装机所选锥齿轮参数为:$m=2.5,z_1=20,z_2=40$。

(4) 直齿圆轮齿轮传动　本包装机中在计量灌装机构(见案例图 1-3)和拉袋送进机构(见案例图 1-5)中分别使用了直齿圆柱齿轮传动,主要起变速作用,满足传动比要求即可,虽然斜齿轮也可以满足变速要求,但使用斜齿轮会产生附加轴向力,故选用直齿轮。计量灌装机构中的直齿轮参数为:$m=2,z_1=16,z_2=96$;拉袋送进机构中的直齿轮参数为:$m=1.25,z_1=25,z_2=100$。

3) 主要零部件承载能力分析及设计思路

(1) 带传动　带传动的传递功率为 0.37 kW,输入转速为 $1\,400\text{ r/min}$;传递运动的中心距约为 260 mm,带连续运转,在工作中受变应力作用,易出现疲劳断裂,同时带与带轮间靠摩擦传递传动,易发生过载打滑;因此为防止带传动的打滑和带的疲劳破坏失效,带传动的设计可按第 12 章带传动的设计步骤,根据传递功率、带轮转速、传动比,以及对传动的空间要求等,设计出带的类型、带型号、长度和根数,确定带轮材料、结构和尺寸。

(2) 齿轮传动　本包装机分别在三处用到齿轮传动。在传输机构(见案例图 1-3)中,为实现 $90°$ 的换向和降速,采用了直齿圆锥齿轮传动;在计量灌装机构(见案例图 1-3)中和拉袋送进机构(见案例图 1-5)中使用了直齿圆柱齿轮传动。根据工况分析,这些齿轮传动为低速、轻载、开式齿轮传动,不能保证良好的润滑,所以其主要失效形式是齿面磨损及齿根弯曲疲劳折断,其设计思路可按第 10 章齿轮传动中的开式齿轮设计准则来进行。

(3) 轴　在该包装机械中,使用了多根轴来支承各零部件,如案例图 1-3 所示,有主轴、各齿轮的支承轴、蜗杆轴等。这些轴的设计主要考虑其结构设计、承载能力计算及必要的刚度校核。轴的结构设计主要考虑其上零件的拆装、零件的定位和固定,以及轴的加工工艺等因素;承载能力计算必须先对轴进行受力分析,分析它属于心轴、转轴还是传动轴,然后可按第 14 章轴的强度设计进行校核计算,例如,本包装机中的主轴,由于它既传递转矩又承受弯矩,故它是转轴,可按弯扭合成强度对其进行校核计算,同时考虑到此主轴长度较长,上面的零件较多,为保证其上零件的工作可靠,还应对主轴进行刚度校核。

(4) 滚动轴承　滚动轴承为标准件,首先根据其工作条件及受载特点进行类型选择,考虑载荷大小及结构要求初选型号,再进行必要的校核计算。例如:支承主轴两端的滚动轴承,由受力分析可知该滚动轴承既受径向载荷又受轴向载荷,可考虑选用向心推力轴承,如角接触球轴承等,如轴向载荷较小,也可采用深沟球轴承;此处轴承的转速不高,载荷不大,但要求旋转精度较高,应选用球轴承;同时主轴长度较长,支承跨度大,考虑轴的受力变形及安装误差等,应选用具有一定调心性能的调心轴承,如调心球轴承。支承计量盘处的轴承,主要受轴向载荷,应选用推力轴承,如推力球轴承。由于各滚动轴承的转速 $n>10$ r/min,因此轴承的主要失效形式是疲劳点蚀,应进行疲劳寿命的校核计算。

(5)蜗轮蜗杆减速器　目前通用减速器已由专业厂家生产,有系列产品出售,其型号可根据需要传递的功率、传动比、主动轴转速及工作类型从有关产品手册中选择。

3. 分析思考

(1)分析比较齿轮传动、带传动、蜗轮蜗杆传动各自的特点及应用场合。

(2)如何考虑主轴的结构设计?

(3)试分析该包装机中除主轴外其他各轴的受力特点及承载能力要求。

(4)包装机中,主要零部件(如齿轮、带轮等)是如何实现定位和固定的?

(5)在计量灌装机构(见案例图 1-3)中采用了离合器,在拉袋送进机构(见案例图 1-5)中采用了单向轴承(即超越离合器),试说明离合器的作用,并思考超越离合器的工作特点。如何正确选用离合器?

第三篇　机械创新设计篇

创新案例

　　机械创新设计（mechanical creative design，MCD）是指充分发挥设计者的创造力，利用已有的相关科学技术成果（含理论、方法、技术、原理等），进行创新构思，设计出具有新颖性、创造性、实用性的机构或机械产品的一种实践活动。

　　进行机械创新设计，除了必须具备一定的机械基础知识以外，还应有良好的数学基础、力学基础、制图基础、材料与制造基础、电工电子基础、测控技术基础、计算机基础等现代综合知识结构。只有通过多门知识的综合应用，才能在机械工程领域的创新设计过程中发挥更好的作用。

　　机械创新设计涵盖的内容及方法很广泛，本部分将分为三个章节，重点从机构的创新设计、机械零件的创新设计以及机械系统的设计与创新三个方面进行简要介绍。

第 16 章 机构的创新设计

机械系统的创新在很大程度上取决于机构的创新。作为机械系统中的本体和最核心的部分,机构的创新程度决定了整个机械系统的创新程度。对机构的创新从工作原理和机构运动方案入手,主要目的是实现期望的功能、优良的品质及良好的经济效益。

机构创新设计的方法包括:机构的演化变异创新设计、机构的组合创新设计、机构再生运动链设计、机构的仿生设计、反求设计等。本章介绍常用的前两种方法。

16.1 机构的演化变异创新设计

机构的演化与变异是指用改变机构中某些构件的结构形状、运动尺寸,选择不同构件为机架或原动件,以及增加辅助构件等方法,演化形成一种功能不同或性能改进的新机构,以满足设计要求的方法。

机构的演化变异创新设计包括:运动副的演化变异、构件的演化变异、机构的机架变换与创新。

1. 运动副的演化变异

运动副是构件与构件之间的可动连接,其作用是传递运动与动力,变换运动形式。运动副的特点是影响机构运动精度和机构动力传动的效率。研究运动副的演化变异的方法或规律,对改善原始机构的工作性能,以及开发具有新的功能的机构具有实际意义。

运动副演化变异的主要目的是:增强运动副元素的接触强度;减小运动副元素的摩擦、磨损;改善机构的受力状态;改善机构的运动和动力效果;开拓机构的各种新功能;寻求演化新机构的有效途径。

运动副演化变异的主要方法包括:改变运动副的尺寸、改变运动副元素的形状、改变运动副元素的接触性质等。

图 16-1 所示为一个变异后活塞泵的机构简图。可以看出,变异后的机构与原机构在组成上完全相同,只是构件的形状不一样。偏心盘和圆形连杆组成的转动副使连杆紧贴固定的内壁运动,形成一个不断变化的腔体,这有利于流体的吸入和压出。如图 16-2 所示,冲压机构变异后,因滑块的质量大,所以可产生很大的冲压力。

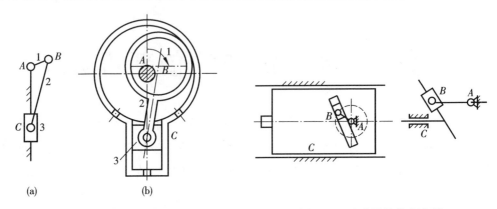

图 16-1 活塞泵机构
1—曲柄;2—连杆;3—滑块

图 16-2 移动副的扩大实例

低副元素的接触性质为滑动接触,高副元素包含有滚动和滑动两种接触性质。滑动接触使运动副元素的接触表面产生磨损,降低了机械传动效率和传动精度。通常减小磨损的方法是用滚动接触代替滑动接触。

把组成移动副元素之一的结构形状改变为滚子形,使移动副变为滚滑副,如图16-3 所示。同理,在组成转动副的销轴和销轴孔之间增设若干个滚动体,就构成了滚动轴承;把凸轮高副中从动件设计成滚子形,槽轮高副中的拨销也设计成滚子形,均可改变摩擦性质。

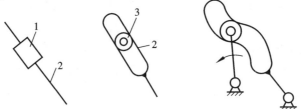

图 16-3 移动副变异为滚滑副
1—滑块;2—导杆;3—滚子

2. 构件的演化变异

机构中的构件演化变异的主要目的是:改善机构运动的不确定性;解决机构由于结构原因而无法正确运动的问题;开发新功能;开发新机构;改善机构的受力状态,提高构件的强度或刚度。

构件演化变异的主要方法包括:改变构件的形状和尺寸、改变构件的运动性质、增加辅助结构等。

对于平行四边形机构,当机构运动到四个构件为一直线时,机构运动不确定。消除这种运动不确定性的方法是将两个相同的机构对称布置,如图 16-4(a)所示。由此联想,将曲柄的形状改变为两个转动的圆盘,缩短机架的长度,则平行四边形机构演化为一种联轴器,如图 16-4(b)所示。它可以用来传递轴线不重合的两轴之间的运动与动力。

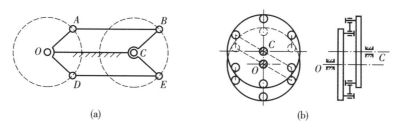

图 16-4　齿轮机构的演化变异

凸轮轮廓确定后,从动件的运动规律不能变换和调节,可采用增减辅助结构的办法来改变从动件的运动规律。图 16-5 所示为可调轮廓的凸轮机构。

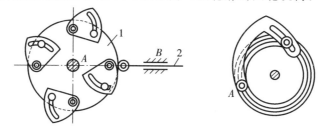

图 16-5　可调轮廓的凸轮机构

1—凸轮;2—推杆

3. 机构的机架变换与创新

机构的机架变化是指机构内的运动构件与机架的相互转换,又称机构的倒置。按照相对运动的原理,变换后的各构件相对运动关系不变,但可以改变输出构件的运动规律,以满足不同的功能要求;还可以简化机构运动分析与动力分析的方法。用这种方法可以进一步拓宽机构的应用范围,创新设计新机构。

凸轮机构为三构件高副机构,三个构件分别是凸轮、推杆、连接凸轮与推杆的二副杆。以摆动从动件盘形凸轮为例,一般常用的工作形式如图 16-6(a) 所示,凸轮主动,摆杆从动;如果凸轮固定,原来的机架主动,则演化成了固定凸轮机构,如图 16-6(b) 所示。

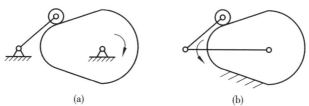

图 16-6　凸轮机构的机架变换

16.2　机构的组合创新设计

创新设计的方法有两类:一类是指首创、突破及发明;另一类是选择常用机构,并按某种方式进行组合,综合出可实现相同或相近功能的众多机构,为创新设计开辟切实可行的途径。

常用的基本机构主要是指单环的连杆机构、凸轮机构、齿轮机构、螺旋机构、间歇运动机构、含有挠性件的传动机构,以及这些机构的倒置和变异机构等。这些基本机构应用很广泛,可以满足一般性的设计要求。但是随着生产的发展,以及机械化、自动化程度的提高,对其运动规律和动力特性都提出了更高的要求。这些常用的基本机构往往不能满足要求。为解决这些问题,可以将两种以上的基本机构进行组合,充分利用各种基本机构的良好性能,改善其不良特性,创造出能够满足原理方案要求的、具有良好运动和动力特性的新型机构。因此,进行机构的组合设计是实现机械创新的一个重要途径。

机构的组合原理是指将几个基本机构按一定的原则或规律组合成一个复杂的机构。机构的组合方式可划分为以下四种:串联式机构组合、并联式机构组合、复合式机构组合、叠加式机构组合。

16.2.1　串联式机构组合

串联式组合是指若干个基本机构顺序连接,每一个前置机构的输出是后置机构的输入,连接点设置在前置机构的输出构件上。串联机构的形式如图 16-7 所示。

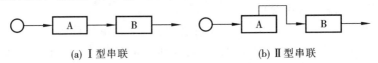

(a) Ⅰ型串联　　　　　　　　　　(b) Ⅱ型串联

图 16-7　串联式机构组合形式

串联机构组合可以实现增力、增程和各种特殊的运动规律,并具有改善后置机构的运动与动力特性等功能。

图 16-8 所示是一个可以实现增力的肘杆机构,在图 16-8(a)中,$F_Q = F_P \cos\alpha$,而在图 16-8(b)中,$F_Q = F_P \cos\alpha = \dfrac{FL}{S}\cos\alpha$。

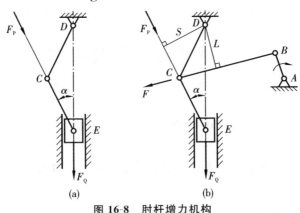

(a)　　　　　　　　　　(b)

图 16-8　肘杆增力机构

齿轮机构作为后置机构,利用摆动或移动输入,可获得从动齿轮或齿条的大行程摆动或移动,还可以利用变速转动的输入进一步通过后置的齿轮机构进行增速或减速。连杆齿轮增程机构如图 16-9 所示,当曲柄 1 回转一周时,滑块 3 的行程为两倍的曲柄长,而齿条 6 的行程又是滑块 3 的两倍。该机构常用于印刷机械中。

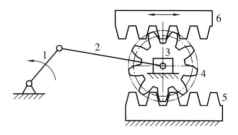

图 16-9　连杆齿轮增程机构

16.2.2　并联式机构组合

两个或多个基本机构并列布置,并行传递运动,称为机构并联组合。其形式如图16-10 所示。

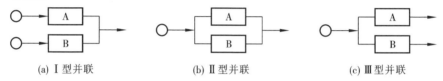

(a) Ⅰ型并联　　　　(b) Ⅱ型并联　　　　(c) Ⅲ型并联

图 16-10　并联式机构组合形式

机构的并联组合可实现机构的平衡,改善机构的动力特性,可完成复杂的需要相互配合的动作与运动。

1. Ⅰ型并联

图 16-11 所示为钉扣机的针杆传动机构,它由曲柄滑块机构和摆动导杆机构并联组合而成,原动件分别为曲柄 1 和曲柄 6,从动件是针杆 3,可以实现平面复杂运动,以完成钉扣动作。

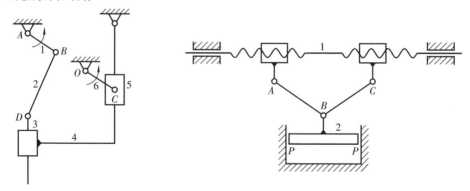

图 16-11　钉扣机的针杆传动机构　　　　图 16-12　压力机的螺旋杠杆机构

2. Ⅱ型并联

图 16-12 所示为两个尺寸相同的双滑块机构 ABP 和 CBP 并联组合,并且两个滑块同时与输入构件 1 组成导程相同、旋向相反的螺旋副。构件 1 输入转动,使滑块

A 和 C 向内或向外移动,从而使构件 2 沿导路 P 上下移动,完成加压功能。并联组合使得滑块与导路之间几乎没有摩擦力。

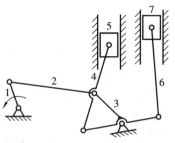

3. Ⅲ型并联

图 16-13 所示为两个摇杆滑块机构并联组合,共同连接于曲柄摇杆机构。当主动件曲柄 1 转动时,通过摇杆 3 将运动传给两个摇杆滑块机构,使两个从动件滑块 5 和滑块 7 实现上下往复移动,完成织平纹丝织物时的开口动作。

图 16-13　丝织机的开口机构

16.2.3　复合式机构组合

一个具有两个自由度的基础机构 A 和一个附加机构 B 并接在一起的组合形式为复合式机构组合,如图 16-14 所示。基础机构的两个输入运动,一个来自机构的主动构件,另一个则来自附加机构。来自附加机构的输入有两种情况:一种是通过与附加机构的构件并接;另一种是通过附加构件回接。

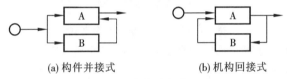

(a) 构件并接式　　　　(b) 机构回接式

图 16-14　复合式机构组合

图 16-15 所示为一凸轮连杆组合机构。五杆机构 ABCDE 具有两个自由度,为基础机构。附加机构为固定凸轮机构。凸轮机构中的摆杆和连杆机构中的连杆 BC 并接,主动件 AB 既是连杆机构中的曲柄,又是凸轮机构中的活动机架。这种组合机构的设计,关键在于按输出的运动要求设计凸轮的轮廓。输出构件滑块 D 的行程比单一凸轮机构的推杆行程增大了几倍,而凸轮机构的压力角仍可控制在许用值范围内。

如图 16-16 所示,由具有两个自由度的蜗杆机构(蜗杆与机架组成的运动副为圆柱副)作为基础机构,主动构件为蜗杆 1。凸轮机构为附加机构,而且附加机构的一个构件又回接到主动构件蜗杆 1 上。输入的运动是蜗杆 1 的转动,从而使蜗轮 2,以及与蜗轮 2 并接的凸轮实现转动;凸轮的转动又使蜗杆 1 实现往复移动,从而使蜗轮 2 的转速根据蜗杆 1 的移动方向而增加或减小。

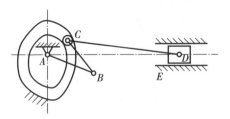

图 16-15　凸轮连杆组合机构

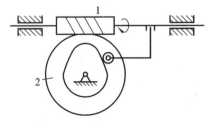

图 16-16　齿轮加工机床的传动误差补偿机构

16.2.4 叠加式机构组合

将一个机构安装在另一个机构的某个运动构件上的
组合形式为叠加式机构组合,其输出的运动是若干个机
构输出运动的合成,如图 16-17 所示。

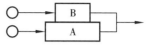

图 16-17 叠加式机构组合

这种组合的运动关系有两种情况:一种是各机构的
运动关系是相互独立的,称为运动独立式,常见于各种机械手;另一种则是各机构之
间的运动有一定的影响,称为运动相关式,如摇头电扇的传动机构。

图 16-18 所示的电动玩具马是由曲柄摇块机构 ABC 安装在两杆机构的转动构
件 4 上组合而成的。机构工作时分别由转动构件 4 和曲柄 1 输入转动,使马的运动
轨迹是旋转运动和平面运动的叠加,产生一种飞奔向前的动态效果。

在如图 16-19 所示的电风扇摇头机构中,蜗杆机构安装在双摇杆机构的运动构
件摇杆上,同时蜗轮又与连杆固连。当电动机带动电扇转动时,通过蜗杆蜗轮机构又
使得双摇杆机构中装载蜗杆的连架杆摆动,实现电扇的摇头。由于两个基本机构中
除装载构件共用外,还有两个构件并接,因此组合机构具有一个自由度,只需一个输
入构件。

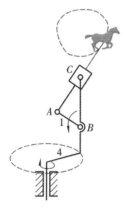

图 16-18 电动玩具马

图 16-19 电风扇摇头机构

习 题

16-1 机构组合的目的是什么? 有哪几种组合方式?

16-2 机构的变异有哪几种方式?

16-3 如题 16-3 图所示的连杆-齿轮机构可以实现位移的放大。小齿轮 3 的节
圆与活动齿条 5 在点 E 相切作纯滚动,而与固定齿条 4 相切在点 D,且点 D 为绝对
瞬心。试证明:活动齿条上点 E 的位移是点 C 位移的两倍,是曲柄长度的四倍。

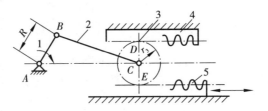

题 16-3 图

16-4　如题 16-4 图所示的两种机构系统均能实现棘轮的间歇运动,试分析此两种机构系统的组合方式,并画出方框图。若要求棘轮的输出运动有较长的停歇时间,试问:采用哪一种机构系统方案比较好?

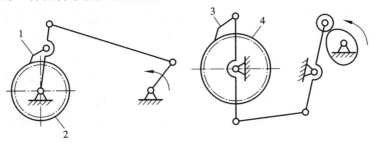

题 16-4 图

1、3—棘爪;2、4—棘轮

第 17 章　机械零件的创新设计

机械结构设计是将机构和构件具体化为某个零件和某个部件的形状、尺寸、连接方式、顺序、数量等具体结构方案的过程,用以实现机械对它的工作要求。机械结构设计是机械设计的主要组成部分,据统计,在整个机械设计过程中,平均约80％的时间用于结构设计。

在机械零件的结构设计过程中,要综合考虑材料的力学性能、零部件的功能、工作条件、加工工艺、装配、使用、成本、安全、环保等各种因素的影响。具备一定的工程知识是从事结构设计工作的前提,巧妙构型与组合是结构创造性设计的核心。

17.1　机械结构设计的原则

这一节从改善力学性能、制造工艺性、装配质量、操作性等方面来介绍一些机械结构设计的基本原则。

17.1.1　改善力学性能的结构设计原则

机械结构形式千差万别,但其功能的实现几乎都与力(力矩)的产生、转换传递有关。机械零件具有足够的承载能力是保障机械结构功能实现的先决条件。所以在机械结构设计中,根据力学理论对零件的强度、刚度和稳定性进行分析是必不可少的,并在此基础上,进行结构优化设计。

如铸铁的抗压强度比抗拉强度高得多,因此铸铁机座的肋板就要设计成承受抗压状态,以充分发挥其优势。如在图17-1中,结构设计(b)优于(a)。

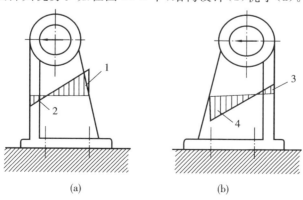

(a)　　　　　　　　　　(b)

图 17-1　铸铁机座

1、3—拉应力;2、4—压应力

一般,机械设计中的强度要求是通过零件中最大工作应力等于或小于材料许用应力来满足,这样材料并未得到充分利用。最理想的设计是应力处处相等,同时达到材料的许用应力值。工程中大量出现的变截面梁就是按照等强度原则来设计的。比如,摇臂钻的横臂 AB,汽车用的板簧和阶梯轴等(见图 17-2)。

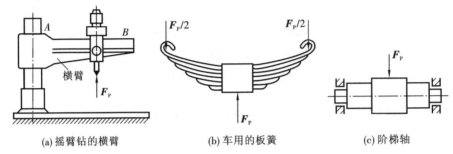

(a) 摇臂钻的横臂　　　　　　(b) 车用的板簧　　　　　(c) 阶梯轴

图 17-2　满足等强度原则的结构

17.1.2　改善制造工艺性的结构设计原则

减少加工成本,提高机加工质量是切削件结构设计的基本要求,切削件的结构设计要充分考虑机加工工艺的特性。

方便退刀可以节省加工时间,从而达到降低加工成本的目的。退刀槽和越程槽是两种最常见的退刀结构(见图 17-3)。

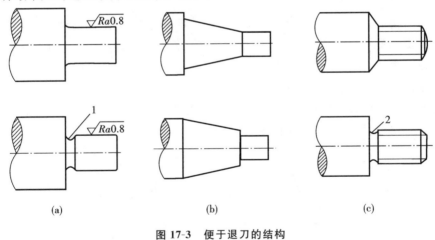

(a)　　　　　　　　　　(b)　　　　　　　　　(c)

图 17-3　便于退刀的结构

1—越程槽;2—退刀槽

17.1.3　提高装配质量的结构设计原则

零部件装配成机器,装配质量直接影响机器的运行性能质量,装配质量即为零部件相互联系界面上的质量。符合装配要求的结构设计就是在结构设计上保证装配的可能,采用的结构应方便装配,有利于减少装配工作量、提高装配质量。

在进行装配时,至少要求工具能方便地到达装配位置,且要有足够的操作空间。人工装配时,还要求视线可及,如图 17-4 所示。

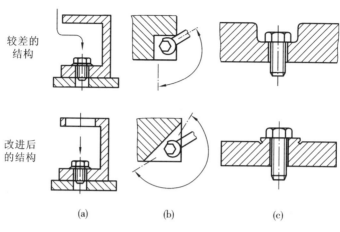

较差的
结构

改进后
的结构

(a)　　　　　　　(b)　　　　　　　(c)

图 17-4　便于装配的结构

17.1.4　宜人化结构设计原则

传统的机械设计以设计产品为主要目标,更多地考虑产品本身功能的实现,虽然也或多或少地涉及了人的因素,但主要是考虑如何让人适应机器,而没有把人作为设计的一个目标,没有规范化地考虑人的因素。这就很难保证机器操作效率最佳,也不易判断设计质量的高低。

人机工程学强调将人和机器作为由相互联系的两个基本部分构成的一个整体,即人机系统。人机工程学是研究人的特性及工作条件与机器相匹配的科学,指出机器应该具有什么样的条件才能使人付出适当的代价后可获得整个系统的最佳效益。

表 17-1 所示几种常用工具,形状改进前因为使某些肌肉处于静态肌肉施力状态,不宜长时间使用,改进后使操作者的手更趋于自然状态,减少或消除了肌肉的静态施力状态,使操作者长时间使用也不易疲劳。

表 17-1　几种常用工具的改进

工 具 名 称	改 进 前	改 进 后
夹　　钳		
锤　　子		

工 具 名 称	改 进 前	改 进 后
手　　锯	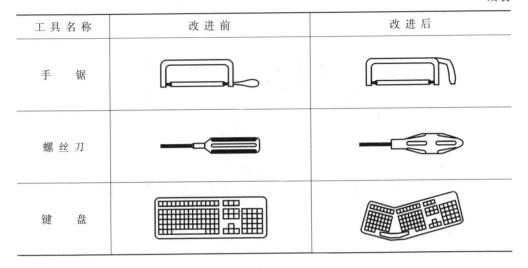	
螺 丝 刀		
键　　盘		

17.2　机械结构的变元法设计

　　机械结构的创新设计方法包括:基于功能分解与功能组合的创新设计方法、机械结构的变元设计方法、适应材料性能的结构设计方法等。本节以机械结构的变元法设计为例进行说明。

　　变元法是对机械的基本元素的变元进行组合及其变化组合的一种机械结构设计方法。利用变元法可以构造一个大的机械结构设计解空间。变元法源于德国,是用于机械产品结构设计的一种富有创造性内涵的新方法。

　　机械产品结构中零件的轮廓线、轮廓面、工作面、加工面以至整个零件、部件等均可视为基本元素。因为相对于零件来说,轮廓线、轮廓面是基本元素;相对于部件来说,零件又成了基本元素;相对于整个机械系统来说,部件又成了基本元素。

　　基本元素的变元一般是指机械结构的技术要素,包括零部件的数量、几何形状,零部件的位置,零件之间的连接,零件的材料,零件的制造工艺等。下面对这些变元进行简要介绍。

17.2.1　数量变元

　　基本元素的数量是结构设计的一个基本变元。通过改变产品结构中基本元素(如线、面、零部件)的数量以实现产品结构的改变,最终改变产品的功能和性能。

　　图 17-5 所示为改变螺钉头作用面数目而引起的螺钉头结构的变化,这些螺钉各自适用于不同的场合。

　　此外,增加齿轮的齿数,可以减轻齿轮运行的不均匀性;改变滚动轴承的滚动体的数量或滚动体的列数,可以改变轴承的尺寸和使用寿命;等等。

图 17-5　螺钉头作用面数量变元

17.2.2　形状变元

改变结构零件的轮廓形状、表面形状、整体形状,以及改变零件的类型和规格都可以得到不同的结构方案。

表面形状种类繁多,有平面、柱面、球面、锥面、环面、椭圆面、双曲面、抛物面、渐开面、摆线曲面、螺旋面和各种自由曲面等。图 17-6 所示是一些改变零件形状的例子。

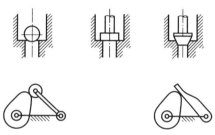

图 17-6　零件形状变元

又比如,前面章节所提到的把直齿齿轮改为斜齿齿轮,把轴与轮毂的圆柱面过盈配合连接改成无键连接等都是通过改变零件的形状来达到改变结构的目的的。

17.2.3　材料变元

零件选用不同的工程材料往往会导致该零件的尺寸结构随之改变,因而加工工艺也发生变化,从而影响整个产品的结构,因此通过改变材料变元可以得到不同的结构方案。

图 17-7(a)所示为采用三种不同材料(如木材、塑料、金属等)做的夹子。由于材料性能相差很大,因此三种结构也相差很大。图 17-7(b)所示为采用不同材料的弹簧结构。

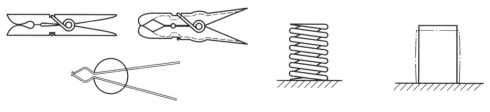

(a) 采用不同材料做的夹子　　　　　　　　　(b) 采用不同材料的弹簧结构

图 17-7　零件材料变元

17.2.4　位置变元

通过改变产品结构中基本元素的布置位置可得到不同的结构方案。

如图 17-8 所示，推杆 2 与摆杆 1 的接触面中有一个是球面，若球面在摆杆 1 上，则可以使推杆避免受横向推力。

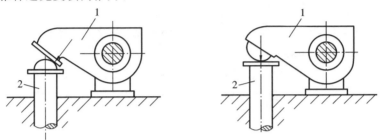

图 17-8　零件位置变元

17.2.5　连接变元

连接变元有两层含义：一是连接方式，有螺纹连接、焊接、铆接、胶接及过盈连接等；二是对于每一种连接方式都有多种连接结构（见图 17-9，图中 1、2、3 均指用于连接的转动副）。通过改变连接方式和连接结构可得到不同的结构方案。

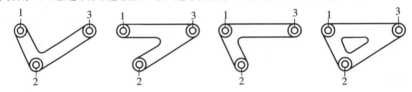

图 17-9　零件连接变元

17.2.6　尺寸变元

尺寸变元包括长度、距离和角度等，可以是圆的半径、椭圆的长短轴等，如图 17-10 所示。通过改变零部件及构件的尺寸可以显著地改变产品的结构。尺寸变元是机械结构中最常见的变量，最适合计算机模拟。目前的结构优化设计主要是结构尺寸的优化。

17.2.7　工艺变元

结构设计与工艺是紧密相关的。根据不同的零件结构，选择不同的零件制造工艺，最终将影响零件和产品的制造成本、质量及性

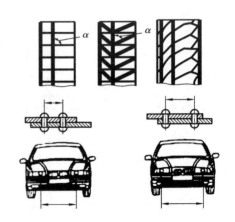

图 17-10　零件尺寸变元

能。在目前的结构优化设计中,这些指标往往是设计的优化目标。

图 17-11 所示为 V 带轮结构设计的工艺变元。图(a)为切削,图(b)为锡焊或黏结,图(c)为冲压,图(d)为点焊,图(e)为铸造,图(f)为锻造。

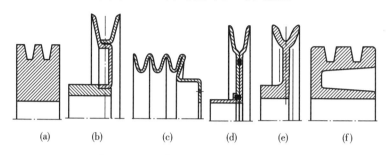

(a)　　(b)　　(c)　　(d)　　(e)　　(f)

图 17-11　V 带轮结构设计的工艺变元

根据所设计机械产品的特点,灵活地运用上述七个变元,同时设计者依据所具备的知识、经验,运用类比、推理、归纳、模拟、想象、直觉及灵感等创造性思维方法,可构思出很多种结构方案。

图 17-12 所示为棘轮机构,面 1 和面 2 是工作面。仅通过改变与此工作面直接相关的变元就可得到多种结构方案。

图 17-13 所示为通过改变工作面形状得到的结构方案。方案(a)与方案(c)可用于单向传动,方案(b)可用于双向传动;方案(c)由于工作面能承受较大的载荷,应用较普遍,但制造误差对承载能力影响较大。

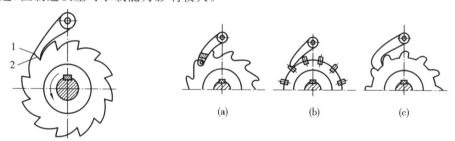

1
2

(a)　　　　(b)　　　　(c)

图 17-12　棘轮机构　　　　　**图 17-13　棘轮机构工作面形状变元**

图 17-14 所示为通过改变工作面数量得到的结构方案。方案(a)中通过减小轮齿尺寸使轮齿数目增多,由于齿数增加使传动的最小反应角度减小,传动精度提高;方案(b)中不改变棘轮的形状,而通过增加棘爪数量的方法起到在不降低承载能力的前提下提高传动精度的作用。

图 17-15 所示为通过改变工作面位置得到的结构方案。方案(a)采用的是内棘轮结构,通过将棘爪设置在棘轮内的方法减小结构尺寸;方案(b)采用的是轴向棘轮结构。

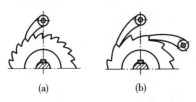

(a)　　　　　　　　(b)　　　　　　　　　　　　(a)　　　　　　　　(b)

图 17-14　棘轮机构工作面数量变元　　　**图 17-15　棘轮机构工作面位置变元**

习　　题

17-1　机械结构设计考虑的原则有哪些?

17-2　零件基本元素的变元一般指哪些内容?

17-3　试运用变元法设计出 30 种以上不同形式的连接螺钉。

17-4　试运用变元法对摆动从动件凸轮机构的各构件进行变异设计,设计出尽可能多的类型,并符合结构设计的一般原则。

第 18 章　机械系统的设计与创新

18.1　概　　述

18.1.1　机械系统的组成

现代机械种类繁多,结构也越来越复杂,但从实现系统功能的角度出发,一般机械系统由动力部分、传动部分、执行部分和控制部分四个部分组成。其中:动力部分提供动力,完成由其他能量向机械能的转化,如电动机与减速机组成的系统;传动部分传递动力与运动,完成运动形式、运动规律等的转换;执行部分是系统的末端,是与作业对象接触的部分,用来改变作业对象的性质、形状、位置等;控制部分用来操纵与控制动力、传动、执行等部分协调运作,准确可靠地完成系统预定的功能。它们的关系类似于生物体中心脏、肌肉、骨骼和神经的关系,可以用如图 18-1 所示的框图来描述。

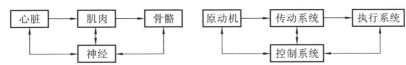

图 18-1　生物体与机械系统的组成比较

18.1.2　机械系统的进化

尽管现在各种机械产品的性质与性能与过去发明这些产品初期有了很大的不同,但它们的基本的功能还是没有改变,如汽车主要还是运输工具、机床还是被用于机械加工。一个产品有一个生命周期,即婴儿期、成长期、成熟期和衰退期。对于处于婴儿期和成长期的产品应抓紧对产品的结构与参数进行优化,使其尽快进入成熟期,为企业带来利润;对进入成熟期的和衰退期的产品,应及时开发新的替代技术,以便推出新一代产品,使企业在竞争中处于优势。大多数新产品都是在老产品的基础上发展起来的,及时进行产品的更新换代是创新设计的一个重要课题。

18.1.3　机械系统设计的内容

不论是新产品开发,还是原有产品的更新换代,其机械系统的设计一般都要经历下面的四个阶段。

(1) 产品的规划阶段　主要进行市场需求调研与预测,论证新产品开发的必要性、可行性、经济性、技术性,进而确定产品的功能目标。

(2)方案设计阶段 以系统的总功能为基础,继续对系统进行分析、分解,确定各子系统的分功能及功能元;针对各功能目标进行创新、探索、优化、筛选,从而确定较理想的工作原理方案;对不同的工作原理进行构型综合,确定机构类型与结构形状。

(3)技术设计阶段 在方案原理设计的基础上,进行系统中的零件设计,确定其材料、形状、尺寸和结构,绘制出相应的工作图,编制出相应的设计技术资料。

(4)施工设计阶段 在技术设计的基础上进行加工和制造工艺设计;进行安装、调试、维护及使用的设计与说明。

在四个设计阶段,机械系统的方案设计对产品的性能、成本、使用与竞争力的影响最大,产品规划是基础,方案设计是关键。产品功能是否齐全、性能是否优良、经济效益是否显著,在很大程度上取决于方案设计的构思和方案拟定时的设计思想。

18.2 机械系统的方案设计与创新

机械系统的运动方案设计要考虑多方面的要求和条件。其中包括:要求实现的运动规律及轨迹,机构工作速度的大小,载荷类型及特点,对机构动力性能的要求,机构的运动精度要求,容许占有的空间大小及方位,使用寿命、生产批量及有关的工艺条件等。方案设计过程主要是一个构思过程,需要设计人员熟悉各种基本机构的运动特点、机构变异和组合的各种方式及其他各相关学科的知识。机构系统的方案设计并没有一成不变的模式可循,这就要求设计人员充分运用自己丰富的实践经验和想象力,充分发挥创造能力,灵活使用各种设计技巧,从而提出创新的方案或选择一个比较合理的解决办法。

18.2.1 机械运动方案设计的步骤

1. 拟定功能目标

首先对待开发的产品确定其应完成的主要功能,并对机械产品的具体性能参数、各项技术指标、成本、效益及使用要求等进行限定。

对于复杂的机械装置来说,一般在拟定功能目标时必须把总功能分解成各个子功能,并且合理地确定每个子功能的目标,客观地处理各子功能之间,以及子功能与总功能之间的关系。应正确分析每个子功能的各种性能指标对总功能影响的程度,分清主次关系,没有必要对每个子功能都提出过高的要求。

合理拟定功能目标,尽量增大设计空间,为机械的创新保留宽松的环境。例如,要设计一个夹紧装置,若将功能目标定位于螺旋夹紧,则设计者必然会联想到丝杠及螺母组成的螺旋机构,再没有其他的选择余地。如果将功能目标定位于机械夹紧,则可以联想到的机械手段就增多,如楔块夹紧、偏心盘夹紧、弹簧夹紧、利用机构的死点位置夹紧等。如果将目标定得更加抽象，即压力夹紧，则思路就会更宽，可以联想到液压、气动、电磁、压电等更多的方法与技术，为下一步拟定机械的工作原理提供了一个宽广的范围与空间，也更利于设计的创新。

要有一定的超前意识，应打破常规，为设计注入新的设计观念，采用新的思维方式，具有超前意识，才能有所创新。同时还应注意产品的生命周期问题、美学功能、自我修复功能等。成功的机械运动方案始于对功能目标的认真拟定。

2. 拟定工作原理

产品的功能目标确定后，经过功能分析和综合，就能针对产品的主要功能提出一些工作原理方案，例如设计孔加工设备，总体原理方案可以是激光打孔、机械加工、腐蚀等，不同的原理和加工工艺会有不同设备。原理方案还与执行功能、工艺过程及执行元件有着密切关系。在机械加工范围内还可以是钻孔、冲孔、镗孔等不同的原理和加工工艺，有不同的设备。寻求作用原理，关键在于提出创新构思，使思维"发散"，力求提出较多的解法以进行比较及选择。

在拟定工作原理时，多应用定向思维、多向思维、联想思维等创新思维，设计出巧妙的工作原理。例如对洗衣机进行功能分析可以得出，本质上洗衣的活动是一个分离，即污物与衣物的分离。为了实现这个分离的功能，可以应用很多原理。如：可以把分离功能看成物理效应，或看成化学效应；效应的载体可以是水，也可以是汽油。依据不同的工作原理可设计出不同的洗衣机。如：波轮式洗衣机，它利用波轮回转形成水流并控制流速和流向以达到洗净的效果；电磁洗衣机，它利用高频振荡使污垢与纤维分离；气流洗衣机，它利用空气泵产生气泡，气泡破裂时产生的能量能提高洗净度，同时气泡可使洗涤剂更好地分解；喷雾洗衣机，它通过水往复循环形成的水雾来达到清洗衣物的目的；超声波洗衣机，衣物上污垢在超声波作用下从纤维中分离出来。以上几种洗衣机的作用原理完全不同，但都能达到洗净的功能目标。总之，寻求作用原理是机械产品创新构思的重要阶段，这阶段要充分利用力学效应、流体效应、热力学效应、动力学效应、声、光、电、磁效应等，构思出先进而新颖的作用原理，使新产品不断涌现。

机械的工作原理是否合理、先进，在很大程度上反映出该机械的先进程度。拟定工作原理的核心是机构运动方案设计，主要包括工艺动作的构思、工艺动作的分解，以及工艺动作的协调与配合。

3. 机构方案的选型与设计

在进行执行机构和传动系统的方案设计时，应该综合应用前面章节所学过的机构创新方法。如机构的组合创新设计方法、机构的演化变异设计方法、机构的再生运动链设计方法、机电液一体化设计方法等。

机械的执行构件所需要完成的运动往往比较复杂，以至于用单一的基本机构难以完成，这时应当将执行构件所需完成的运动分解为机构易于实现的若干基本运动或动作，然后根据分解得到的基本运动或动作及其限制条件及原动机的类型和参数，选择基本机构或组合机构,将它们组合而形成机构系统。

　　任何复杂的运动过程总是由一些最基本的运动合成的,因而机构的执行构件所需要完成的运动总可以分解为机构易于实现的基本运动。机械中主要的基本运动形式有单向转动、单向移动、往复摆动、往复移动及间歇运动等。这些运动形式之间的相互转化对应的机构方案如表 18-1 所示。

表 18-1　运动形式转化对应的机构方案

功　能	机　构		
	3	1	2
转 —— 摆			
摆转 —— 移			
摆转 —— 间歇			不完全齿轮机构
运动轴线变换			
运动方向变换			

　　机构选型正确与否将直接影响到机械使用的效果、结构的繁简程度等。一般必须具有丰富的生产实践经验,并在熟悉各种不同类型基本机构运动特性的基础上,才能根据已知的生产要求,按执行机构(如差动机构、分度机构、解算机构、定位机构、锁紧机构和导向机构等)的功用,以及执行构件的运动形式(移动、摆动和单向间歇运动等),先在同类机构中进行类比或根据机构图例选取有效的机构形式,或在基本机构基础上采用机构组合、结构的变异及增加辅助构件等方法设计新的机构。当然它们的选取还与生产制造工艺、材料和计算技术等因素有关。

同一运动的分解方案并不唯一。根据运动分解的不同方案,可设计出不同的机构系统。要获得好的机构系统方案,既要熟悉运动分解、合成的基本规律,又要熟悉基本机构的运动。

机构系统方案设计往往与机构系统的协调设计和运动设计交叉进行,应拟定多个传动方案,进行性能分析和比较,作出评价,最后确定一个较好的方案。

4. 原动机的选择

在拟定机械的工作原理和执行机构方案后,下一步的任务是确定各执行构件的运动参数(如牛头刨床中刨头行程的大小、每分钟的行程数及行程速比系数等)和生产阻力(如刨削时的切削阻力等),并选择原动机,确定其类型、运动参数和功率。

原动机的运动形式主要是回转运动和往复直线运动。当采用电动机、液压马达或气动马达等原动机时,原动件作回转运动;当采用往复式液压缸或气缸等原动机时,原动件作往复直线运动。

原动机选择得是否恰当,对整个机械的性能,对机械传动系统的组成及其繁简程度将有直接影响。而现代原动机的类型又非常多,按照能量转换的方式可以分为以下三类:

1)电能→机械能

可将电能转化为机械能的原动机包括:三相交流异步电动机、单相交流异步电动机、直流电动机、步进电动机、直线电动机等。三相交流异步电动机体积小、力矩大,常作为动力设备的原动机,使用最广泛。单相交流异步电动机使用方便,在家用电器中得到了广泛应用。直流电动机可以进行调速,易于实现自动控制,在机电一体化设备中得到了广泛应用。步进电动机可用于要求分度或步进运动的场合,采用脉冲信号控制,将脉冲信号转化为电动机的角位移。直线电动机直接提供直线运动,减少了中间转换运动链,结构简单、反应速度快、灵敏度高,适合于高速和高精度的应用场合,但价格较为昂贵。

除此之外,还有自带减速装置的电动机、自带变速装置的电动机、多速电动机、交流变频变速电动机、力矩马达等。这些电动机各有各的特性和各自的适用场合。

2)热能→机械能

可将热能转化为机械能的原动机包括柴油机、汽油机、燃汽轮机、原子能发动机等。这类原动机在要求输出功率大、大范围移动的场合得到广泛应用。

3)自然力→机械能

可将自然力转化为机械能的原动机包括水轮机、风力机、潮汐发动机、地热发动机、太阳能发动机等。因应用相对较少,此处就不详细介绍了。

原动机的选择应有利于简化机构和改善运动质量。在现代常用的原动机中,除了电动机以外,还可采用气、液原动机。因此,在机构选型时应充分考虑生产条件和动力源情况。当有气、液源时常利用气动、液压机构,这样既可以简化机构结构,省略许多电动机、传动机构或转换运动的机构,同时又有利于减振、操作和调节速度。特别对机架不固定的具有多个执行机构的工程机械、自动生产线和自动机等,更应优先考虑。如要求执行构件作往复等速直线运动,用电动机驱动,则还要传动机构驱动原动件,并要用连杆机构,把转动转换为执行构件的等速往复移动;若采用液压驱动的机构,不但可以用一个动力源驱动多个执行构件,而且体积小,不需要连杆机构,结构紧凑,反向时工作平稳,易于调节移动速度。

5. 控制系统设计

控制系统包括机械控制、电气控制、液压控制、气动控制、综合控制。现代控制系统设计需要应用计算机技术、接口技术、模拟电路、数字电路、传感器技术、软件设计、电力拖动等知识,且正在向自动化、精密化、高速化、智能化方向发展。

18.2.2　机械系统方案设计应考虑的因素

在拟定传动方案时,应考虑机械的工作性能、适应性、可靠性、先进性、工艺性和经济性等多方面的性能。具体来说,应考虑以下因素。

1. 采用尽可能简单的结构

任何一部机械,在满足生产要求的同时,应力求简单、制造方便,同时要求可靠、耐用,不要片面追求可有可无的功能而导致结构复杂。

2. 采用尽可能简短的运动链

运动链越简短,使用的机构和零件数就越少,这不仅将降低制造和装配的费用,而且由于传动环节的减少,也就降低了能量的损耗,因此机械的效率也得以提高。同时,由于传动环节减少,传动中的累积误差也就小了,有利于提高机械传动的精度。为了使运动链简短,在进行机构选型时,有时宁可采用具有设计误差但结构简单的近似机构,而不采用理论上没有误差但结构复杂的机构或组合机构。

3. 选取合适的运动副形式

运动副在机械传递运动和动力的过程中起着重要的作用,它直接影响机械的结构、寿命、效率和灵敏度。一般来说,转动副制造简单,容易保证运动副元素的配合精度,效率高;当要求将一轴的转动转换为另一轴的转动或摆动时,大多采用带转动副的机构。移动副元件制造较困难,不易保证配合精度,易发生楔紧或自锁现象,故一般宜用于作直线运动或将回转运动转换为直线运动的场合。采用带高副的机构较易实现执行构件的运动规律和轨迹,且可以减少运动副和构件数,但高副元件形状一般复杂、易磨损,宜用于低速、轻载的场合。

4. 应使机械有较高的机械效率

机械的效率取决于组成机械的各机构的效率。因此,当机械中包含效率较低的机构时,就会使机械的总效率随之降低。但要注意,机械中各运动链所传递的功率往往相差很大。机械中的绝大部分功率都由主传动链所传递,而辅助传动链(如进给传动链、分度传动链等)所传递的功率往往很小。在设计时,应着重考虑使主传动链具有较高的机械效率,而对于传递功率很小的辅助运动链,其机械效率的高低可放在次要地位,而着眼于其他方面的要求(如简化机构、减小外廓尺寸等)。

5. 合理安排传动机构的顺序

一般说来,机构应按如下顺序排列:转变运动形式的机构(如凸轮机构、连杆机构、螺旋机构等)通常总是安排在运动链的末端,与执行构件靠近;带传动等靠摩擦传动的机构一般应安排在运动链的起始端,因为在传递同样转矩的条件下,与其他传动比较,其外廓尺寸要大得多。当把带传动设置在转速较高的运动链的起始端,此时所传递的转矩较小,可以减小带传动的外廓尺寸,进而减小整个机器设备的尺寸。这样安排,使原动机的布置也较自由。同理,由于大尺寸的圆锥齿轮制造比较困难,为了减小其尺寸,通常也将其安排在转速较高的地方。

以上所述只是一些一般原则,具体安排时,还应考虑机械的总体布置及其具体结构,合理安排,以期达到系统更优化之目的。

6. 合理分配传动比

运动链的总传动比应合理地分配给各级传动机构,具体分配时应注意以下几点。

(1) 每一级传动的传动比应在其常用的范围内选取　如一级传动的传动比过大,则对机构的性能和尺寸都是不利的,所以当齿轮传动的传动比大于 $8\sim10$ 时,一般应设计成两级传动;当传动比在 30 以上时,常设计成两级以上的齿轮传动。但是,对于带传动来说,由于外廓尺寸较大,因此如无特殊需要时,很少采用多级传动。

(2) 按照"前小后大"的原则分配传动比　当运动链为减速传动时(因电动机的速度一般较执行构件的速度为高,故通常都是减速传动),按照"前小后大"的原则分配传动比一般较为有利。如设 $i_1,i_2,\cdots,i_k$ 依次表示各级传动比,则宜取 $i_1<i_2<\cdots<i_k$,且相邻两级传动比的差值不要太大。运动链这样的逐级减速,可使各级中间轴有较高的转速及较小的转矩,使轴及轴上零件有较小的尺寸,从而使机构较为紧凑。

7. 保证机械的安全运转

设计机械传动系统时,必须十分注意机械的安全运转问题,防止发生损坏机械或出现人身事故。例如起重机械的起吊部分,必须防止其在荷重的作用下自动倒转,为此在传动链中应设置具有自锁能力的机构或装设制动器;又如为防止机械因过载而损坏,可采用具有过载打滑功能的摩擦传动机构或装设安全联轴器等。

8. 要慎用虚约束

在机械设计中应尽量避免有虚约束的机构,否则会增加加工量和导致装配困难。如果尺寸不当,还会引起杆件的内力甚至出现卡死现象。而在行星轮系等某些机构中,为了改善受力特性、缩小传动机构体积和减轻机构重量,往往采用多个行星轮等虚约束构件,但必须在结构上合理改进或增添辅助装置(如均衡装置)等。有时为了克服止点位置或增加轴或机构的刚性和稳定性,也设计必要的虚约束。

9. 保证机械具有良好的动力特性

对高速机构往往要求平衡惯性力,使动载荷最小,并使构件和机构达到最佳的平衡;采用最大传动角和最大增力系数的机构均可减小原动机轴上的力矩,从而减小原动机的功率、机构尺寸和重量。

18.2.3　机械系统方案设计举例

机械系统的方案设计是一项创造性的工作,没有成规可循。下面以牛头刨床为例,说明机构系统方案设计的一般思路和方法。

1. 选定机械的工作原理,确定执行构件所要完成的运动

牛头刨床的生产任务是加工长度较大的平面或成形表面。其工作原理是用刨刀作往复纵向移动来刨削工件表面,同时工作台则作间歇的横向进给运动,即刨削时工作台静止不动,而不刨削时工作台作横向进给。其工艺要求如下。

(1) 为了提高加工表面的质量,刨削时刨刀应为匀速或近似匀速运动,同时工作台每次横向进给的量也应相同。

(2) 为了提高生产率,刨头空回行程的时间应比工作行程的时间短,亦即空回行程时刨头的移动速度应大于工作行程时的移动速度。

(3) 当将工件的表面刨掉一层之后,调整刨刀下移一个切削深度,同时又能方便地调整进给机构,使工作台作反向的间歇进给,以便继续刨削工件的另一层表面,然后再同前调整刨刀和进给机构,使工作台又作正向的间歇进给。如此重复循环工作,直至工件尺寸达到要求为止。

这样,牛头刨床的刨刀和工作台就是机械的两个执行构件。

2. 选定原动机

按照以上所拟定的工作原理,应选电动机作为原动机。该机床的两个执行构件在时间和运动上有严格协调配合的要求,故两运动链用同一原动机驱动。根据对机床的工作要求,确定原动机的类型为交流异步感应电动机。

3. 选择机构类型,拟定传动方案

1) 切削运动链的方案设计

可能被选为实现刨头往复移动的机构有如下几种。

(1) 螺旋机构　其中螺杆为原动件,而固连在刨头上的螺母为从动件。这种机构的优点是面接触,受力好,刨头工作行程为匀速移动等。其缺点是必须另有换向和变速机构,才能使螺杆反转和变速,从而使刨头能作高速回程移动,此外,行程的开始和终了时有冲击,其安装和润滑也较难,故不是最佳的刨头运动机构。

(2) 直动从动件凸轮机构　这种机构很容易满足急回运动和工作行程为匀速移动的要求,但是当刨头的行程(亦即凸轮机构从动件的行程)较大时,为了保证其压力角不超过许用的压力角,则凸轮的基圆半径也较大,致使凸轮和整个机床的纵向尺寸都很大;又因高副受力较差、易磨损,且比较难平衡和制造,所以这种机构不适用于牛头刨床。

(3) 齿轮齿条机构或蜗杆齿条机构　这种机构的优点是工作行程为匀速移动;主要缺点是行程的两端有冲击,而且必须有换向变速机构才能得到高速的回程移动。

因此,它适用于大行程的龙门刨床而非最佳的牛头刨床的刨头运动机构。

　　(4) 曲柄滑块机构　这种低副机构的优点是受力好,磨损少,易制造、安装和维修,工作可靠,以及连接处是几何封闭,不必另设反向机构。它的缺点是工作行程不是匀速或近似匀速移动;又若是对心的曲柄滑块机构,则没有急回运动特性;此外,若行程较大,则该机构沿滑块移动方向所占的范围也很大。因此,它不宜作为刨头运动机构。

　　(5) 转动导杆机构和曲柄滑块机构串联而成的组合机构　如图 18-2(a)所示,这种六杆低副机构具有受力好、运动副几何封闭、不需要反向机构、工作可靠及有急回特性和工作行程中刨头为近似匀速运动等优点。它的缺点是因为刨头的行程 H 较大,则转动导杆长度($H/2$)亦较大,致使牛头刨床沿刨头移动方向的尺寸太大;另外,导杆的转动轴 A 位于曲柄销 C 运动的圆周之内,故轴 A 为悬臂梁,受力条件较差。因此,该机构亦不是最佳的刨头运动机构。

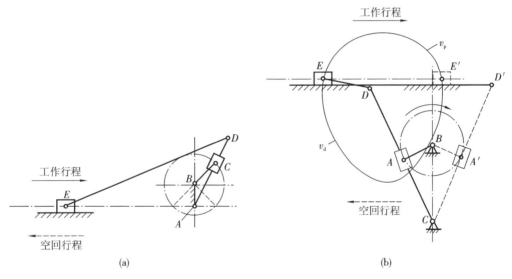

(a)　　　　　　　　　　　　　　　　　(b)

图 18-2　两种导杆-滑块机构组合

　　(6) 摆动导杆机构和摆杆滑块机构串联而成的组合机构　如图 18-2(b)所示,这种机构的优点与图 18-2(a)所示机构相同,可是它却没有后者的缺点。它沿刨头移动方向的尺寸小得多,且导杆的转动轴 C 位于曲柄销 A 运动的圆周之外,故轴 C 不是悬臂梁,受力条件好。图中曲线 $v_p = v_p(S_F)$ 和 $v_d = v_d(S_F)$ 分别为工作行程和空回行程中刨头移动速度随其位移而变化的曲线。该两曲线表明,$v_p < v_d$,且工作行程中间部分的速度变化较小,即接近匀速。综合以上分析可知,比较起来,这种机构最宜选为刨头运动机构。

　　最后必须指出,第(2)(3)(5)三种机构也还是可以作为刨头运动机构的,不过很少见。

2) 进给运动链的方案设计

牛头刨床工作台的进给机构可这样来选择：为了在刨削工件时工作台静止不动，而在不刨削工件时工作台作等量进给运动，首先，必须选择一个能够等量送进的工作台，再固定工作台的机构。若仅仅为了能够等量直线送进，则螺旋机构、蜗杆齿条机构及一般的齿轮齿条机构都能做到。但是前两种机构都具有自锁特性，故不进给时工作台会自动固定不动；后一种机构没有自锁特性，非另有定位机构不可，这是其缺点。因螺旋机构比较简单和易于制造，所以应当优先选用。其次，因为刨削和进给是间歇进行的，进给量应当可以调整，刨掉工件的一层表面之后应能方便地改变工作台送进的方向，所以又必须选用一个能够满足上述三点要求的间歇运动机构。槽轮机构、不完全齿轮机构和凸轮式间歇运动机构的从动件转角不易改变，故均不宜采用，采用一个曲柄长度可变的曲柄摇杆机构和一个双向式棘轮机构串联起来，便能很好地满足上述三点要求。

最后，因为在一个工作循环中，刨头运动机构的曲柄轴和工作台送进机构的曲柄轴都回转一周，所以还应当用一对大小相同的齿轮把两根轴连接起来，这样就初步完成了牛头刨床的机构系统的方案设计。

工程案例分析(第三篇)

1. 概述

在前两篇的工程案例分析中,给出了 DXD 系列包装机的运动方案(见第一篇的案例图 1-3 包装机机构运动简图),并对包装机进行了运动分析及主要零部件的设计分析。下面从创新设计的角度,对包装机的一些不足之处提出改进和创新。

2. 案例分析

1) 现有包装机的主要不足

(1) 包装容积变化时调节复杂。

(2) 运行噪声较大,机构传动链过长,较复杂。

(3) 包装速度有限,包装效率有待提高。

2) 现有包装机的改进与创新

(1) 配料方式的改进　在包装机的计量灌装机构(见案例图 1-3)中,原料从料斗装入,进入旋转的计量盘,盘中的挡料板将料填满盘中的孔,每转一周,配料盘下部的六个旋转开关各开合一次,确保每次送料体积相等,但当灌装量发生变化时,就难以调节满足要求。

目前主要的配料方式有以下四种。

① 量杯式配料系统(见案例图 3-1(a))。量杯式配料系统存在着装料容积不可调、转速不能太高、包装准确度低(一般误差为 3‰~1.5%)等缺点。但由于结构简单,该系统广泛用于小容量的颗粒包装机中。本包装机的配料系统就采用量杯式配料方式。

② 柱塞式配料系统(见案例图 3-1(b))。柱塞式定量包装计量装置适用于粉状、颗粒状和黏稠物料包装,更适用于流动性小、易结块和产生架桥等阻塞现象的物料包装。该系统主要由料斗、壳体、柱塞及机架等组成。

③ 螺杆式配料系统(见案例图 3-1(c))。螺杆式定量包装计量装置是一种利用螺旋给料器来完成计量的装置,主要由驱动装置、计量螺杆、料斗、搅拌器及机架等组成。在每一个装料循环中,只要能够精确控制螺杆的转数,就能获得所要求的计量。该装置的装料距离短,很少飞扬粉尘,且速度快,适用于粉状物料包装。但计量螺杆的加工精度和成本较高。

④ 转鼓式配料系统(见案例图 3-1(d))。转鼓式定量包装计量装置是依靠转鼓外线容腔和壳体内表面形成的密封容腔实现计量的,适用于密度稳定和流动性好的物料包装。转鼓式定量包装计量装置分为扇形转鼓定量包装计量装置和槽形截面可调容腔的圆柱形转鼓定量包装计量装置两种。扇形转鼓定量包装计量装置主要由料斗、转鼓、壳体及机夹等组成。

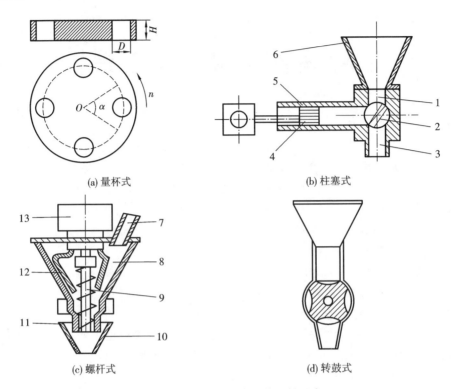

(a) 量杯式   (b) 柱塞式

(c) 螺杆式   (d) 转鼓式

案例图 3-1   包装机常用的配料形式

1—进料管;2—转阀;3—出料管;4—柱塞;5—壳体;6—料斗;7—送料口;8—料斗;9—计量螺杆;
10—接料斗;11—计量管;12—搅拌器;13—驱动装置

    分析比较上述几种配料形式,结合所要包装物体的要求,可采用改进转鼓式配料形式,其改变配料量后的系统结构示意图如案例图 3-2 所示。改变鼓芯与鼓体之间的距离,可以改变包装容积的大小,每转动一周,进料六次。

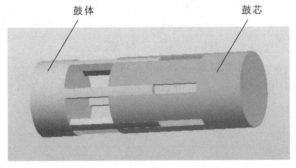

鼓体   鼓芯

案例图 3-2   转鼓式配料系统结构示意图

    (2) 送进机构的改进   在拉袋送进机构(案例图 1-5)中,是通过滚子凸轮机构带动单向轴承,经齿轮机构带动滚轮作间歇转动,将包装袋向下送进,机构形式过于复杂。有以下几种改进思路可以考虑:

① 采用一个小型步进电动机驱动,在控制信号的作用下使滚轮产生周期性的转动;

② 采用一个简单的槽轮机构,也可产生同样的间歇运动。

（3）热封机构的改进　在热封与剪切机构(见案例图1-4)中,热封是通过两对称凸轮机构的运动来实现的。装配时须严格保证两个凸轮之间的角度;否则,工作时会使热封钳在每次夹紧时偏离对称轴,影响包装质量,另外,长时间工作后凸轮磨损也会影响热封质量。

因此可以考虑用一个凸轮机构与六杆机构的组合来实现热封运动。如案例图3-3所示。

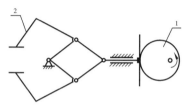

案例图 3-3　热封机构的改进

1—凸轮;2—热封钳

3) 基于不同工作原理的包装机创新设计

上述各种改进都只是在原有机构上进行的,在机械创新过程中还可以改变机器的工作原理,在整体层次上进行创新。这样往往会使视野更加开阔,产生的创意也会更多。下面简单列举了三种创意设计方案。

（1）对称式包装机　从整体的观点来看此包装机时,可以发现包装机在工作时与加工面相对的一个面没有被利用,而配料系统却需要在一次工作时旋转一整周。所以只需在配料系统上进行简单的改动,把整个加工部分以主轴对称,形成对称式包装机,可使加工效率增加一倍。

（2）卧式包装机　如果所要包装的产品是固体小颗粒(如盐、砂糖等),采用立式包装机具有十分显著的优势。但如果是大颗粒或片状固体(如饼干等),则应该采用卧式包装机,如案例图3-4所示,其具有包装效率高、包装平稳、易于自动化控制等优点。

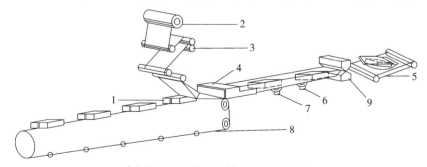

案例图 3-4　卧式回转包装机示意图

1—包装物;2—薄膜;3—导辊;4—成形器;5—排出带;6—纵封器;7—牵引装置;

8—供料带;9—横缝切断器

（3）并联式回转包装机　　如案例图 3-5 所示的并联式回转包装机中，通过四路并联来加快包装效率。

3. 分析思考

（1）本包装机中采用了蜗杆机构、齿轮机构、凸轮机构等基本机构组合来完成包装工艺要求，试分析机构的组合形式。

（2）本包装机主要是通过机械系统来完成包装功能的，机构运动链过长，传动系统较复杂，传动累积误差较大，影响包装质量，试考虑如何采用电控制来代替各机构，实现包装功能。

（3）本包装机为定量包装，当包装容量发生变化时，如何对包装机各部分结构进行改进？

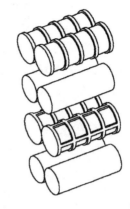

案例图 3-5　并联式回转包装机
工作部分示意图

机械设计基础名词术语中英文对照

第1章　绪　　论

Chapter 1　Introduction

机械设计基础	fundamentals of mechanical designing	机器	machine
机械设计	machine design;mechanical design	机构	mechanism
		构件	link
机械	machinery	零件	part

第2章　平面机构的自由度和速度分析

Chapter 2　Degree of freedom and velocity analysis of planar mechanisms

平面机构	planar mechanism	从动件	driven links
空间机构	spatial mechanism	自由度	degree of freedom (DOF)
运动副	kinematic pair	约束	constraints
高副	higher pair	复合铰链	compound hinge
低副	lower pair	局部自由度	passive DOF
移动副	sliding pair	虚约束	redundant constraints
转动副	revolute pair	瞬心	instantaneous center
机构运动简图	kinematic diagram of mechanism	速度瞬心	instantaneous center of velocity
机架	frame,fixed link	三心定理	Kennedy's theorem;theorem of three centers
主动件	driving links		

第 3 章　平面连杆机构

Chapter 3　Planar linkage mechanisms

平面连杆机构	planar linkage mechanism	极位夹角	crank angle between extreme positions
曲柄	crank	死点	dead point
连杆	linkage	平行四边形机构	parallelogram mechanism
曲柄摇杆机构	crank-rocker mechanism	曲柄滑块机构	slider-crank mechanism
双曲柄机构	double-crank mechanism	曲柄导杆机构	crank shaper (guide-bar) mechanism
双摇杆机构	double-rocker mechanism		
曲柄存在条件	Grashoff's criterion（格拉索夫判据）	曲柄摇块机构	crank and oscillating block mechanism
急回特性	quick-return characteristics	双滑块机构	double-slider mechanism
急回运动	quick-return motion	转动导杆机构	rotating guide-bar mechanism
行程速比系数	travel velocity-ratio	摆动导杆机构	oscillating guide-bar mechanism
压力角	pressure angle		
传动角	transmission angle		

第 4 章　凸轮机构

Chapter 4　Cam mechanisms

凸轮	cam	形封闭型凸轮机构	form-closed cam mechanism
盘形凸轮	disk cam；plate cam	对心式	radial
移动凸轮	translating cam	偏置式	offset
圆柱凸轮	cylindrical cam	升程	lift
槽凸轮	groove cam	推程	rise
直动从动件	translating follower	回程	return
摆动从动件	oscillating follower	推程角	cam angle for rise
尖顶从动件	knife-edge follower	远休止角	cam angle for outer dwell
滚子从动件	roller follower	回程角	cam angle for return
平底从动件	flat-faced follower	近休止角	cam angle for inner dwell
力封闭型凸轮机构	force-closed cam mechanism	位移线图	displacement curve

从动件运动规律	follower motion law	简谐运动	simple harmonic motion
多项式运动规律	polynomial motion law	正弦加速度运动	sine acceleration motion
等速运动	uniform motion；constant velocity motion	刚性冲击	rigid impulse
		柔性冲击	flexible impulse
等加等减速运动	parabolic motion；constant acceleration and deceleration motion	基圆	prime circle；base circle
		反转法	reverse rotation
		理论轮廓线	pitch curve
余弦加速度运动	cosine acceleration motion	实际轮廓线	profile

第 5 章　齿 轮 机 构

Chapter 5　Gear mechanisms

齿轮	gear	啮合	engagement,mesh,gearing
齿轮传动	gear drive	啮合点	contact points
传动比	transmission ratio；speed ratio	标准齿轮	standard gear
平面齿轮机构	planar gear mechanisms	模数	module
空间齿轮机构	spatial gear mechanisms	齿数	tooth number
内齿轮	internal gear	齿顶圆	addendum circle
外齿轮	external gear	齿根圆	dedendum circle
齿条传动	rack gear	分度圆	reference circle；standard (cutting) pitch circle
直齿(圆柱)齿轮	spur gear		
斜齿(圆柱)齿轮	helical gear	齿厚	width of gear
平行轴斜齿轮	parallel helical gear	齿宽	face width
人字齿轮	Herringbone gear	齿距	circular pitch
交错轴斜齿轮	cross helical gear	基圆压力角	pressure angle of base circle
直齿锥齿轮	straight bevel gear	基圆柱	base cylinder
圆锥齿轮机构	bevel gear mechanism	基圆锥	base cone
节点	pitch point	正确啮合条件	proper meshing conditions
节圆	pitch circle	啮合角	contact angle
渐开线齿廓	involute profile	理论啮合线	theoretical contact line of action
渐开线压力角	pressure angle of involute		

实际啮合线	the actual contact line of action	插齿	shaping
中心距	center distance	滚齿	hobbing
标准中心距	the reference center distance	根切	cutter interference；undercut
重合度	contact ratio	变位齿轮	profile-shifted gear
范成法	generating cutting	变位系数	modification coefficient
仿形法	form cutting	正变位	positively modified
		负变位	negatively modified

第 6 章　轮　　系

Chapter 6　Gear train

齿轮组、齿轮系	gear train	中心轮	central gear；kernel
定轴轮系	ordinary gear train；gear train with fixed axes	行星轮	planet gear
行星轮系、周转轮系	epicyclical gear train	系杆、转臂、行星架	crank handle；planet carrier
差动轮系	differential gear train	惰轮	idler；idle wheel
复合轮系	compound gear train；combined gear train	转化轮系	converted gear train

第 7 章　间歇运动机构

Chapter 7　Intermittent motion mechanism

间歇运动	intermittent motion	棘轮机构	ratchet and pawl mechanism
槽轮机构	geneva mechanism	棘轮	ratchet wheel
槽轮	geneva wheel	棘爪	detent；pallet；pawl
槽数	geneva number		

第8章 机械零件设计概论

Chapter 8 Introduction of mechanical Design

承载能力	bearing capacity	许用应力	allowable stress
失效	failure	平均应力	average stress
安全系数	safety factor	应力幅	stress amplitude
交变载荷	alternating load	疲劳极限	fatigue limit
名义应力、公称应力	nominal stress	疲劳强度	fatigue strength
交变应力	alternating stress	摩擦	friction
对称循环应力	symmetric circulant stress	磨损	abrasion、wear、scratching
脉动循环应力	pulsating cyclic stress	接触应力	contact stress
		（疲劳）点蚀	pitting

第9章 连 接

Chapter 9 Links

扳手	wrench	螺母	nuts
螺栓	bolts	紧固件	fastener
螺距	pitch	粗牙螺纹	coarse threads
螺纹导程	lead	细牙螺纹	fine threads
三角形螺纹	sharp-V thread screw	自锁	self-locking
梯形螺纹	acme thread form	滚珠丝杠	ball screw
矩形螺纹	square thread form	键	key
锯齿形螺纹	buttress thread form	普通平键	parallel key
公称直径	nominal diameter	键槽	keyway
中径	mean diameter	半圆键	woodruff key
小径	minor diameter	滑键	feather key
垫圈	gasket	斜键、钩头楔键	taper key
螺纹效率	screw efficiency	花键	spline
复合应力	combined stress	三角形花键	serration spline
工作载荷	working loads	渐开线花键	involute spline
双头螺柱	studs	销	pin
螺钉	screws		

第 10 章　齿 轮 传 动

Chapter 10　Gear transmission

齿形系数	form factor	热处理	heat treatment
小齿轮	pinion	疲劳断裂	fatigue fracture
大齿轮	gear wheel	齿轮轴	gear shaft
(疲劳)点蚀	pitting	润滑	lubrication
胶合	scoring	润滑油	lubricating oil
硬度	hardness		

第 11 章　蜗 杆 传 动

Chapter 11　Worm transmission

阿基米德螺杆	Archimedes worm	蜗杆旋向	hands of worm
环面蜗杆	enveloping worm	法向直廓蜗杆	straight sided normal worm
齿数比	gear ratio	蜗杆直径系数	diameter quotient of worm
渐开线蜗杆	involute helicoid worm	圆弧圆柱蜗杆	hollow flank worm
导程	lead	直廓环面蜗杆	hindley worm
蜗杆	worm	轴向齿廓	axial tooth profile
蜗轮	worm gear	中间平面	mid-plane
端面齿廓	transverse profile	锥面包络线圆柱蜗杆	milled helicoid worm
蜗杆头数	number of threads of worm		
法向齿廓	normal profile	轴交角	shaft angle

第 12 章　带传动和链传动

Chapter 12　Belt and chain transmission

带传动	belt drive	打滑	slip
包角	wrap angle	松边	slack-side
平带	flat belt	紧边	tight-side

弹性滑动	elastic sliding	窄 V 带	narrow V belt
带轮	band pulley	联组 V 带	built-up belt
同步带	synchronous belt	张紧力	tension
多楔带	poly V belt	齿形链、无声链	silent chain
V 带	V belt	链轮	sprocket; sprocket-wheel; sprocket gear; chain wheel
有效拉力	effective tension		
高速带	high speed belt	滚子链	roller chain
有效圆周力	effective peripheral force	链	chain
滑动率	sliding ratio	套筒链	bush chain
圆带	round belt	链传动装置	chain gearing

第 13 章　轴　　承

Chapter 13　Bearing

滚动轴承	rolling bearing	调心轴承	self-aligning bearing
滚动体	rolling element	推力球轴承	thrust ball bearing
保持架	cage	轴承寿命	bearing life
外圈	outer ring	基本额定寿命	basic rating life
内圈	inner ring	当量载荷	equivalent load
公称接触角	nominal contact angle	径向当量动载荷	dynamic equivalent radial load
向心轴承	radial bearing		
推力轴承	thrust bearing	径向当量静载荷	static equivalent radial load
角接触轴承	angular contact bearing	径向基本额定动载荷	basic dynamic radial load rating
角接触向心轴承	angular contact radial bearing	径向基本额定静载荷	basic static radial load rating
角接触推力轴承	angular contact thrust bearing	径向载荷系数	radial load factor
		轴向载荷系数	axial load factor
球轴承	ball bearing	轴向当量动载荷	dynamic equivalent axial load
圆柱滚子轴承	cylindrical roller bearing		
圆锥滚子轴承	tapered roller bearing	轴向当量静载荷	static equivalent axial load
滚针轴承	needle roller bearing	轴向基本额定动载荷	basic dynamic axial load rating
球面滚子	convex roller		
深沟球轴承	deep groove ball bearing	轴向基本额定静载荷	basic static axial load rating
角接触球轴承	angular contact ball bearing		
调心滚子轴承	self-aligning roller bearing	面对面安装	face-to-face arrangement
调心球轴承	self-aligning ball bearing		

背对背安装	back-to-back arrangement	动力润滑	dynamic lubrication
组合安装	stack mounting	润滑油膜	lubricant film
滑动轴承	sliding bearing	润滑装置	lubrication device
轴承盖	bearing cup	相对间隙	relative gap
轴承合金	bearing alloy	油杯	oil bottle
轴承座	bearing block	固体润滑剂	solid lubricant
轴颈	journal	密封	seal
减摩性	anti-friction quality	接触式密封	contact seal
轴瓦、轴承衬	bearing bush	非接触式密封	non-contact seal
动力黏度	dynamic viscosity	密封装置	sealing arrangement
运动黏度	kinetic viscosity	毡圈密封	felt ring seal
润滑	lubrication	迷宫密封	labyrinth seal
润滑油	lubricating oil	O形密封圈密封	O ring seal

第 14 章　轴

Chapter 14　Shaft

轴	shaft	套筒	sleeve
扭矩	torque moment	退刀槽	machining runout
弯矩	bending moment	钢丝软轴	wire soft shaft
传动轴	transmission shaft	砂轮越程槽	grinding wheel groove
心轴	spindle	合成弯矩	resultant bending moment
转轴	revolving shaft	计算弯矩	calculated bending moment
阶梯轴	stepped shaft	圆角半径	fillet radius
直轴	straight shaft	轴端挡圈	shaft end ring
曲轴	crank shaft	轴肩	shaft shoulder
倒角	chamfer	轴环	shaft collar

第 15 章　联轴器和离合器

Chapter 15　Coupling and clutch

联轴器	coupling	弹性联轴器	elastic coupling; flexible coupling
离合器	clutch		
刚性联轴器	rigid coupling	凸缘联轴器	flange coupling

齿轮联轴器	gear coupling	牙嵌式联轴器	jaw(teeth)positive-contact
十字滑块联轴器	double slider coupling		coupling
万向联轴器	universal coupling	圆盘摩擦离合器	disc friction clutch
滚子链联轴器	roller chain coupling	滚珠式单向超越离	roller clutch
弹性套柱销联轴器	rubber-cushioned sleeve	合器	
	bearing coupling	矩形牙嵌式离合器	square-jaw positive-contact
			clutch

第 16 章　机构的创新设计

Chapter 16　Creation design of mechanism

创新	innovation；creation	组合机构	combined mechanism
创新设计	creation design；	串联式组合机构	serial combined mechanism
	innovation design	并联组合机构	parallel combined mechanism
机械创新设计	mechanical creative	复合式组合机构	compound combined mechanism
	design，MCD	机架变换	kinematic inversion

第 17 章　机械零件的创新设计

Chapter 17　Creation design of machinery

机械结构设计	mechanical structure design	机械工艺设计	mechanical technological design

第 18 章　机械系统的设计与创新

Chapter 18　Design and creation of mechanical system

机械系统	mechanical system	机械的现代设计	modern machine design
方案设计、	concept design，CD	执行构件	executive link
概念设计		原动机	primer mover
机械系统设计	mechanical system design，MSD	功能分析设计	function analyses design
运动方案设计	kinematic scheme design	评价与决策	evaluation and decision

参 考 文 献

[1] 杨可桢,程光蕴,李仲生,等.机械设计基础[M].6版.北京:高等教育出版社,2013.

[2] 廖汉元,孔建益.机械原理[M].3版.北京:机械工业出版社,2013.

[3] 郑文纬,吴克坚.机械原理[M].7版.北京:高等教育出版社,1997.

[4] 孙桓,陈作模,葛文杰.机械原理[M].8版.北京:高等教育出版社,2013.

[5] 申永胜.机械原理教程[M].3版.北京:清华大学出版社,2015.

[6] 邓宗全,于红英,王知行.机械原理[M].3版.北京:高等教育出版社,2015.

[7] 师素娟.机械设计基础[M].3版.武汉:华中科技大学出版社,2008.

[8] 王继焕.机械设计基础[M].2版.武汉:华中科技大学出版社,2020.

[9] 金清肃.机械设计基础[M].武汉:华中科技大学出版社,2010.

[10] 朱东华.机械设计基础[M].3版.北京:机械工业出版社,2017.

[11] 黄华梁,彭文生.机械设计基础[M].4版.北京:高等教育出版社,2007.

[12] 陈立德,罗卫平.机械设计基础[M].5版.北京:高等教育出版社,2019.

[13] 王宁侠,魏引焕.机械设计基础[M].北京:机械工业出版社,2010.

[14] 张春林,李志香,赵自强.机械创新设计[M].3版.北京:机械工业出版社,2016.

[15] 彭文生,李志明,黄华梁.机械设计[M].2版.北京:高等教育出版社,2010.

[16] 濮良贵,纪名刚.机械设计[M].10版.北京:高等教育出版社,2019.

[17] 刘莹,艾红.创新设计思维与技法[M].2版.北京:机械工业出版社,2004.

[18] 张美麟.机械创新设计[M].2版.北京:化学工业出版社,2010.

[19] 张铁,李琳,李杞仪.创新思维与设计[M].北京:国防工业出版社,2005.

[20] 邱宣怀.机械设计[M].4版.北京:高等教育出版社,1997.

[21] 吴宗泽,高志.机械设计[M].2版.北京:高等教育出版社,2009.

[22] 吴宗泽.机械设计实用手册[M].2版.北京:化学工业出版社,2003.

[23] 唐增宝,常建娥.机械设计课程设计[M].5版.武汉:华中科技大学出版社,2019.